新型网络体系结构

Novel Network Architecture

邬江兴 兰巨龙 程东年 吴春明 王伟明 胡宇翔 庄雷 著

人民邮电出版社
北京

图书在版编目（C I P）数据

新型网络体系结构 / 邬江兴等著. -- 北京 : 人民邮电出版社，2014.3（2023.3重印）
（宽带中国系列）
ISBN 978-7-115-34230-0

Ⅰ. ①新… Ⅱ. ①邬… Ⅲ. ①计算机网络－网络结构 Ⅳ. ①TP393.02

中国版本图书馆CIP数据核字(2013)第306915号

内 容 提 要

本书在介绍网络体系结构概念的基础上，对现有典型网络体系结构的基本原理以及国内外新型网络体系结构的研究现状进行了全面而系统的介绍。基于对网络体系结构的整体认识，最后凝练并提出了对未来中国宽带之路的思考。

本书取材新颖、内容翔实、实用性强，反映了国内外新型网络体系结构研究的现状与未来，适合于从事通信、计算机网络体系设计与研究的广大工程技术人员阅读，也可作为大专院校通信、计算机等专业和相关培训班的教材或教学参考书。

◆ 著　　　邬江兴　兰巨龙　程东年　吴春明　王伟明
　　　　　胡宇翔　庄　雷
责任编辑　代晓丽
责任印制　焦志炜

◆ 人民邮电出版社出版发行　北京市丰台区成寿寺路11号
邮编　100164　电子邮件　315@ptpress.com.cn
网址　http://www.ptpress.com.cn
北京捷迅佳彩印刷有限公司印刷

◆ 开本：787×1092　1/16
印张：15　　　　2014年3月第1版
字数：356千字　　2023年3月北京第2次印刷

定价：149.80元

读者服务热线：(010)81055493　印装质量热线：(010)81055316
反盗版热线：(010)81055315

前　言

互联网是人类20世纪最伟大的基础性科技发明之一。作为信息传播的新载体、科技创新的新手段，互联网的普及和发展改变了人类的生活和生产方式，引发了前所未有的信息革命和产业革命。互联网业已成为与国民经济和社会发展高度相关的重大信息基础设施，其发展水平是衡量国家综合实力的重要标志之一。

然而，当今互联网受初始设计理念的限制以及发展历史特点的影响，基础网络层面结构简单僵化、功能单一，与丰富多样的上下层功能之间存在巨大的反差，不具备增强其能力的基本智能，难以从根本上应对亟待解决的挑战性问题。因此，各国科学家提出了大量新型网络体系结构，希望解决当前互联网面临的问题。在这个新旧交替的关键时期，梳理和研究现有的新型网络体系结构，从国家、商业和技术的角度来看都显得愈发重要和迫切。

本书主要内容包括：第 1 章引入了网络体系结构的相关概念，总结了网络体系结构设计的目标和原则；第 2 章主要介绍了现有典型的网络体系结构设计思想；第 3 章介绍了国外新型网络体系结构的研究成果；第 4 章介绍了我国新型网络体系结构的研究成果，并着重介绍了可重构信息通信基础网络体系结构；第 5 章则对未来宽带中国的网络体系结构设计进行了展望。

笔者在编写本书的过程中参考了大量国内外相关项目的专业知识和研究成果，在此对原作者和出版单位表示诚挚的谢意。特别是在介绍国内典型网络体系结构时，引用了中国科学院计算机网络信息中心钱华林研究员、工业和信息化部电信研究院蒋林涛研究员、北京交通大学张宏科教授、清华大学吴建平教授、刘韵洁院士和李幼平院士等国内著名网络体系结构研究团队的研究成果，并得到这些团队成员的无私帮助，在此特别向上述团队带头人以及葛敬国博士、石友康研究员、罗洪斌博士、苏伟博士、董平博士、李星教授、毕军教授、徐明伟教授、谢高岗研究员、李昕博士等表示衷心的感谢。此外，本书在编写过程中得到了国家“973”计划项目“可重构信息通信基础网络体系研究”（资助号：2012CB315900）和“智慧协同网络理论基础研究”（资助号：2013CB329104）、国家自然科学基金项目“不依赖网络的内容之特征及其网络功能抽象”（资助号：61372121）和“流媒体网络多模式协同模型研究”（资助号：61309019）等课题的资助。

邬江兴院士负责本书的统筹规划，兰巨龙教授编写了第 1 章，程东年教授和庄雷教授编写了第 2 章，吴春明教授编写了第 3 章，王伟明教授编写了第 4 章，邬江兴院士和胡宇翔博士编写了第 5 章。另外，项目组博士生程国振、王志明、王鹏、熊刚、马丁、胡颖，硕士生王文钊、孟飞、李真、徐金卯为本书的文字校阅、插图绘制等做了大量工作。

限于笔者水平，且各种新型网络体系结构研究仍在快速发展和完善之中，本书难免存在缺点甚至错误之处，敬请广大读者批评指正。

作 者

2013 年 11 月

目　　录

第 1 章　网络体系结构概述

计算机网络在短短几十年之间经历了一个从无到有、从简单到复杂的飞速发展过程，它使得传统的单台计算机模式发生了质的变化，朝着网络化、社会化、全球化方向发展。实质上，计算机网络研究的方方面面的内容都是由网络体系结构（Network Architecture）这一个概念所包罗和统领的，所以网络体系结构的研究对于整个计算机网络的研究与发展有着举足轻重的作用。目前的研究和实践都表明，在当前互联网已经取得事实上的巨大成功的前提下，下一代网络不太可能是完全脱离现有计算机网络发展基础而重新建立的一个全新网络。因此需要对传统网络体系结构进行深入分析，认清传统网络体系结构的现状和利弊，进而为研究和建立满足下一代网络发展需求的新一代网络体系结构提供参考、借鉴和指导。

1.1　网络体系结构基本概念

1.1.1　网络体系结构的起源

计算机网络已经历经了近半个世纪的研究、建设和发展过程，已产生出许多不同的网络体系结构参考模型，如 IBM 公司所提出的 SNA、DEC 公司所提出的 DNA、国际标准化组织（ISO）所提出的 OSI/RM 以及互联网所采用的 TCP/IP 参考模型等。在所有这些不同的网络体系结构参考模型中，最具代表性和最有影响力的是 OSI/RM 和 TCP/IP 参考模型，它们在指导传统计算机网络的研究、设计和建设等方面确实起到了举足轻重的作用，并且至今仍在发挥指导作用。OSI/RM 主要是在总结 ARPAnet 和 IBM 公司所提出的 SNA 等网络体系结构的基础上建立起来的，IBM 公司的 Aschenbrenner J 最早将 OSI 网络体系结构形象地概括成为一只酒杯[1]，如图 1-1 所示。

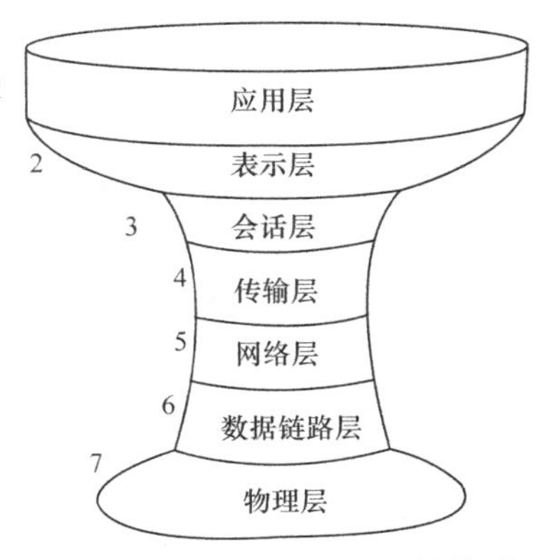

图 1-1　杯状的 OSI 体系结构模型

OSI/RM 最大的特点是采用分层的思想分解和阐明计算机之间的通信应解决的所有问题，它把计算机网络体系结构分成 7 个层次，由下至上依次是物理层（Physical Layer）、数据链路层（Data Link Layer）、网络层（Network Layer）、传输层（Transport Layer）、会话层（Session Layer）、表示层（Presentation Layer）和应用层（Application Layer），并且还定义了计算机网络各个层次所应具有的功能、所提供的服务以及为实现这些功能而在各层次之间（对等层和相邻层）交换的信息格式和时序等。

OSI/RM 标准的最初目标就是要使之成为一个全世界都遵循的关于计算机网络的统一标准，然而 20 余年过去了，现实情况却并非如此。事实上，从其颁布的那一刻起，关于 OSI/RM 利弊的争议便从来没有停息过。尽管人们对于 OSI/RM 的评价褒贬不一，但其确实有成功之处，具体如下：

- OSI/RM 明确地使用了分层的网络体系结构模型，分层有助于描述复杂的计算机网络系统，便于将复杂的网络问题分解成许多较小的、界线比较清晰而又相对简单的部分来处理。
- OSI/RM 专门为解决各种网络系统的互联问题制订了开放系统互联的相应规范和标准，这些规范和标准事实上为分析、比较和评价各种不同网络系统提供了一个公共的参照框架。
- OSI/RM 实质上完全按照“从需求目标（即解决异构自封闭网络系统难以互联问题）到体系结构设计原则（即与网络体系结构分层相关的一系列原则），再到具体的网络系统实现（即以 ISO7498 等规范为代表的一整套标准及其相应实现）”的路线来研究和建立计算机网络体系结构，从认识论和方法论的意义上讲是比较合理的研究途径。
- OSI/RM 非常系统而规范地定义了一整套关于网络系统描述的标准术语，而且它还首先明确地定义了在物理层、数据链路层、网络层和应用层进行网络互联的概念和方法，并完整地提出了包括局域网在内的各种网络互联方案[2]。

然而，OSI/RM（尤其是其协议）在现实中却并不成功，虽然到 20 世纪 90 年代初就差不多制订出了非常完备的规范和标准，但至今都难以看到完全遵循这些规范和标准的相应产品和现实网络。Tanenbaum A S 教授曾将 OSI 模型和协议的失败归结为 4 点[3]：糟糕的提出时机、糟糕的技术、糟糕的实现、糟糕的策略。概括起来，OSI/RM 的缺点主要反映在如下几个方面：

- 它在制订时的一个指导思想就是要兼顾所有现实存在的不同网络技术和包容各种各样的网络系统需求，这将不可避免地使它的规范和标准变得繁复冗杂，因而协议实现困难而且效率大大降低。
- 特殊的研制背景使它沿袭了学院派网络研究人员的一贯做法，过分注重定义和描述的高度抽象性，而较少考虑到具体的实现结构和技术，而且还忽视了在具体实现过程中的修正和改进，因此造成了规范标准和实现技术之间的脱节。
- 它对于网络体系结构层次的划分过于谨细琐碎，这使得其整个结构显得冗余庞杂，而且寻址、流控和差错处理等功能在各层反复出现，使处理效率大打折扣。
- 从网络体系结构定义方式上看，它主要强调的是点到点的两个开放网络系统之间的互联、互通和互操作，而对于整个网络系统的资源控制和用户管理等方面则比较薄弱。

总而言之，OSI/RM 是国际上第一个对网络体系结构进行严格定义的开放系统互联参考模型，它也是最早在网络体系结构研究中积极倡导和切实推行形式化理论和技术的网络体系结构参考模型。另外，尽管 OSI/RM 在现实中并不是非常成功，但“系统开放、结构分层、对等层通信”等概念普遍而且深入地影响着每一位计算机网络研究人员，这可能是 OSI/RM 对于传统计算机网络体系结构研究的最重要贡献之一。因此可以说，OSI/RM 作为一种支持网络系统开放互联的标准，在计算机网络的建设和发展过程中曾经起到了非常重要的指导作用；而作为一种完整、严密、周详的网络体系结构参考模型，在今后相当长的一段时间内，对于计算机网络技术朝着标准化、规范化的方向发展仍然具有积极的指导意义和参考价值。

相对于 OSI/RM 而言，互联网所采用的 TCP/IP 参考模型要简单、有效和实用得多。互联网取得成功的最主要原因之一就是采用了“沙漏”结构的 TCP/IP 参考模型[4, 5]，因为处于沙漏腰部的 IP 事实上实现了独立于具体技术并覆盖全球的虚拟分组网络，从而能够有效地为上层网络屏蔽下层承载网络的异构性，为成功互联全球各种采用各种不同协议的计算机网络和主机奠定了基础。而且，沙漏式的 TCP/IP 参考模型还使互联网体系结构具有广泛的包容性和开放性，并具有良好的可扩展性，允许各种不同的协议和技术相对比较容易地加入互联网体系结构中，从而形成了一个庞大而实用的 TCP/IP 模型，如图 1-2 所示。

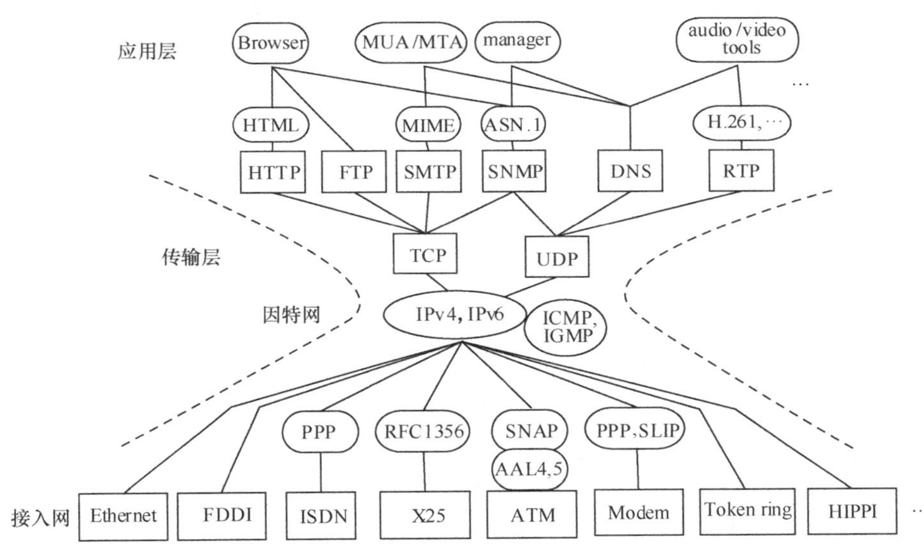

图 1-2　互联网的易于扩展的沙漏状 TCP/IP 模型

在短短几十年中，互联网规模、用户数目和经济效益的指数增长，以无需雄辩的事实昭示了互联网的巨大成功。互联网当之无愧地成为当今计算机网络最成功的典范，而互联网体系结构也当仁不让地成为兼具理论参考价值和实践指导意义的传统计算机网络体系结构的典型代表。

1.1.2　网络体系结构的内涵

“网络体系结构”是在计算机网络及其相关研究领域中几乎随处可见的高频用词，但是这一名词至今仍然没有一个普遍认可的严格定义。人们往往出于各种不同的研究目的和表述需要，将“网络体系结构”或抽象或具体、或理性或感性、或广义或狭义地应用于涉及计算机网络的各种不同场合。网络体系结构是对网络总体功能和内在具体逻辑做出的一种明确界定。具体地讲，可以从以下 6 个方面对“网络体系结构”这一概念的内涵进行较为全面的理解和把握。

（1）具有统领所有计算机网络研究的普适性

人们研究和建设计算机网络时，尽管可能在具体需求目标和侧重点上存在各种差异，但是基本上都有一个共同的目的，那就是希望突破地理上的限制，采用通信线路和连网装置将分布在不同地域的计算机以及其他专用设备互联成一个规模大、功能强、资源丰富的网络系统，从而既能够满足彼此间远程通信的需要，又能够实现各种硬件、软件、数据信息等资源的共享。同时，尽管各种计算机网络在通信介质、拓扑结构、布网范围、协议标准、设备类型等方面千差万别，但是计算机网络必然存在许多共性。比如它们一般都会涉及通信线路的复用方式、交换与路由技术、传输过程中的查错与纠错、流量的控制以及拥塞的处理、网络资源的管理与分配、总体结构的层次划分等概念。

传统网络体系结构的一个重要研究领域就是致力于研究关于计算机网络中的这些带普遍性和共性的内容[6~8]，由此而建立起了对于整个计算机网络的研究和建设都具有普适性的一套系统、科学的理论方法以及一系列切实、可行的工程技术方法。为了叙述方便，本书将传统网络体系结构的这部分研究工作称为通用网络体系结构研究，概括起来，主要包括以下几个方面的内容。

- 关于网络系统构成要素及功能的研究——这方面的研究内容主要考虑：确定网络系统的覆盖范围，定义整个网络系统中所涉及的物理实体和逻辑实体（如各种传输介质、组网设备、计算设备等），区分网络的端系统和中间系统，研究它们各自的基本功能、内部结构、连接形式和实现途径等。

- 关于网络中命名、编址和路由的研究——命名、编址和路由历来都是传统网络体系结构研究中的关键内容[9, 10]。这方面的研究主要考虑：如何对网络中的各种实体进行命名，怎样制订适宜的编址方案和如何实现寻址，怎样设计网络通信中的交换/路由机制及相应的算法，并考虑这三者之间的相互联系及实现方法等。

- 关于网络协议设计和构造方法的研究——传统的网络体系结构研究一般采用结构分层、接口开放的设计思想，将网络系统的功能进行垂直分割，并进而将网络协议按照“后入先出”的栈式结构进行组织。由于 ISO/OSI 参考模型对分层思想的强化和绝对化，在大多数人眼里，“分层”几乎成了“网络体系结构”的代名词。

- 关于网络系统中的状态和功能部署位置的研究——由于计算机网络具有分布性，因此特别需要关注网络系统中状态和功能部署位置的研究[11, 12]。这方面的研究主要考虑：探讨哪些功能应该在网络端系统上实现，哪些功能该在网络中间系统上实现；研究与网络有关的一些状态信息究竟应该保存在什么地方，如何维持和撤销等。

- 关于资源的管理、控制和分配的研究——通常网络系统中的网络资源（主要指骨干网络带宽、路由/交换设备处理能力、无线网络频带等）一般都比较稀缺，因此必须设计合理的资源管理方案、高效的资源控制机制和可行的资源分配策略，尽量满足各种不同的服务质量要求，既要提高网络资源的利用率，又要防止出现网络拥塞。

- 关于网络的功能、性能和管理的研究——这方面的研究对于现实网络系统的正常运营和管理的重要性不言而喻，通常关注的内容包括：确定网络的主要功能和性能指标，研究相应的实现技术；制订网络的使用、运营和维护等方面的管理措施；考虑网络的安全级别及范围，并研究适宜的安全保障技术和措施等。

（2）网络体系结构具有针对某一特定计算机网络的特指性

当然，网络体系结构也不应该是一个完全空泛的概念，它最终必然要落实到某一个具体的网络系统才能使其具有现实的指导意义。对于某一类型的特定计算机网络而言，人们在具体研究时一般都会有不同的需求目标和侧重点，比如究竟是只需保证某些特定产品和专用设备能够方便地互联互通，还是要尽可能地保证系统的开放性，以便与其他异构系统之间能够互联互通；究竟是面向军事、金融等具有特殊要求的特定领域的专用网络，还是直接面向社会大众的普通公共网络等。因此，某一特定计算机网络系统所对应的具体网络体系结构，又必然会在具有通用网络体系结构研究共性的同时，又具有其自身鲜明的特殊性（即个性），也就是说网络体系结构通常具有专门针对它所考虑的特定计算机网络系统的特指性。

总的来讲，对于具体网络系统的网络体系结构而言，其主要研究任务就是要将人们关于通用网络体系结构研究所得到的一些普适性原理、技术和方法，运用到具有特定需求目标的某种具体网络系统的相关研究中来，从而最终形成专门针对这一具体网络系统的特定网络体系结构。比如在计算机网络的发展历程中，已经产生过许多不同类型的网络体系结构，如 IBM 所提出的系统网络体系结构（SNA）[13]、DEC 所提出的数据网络体系结构（DNA）[14]、ISO 所提出的开放系统互联（OSI）参考模型[15]以及互联网所采用的 TCP/IP 参考模型[16]等。所有这些网络体系结构在研究背景、总体结构、层次划分、构成元素、组网形式、通信协议等方面都存在或多或少的差异。

（3）网络体系结构具有区别于网络具体实现技术的抽象性

网络体系结构是对某种网络系统的所有相关研究内容的总体概括，较之于各种具体的网络实现技术而言，它更加具有概念上的抽象性和广延性。比如 OSI 网络体系结构就采用了体系结构开放的研究思路，建立起了一个具有一定通用性的 7 层模型，并定义了实体、服务原语、SAP、PDU、SDU 等一系列比较抽象的概念。这些抽象的概念和思想对传统网络体系结构的研究产生了重大而深远的影响，并且已经广泛地用于指导各种网络协议算法、网络操作系统等具体网络实现技术的设计和开发。可见，网络体系结构是在一个较高的角度上全面联系某一特定网络系统的研究和建设中方方面面内容的经纬，它将所有这些内容全面、系统、有机地组织在一起，从而使针对这一特定网络系统的所有相关研究形成一个统一的整体。

另外，从目前计算机网络研究领域对于名词“网络体系结构”的使用情况来看，人们对于网络体系结构这一用词在观念和指向上还存在着涵盖范围大小的差异，比如既有涵盖范围极广、几乎包罗整个网络系统的“OSI 网络体系结构”、“互联网体系结构”，也有涵盖范围相对较小或仅关注整个网络系统的某些方面内容的“主动网体系结构”[17]、“DiffServ 体系结构”[18]、“互联网安全体系结构”[19]等。现实中已经形成的人们对于网络体系结构在观念和指向上的差异，可以从宏观和微观两个层次上进行全面把握。

宏观意义上的网络体系结构，是指针对某一特定网络系统的体系结构需求目标而提出的一系列具有指导意义的抽象设计原则及网络总体结构规约，一般它们比具体的网络实现技术更抽象、更通用和更长效，而且通常它们对于这一特定网络系统的建设以及未来发展都具有宏观和全局的指导作用。而微观意义上的网络体系结构，则比较注重特定网络系统的某些部分或某些方面，它一般是对特定网络系统中的某个功能子系统的描述，主要是从子系统的整体入手，规定该网络子系统中的各个组成部分以及各部分之间的逻辑关系等。关于特定具体网络系统的完整意义上的网络体系结构，必然是其宏观网络体系结构和微观网络体系结构的统一。

（4）网络体系结构具有从需求目标开始前后连贯的过程性

在传统的计算机网络体系结构研究领域中，人们对于某一具体网络系统的网络体系结构的理解，往往是站在一个相对静止的时间点（比如说，在制订该网络体系结构的相关规范和标准的时候，或者认识主体在对该网络体系结构进行认识的当时）上，并且主要是从该网络体系结构已制订的规范、已采用的技术和已实现的协议等少数几个方面认识。换句话说，通常人们总是习惯于把某一特定网络体系结构，视为是由许多已制订的相关技术规范和协议标准等所组成的文档集合，比如在谈到 OSI 网络体系结构时，一般人所指的就是 ISO 7498 国际标准及其他一些派生标准；而在谈到互联网体系结构时，主要指的就是由IETF所颁布的包括RFC 791[20]、RFC 793[21]、RFC 1035[22]、RFC 1157[23]、RFC 1180[24]等一系列 RFC 标准在内的互联网具体协议、机制和算法等。

与传统网络研究领域中人们这种惯常理解方式所不同的是，本书特别强调网络体系结构是一个过程性的概念。针对某一特定网络体系结构所制订的相应规范和标准，固然是这一网络体系结构的重要且有形的反映形式，但是，一方面这些规范和标准的制订和实施并不是一朝一夕之功，它们一定是在某一个特定的历史背景之下，出于对某些特定需求目标的考虑，在某些设计原则的指导之下进行制订的，因而具体网络体系结构的规范和标准的制订本身是一个过程。另一方面，这些网络体系结构规范和标准的实施同样也是一个过程，而且实施的过程必然会使得所建立的网络系统产生一系列相应的技术、方法以及体系结构特征，这些内容也应该理所当然地成为这一网络系统体系结构的重要组成部分。同时，并不是一旦制订和实施了某些规范和标准以后，相应网络系统的体系结构就会固定下来，因为它还必然会继续不断地向前发展。

因此，任何具体网络系统的网络体系结构都是一个过程性的、持续渐进发展的概念，对这一概念的全面认识和正确理解也应该站在纵贯其整个发展历史的立场上（不严格地讲，可以用软件工程中的“软件生命周期”这个过程性概念做类比；然而强调网络体系结构的过程性，更主要的用意在于要用看待其发展过程的眼光对网络体系结构进行全面认知，而不是像从前那样站在某一个静止的时间点上对其进行认知）。基于这样的认识，提出了一个全面把握网络体系结构概念的“网络体系结构认知框架”，如图 1-3 所示。“网络体系结构认知框架”揭示了这样的事实：任一特定具体网络系统都将首先考虑并确定其特定的需求目标，然后由这些需求目标导引出若干与之相适应的网络体系结构设计原则（此即宏观意义上的网络体系结构），最后在这些网络体系结构设计原则的指导之下进行具体的网络体系结构设计、实现以及演化发展（通常，制订和颁布相应的网络体系结构规范和技术标准等就在这一阶段）等。

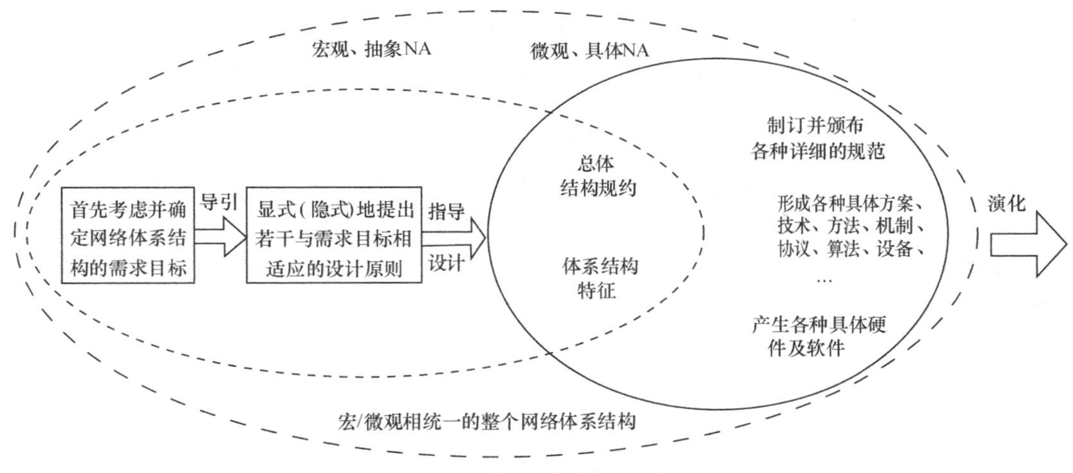

图 1-3 网络体系结构认知框架

“网络体系结构认知框架”实际上反映出网络体系结构是一个从需求目标开始的，过程前后连贯的，各个认知阶段之间存在紧密逻辑关系的，各相关内容要素之间存在内在有机联系的系统概念。传统对于某一具体网络系统的网络体系结构的认识，往往多数情况下只是“网络体系结构认知框架”所反映的过程中的一环（即看到成型网络体系结构参考模型规范和相应技术标准的某一个或几个时间点）。按照“网络体系结构认知框架”的要求，对任何一个具体网络系统的网络体系结构的公正评价，都应该遵循“从网络系统的需求目标，到体系结构设计原则，再到具体的网络系统实现”的认知路线，进行全面、细致、系统地考察和分析。本书对于传统网络体系结构的利弊分析以及对于满足下一代网络发展需求的新一代网络体系结构的研究，实际上都遵循该认知框架而展开，并被实践证明切实可行且确有实效。

（5）网络体系结构是一个时刻处在不断演化中的发展概念

自然辩证法指出，宇宙间的万事万物总是时刻处在不断的运动和发展之中，网络体系结构也不例外。回顾计算机网络的发展历史，在不同的发展阶段，网络体系结构研究所关注的重点并不完全相同。在计算机网络发展的最初阶段，网络体系结构主要是被看作计算机系统制造商保证自身产品自成体系、前后兼容的规范。在这一发展阶段，网络体系结构的研究目标是实现具有同构系统兼容能力、易于同构系统互联的自封闭网络系统。但是，由于这类网络体系结构的自封闭性，难以实现各种异构网络系统之间的互联，制约了计算机网络的进一步发展。

为解决异构网络系统的互联问题，Kaln R 在 20 世纪 70 年代初提出了“Open-Architecture Networking”思想[25]，从此便把体系结构开放的思想引入了计算机网络体系结构的研究中。之后，ISO 又针对异构计算机网络系统的互联问题，专门制订了详尽而又复杂的开放系统互联参考模型（Open System Interconnection Basic Reference Model，OSI/RM）。在这一发展阶段，研究的重点主要在于制订开放的网络体系结构参考模型。但是，这一阶段的网络体系结构研究，基本上仍然视计算机网络为一种通信基础设施，而对于互联网络系统面向应用和服务的特性则关注不够。

20 世纪 90 年代以后，各种新兴网络应用和服务大量涌现并蓬勃发展，计算机网络的发展便进入了面向应用和服务的崭新阶段。与此同时，传统网络体系结构对计算机网络发展的不适应性也开始逐渐显现，集中地表现为争斗（Tussle）[26]困境以及服务定制、资源控制和用户管理的难题[27]。于是，在这一发展阶段的网络体系结构研究中，人们更多地关注了计算机网络的应用和服务需求，着力考虑如何从服务定制、资源控制和用户管理等方面入手提高网络系统的性能，从而提供更多高性能、高效率、灵活多样、方便快捷的网络服务。

可见，网络体系结构并不是一个一经建立就一成不变的静态概念，而是一个时刻处在不断演化中的动态发展概念。这主要是因为计算机网络所处的环境、所面临的矛盾都在时刻不停地发展变化，因而相应的网络体系结构研究也必然要适应和反映这种变化。比如互联网中的信任问题就是很好的例子，在早期的互联网体系结构研究中几乎没有考虑到用户管理和信任的问题，安全机制也比较薄弱[28, 29]；但是，当互联网逐渐由军用转为民用、由科研网变成商业网时，信任、安全和用户管理等问题便成了新时期互联网体系结构研究的主要关注内容[26, 28]。所以，对于网络体系结构的理解和分析必须具有发展的眼光，才可能对计算机网络的现状形成全面深刻的认识，从而发现传统计算机网络体系结构的局限性，并找到合理可行的解决办法。

（6）网络体系结构是一个具有丰富内涵和外延的系统概念

随着计算机网络技术的飞速发展，网络体系结构所研究和关注的内容也得到迅速延伸和拓展。尤其是互联网经过几十年的研究与发展，现已演变成一个覆盖全球的、结构极其复杂的巨型人造系统，对互联网各种表观现象及相应内在本质规律的深刻认识，对描述网络系统的一些传统理论模型合理性的重新审视，对新的更能准确反映计算机网络系统本质的理论及模型的探索等，已经成为近年来与网络体系结构相关研究领域中的新的热点。事实上，与计算机网络体系结构相关的研究现已延伸和拓展到了统计学、经济学、物理学、生物学、系统科学、社会科学等多种学科和领域，网络体系结构已经成为一个具有丰富内涵和外延的系统概念，如图 1-4 所示。

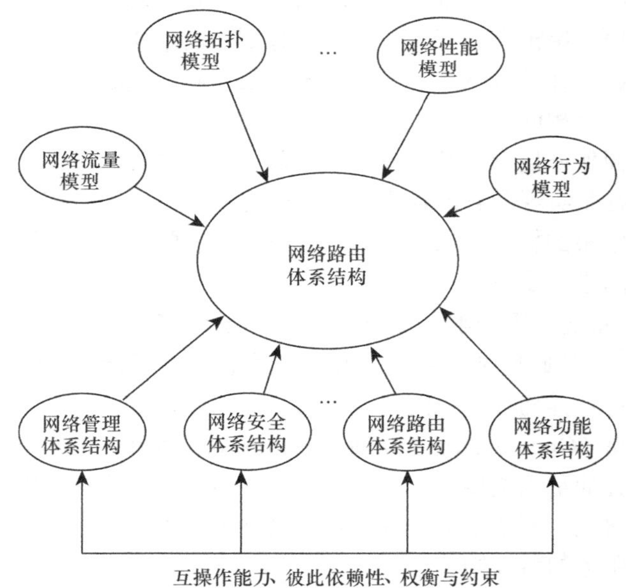

图 1-4　网络体系结构概念具有丰富的内涵和外延

就计算机网络流量模型理论而言，近年来研究人员在探求网络流量特征及其突发性本质时发现，网络的流量特征与网络的性能、拥塞控制机制以及资源分配机制有着密切的关系[30]，描述传统电话系统到达流的 Poisson 模型并不能真实反映计算机网络的流量特性。1994 年，Leland W E 等人[31]通过对以太网流量的统计分析，首次发现分组网络流量具有统计自相似性（Self-Similar Nature），其后的研究也表明广域网流量、视频流、Web 流量等都具有自相似性。更进一步地，研究人员又发现互联网流量的突发性具有分形（Fractal）、多尺度（Multi-Scaling）、长相关（Long-Range Dependence）等特性。

再者，近年来研究人员展开了关于网络拓扑模型、网络性能模型、网络行为模型等的研究，包括复杂网络系统建模、网络成长性分析、网络性能模型的建模、网络行为的仿真、网络稳定性分析等。例如，为描述像互联网这类超大规模复杂系统，Carlson J M 和 Doyle J 等人提出了 HOT（Highly Optimized Tolerance）[32~34]模型，试图为研究复杂性提供一个通用的框架。而最近关于复杂网络（Complex Network）[35, 36]的研究表明，互联网的拓扑结构与 WWW 网页超链接网、生物细胞网络、人际关系网络等类似，都具有小世界（Small-World）、高聚集度（Clustering）和无尺度（Scale-Free）等特征，网络节点连接数遵从的是幂次定律，并且由于集散节点的存在，无尺度复杂网络同时表现出具有顽健性和脆弱性的双重特性。

上述研究内容之所以会如此广泛地受到世界各国各个领域和学科的研究人员的关注和重视，主要原因在于它们真实地反映了网络体系结构是一个具有丰富内涵和外延的系统概念，其中每一项内容的研究进展都可能促进整个网络体系结构研究的发展。例如，关于网络流量模型的研究，对于深入认识计算机网络的运行规律和指导未来网络体系结构的设计都有重要的参考价值；关于 HOT 模型的研究，为深入认识计算机网络系统的复杂性提供了理论依据；关于复杂网络的研究，揭示了看似无序发展的互联网，实则由其背后深刻的网络动力学规律所支配，这对于认识计算机网络的成长规律、拓扑结构成因以及研究新的网络安全体系结构、管理体系结构都有积极的指导意义。但同时，相比网络体系结构所关注和包罗的方方面面内容而言，上述研究内容仅是其中的一部分。它们与整个网络体系结构的研究是部分与整体的关系（例如，复杂网络所关注的只是网络体系结构中的拓扑结构模型和网络成长规律），因此，对上述任一项研究都不可能取代整个网络体系结构研究中的其他各个领域和课题的研究。关于网络体系结构的合理研究途径不应该过分夸大其中的某一部分的研究，而忽略了其他部分的研究。应该认识到网络体系结构是一个具有丰富内涵和外延的系统概念，必须将各个部分、各个方面的研究综合起来，以发展的眼光和系统的观点来看待，既不能囿于传统网络体系结构研究的思路、观点和方法，也不能完全撇开数十年来人们在传统网络体系结构研究中所取得的若干重要成果和所积累的大量宝贵经验，只有各项研究不断地彼此借鉴和相互促进，才能共同促成整个网络体系结构研究持续、协调、稳定地向前发展。

1.2 网络体系结构设计目标和原则

1.2.1 体系结构设计目标

尽管互联网发展迅猛，但总的来说互联网体系结构至今仍然是一个定义得较为抽象和松散的概念，这是因为互联网从一开始就是一门具有较强实践性的工程技术学科，一直在不断试验和反复改进中向前发展，刚开始并没有定义严格的体系结构参考模型。这一点与OSI参考模型并不一样，因为OSI参考模型是先定义好体系结构模型，然后再设计协议。当然，自从OSI参考模型出现以后，在一定程度上也为互联网的研究实践提供了一些网络体系结构方面的理论指导。

事实上，在互联网诞生近20年之后，才终于有人对互联网体系结构进行正式归纳和整理，这就是世界著名的计算机网络科学家MIT的Clark D。他在1988年发表了一篇关于互联网体系结构的经典论文[11]，在这篇论文中，Clark D对DARPA在早期研究和建设互联网时所提出的互联网体系结构主要需求目标进行了总结，这些需求目标被分为两级共8条：一条最高目标（the Top Level Goal）和7条次级目标（Seven Second Level Goals）。在此将早期互联网体系结构的这8条需求目标按照重要性编排如下：

- 能互联各种网络——开发出有效的技术，从而能够复用互联在一起的各种网络；
- 抗部分网络失效——即便在部分网络失效的情况下，互联网的通信也必须能够继续；
- 支持多类型服务——互联网必须支持多种类型的通信服务；
- 能容纳异构网络——互联网体系结构必须容纳多种类型的网络；
- 资源分布式管理——互联网体系结构必须允许对它其中的资源进行分布式管理；
- 成本效益较高——互联网体系结构必须具有较高的成本效益（Cost Effective）；
- 主机易于联网——互联网体系结构必须允许主机非常容易地连入；
- 资源使用可计费——对互联网体系结构中资源的使用必须是可计费的。

早期互联网体系结构的这8条需求目标是按照重要程度依次递减的优先关系顺序排列的。例如，DARPA出于要建立一种能抵抗第一核打击的军事通信网络的早期互联网研究初衷，将需求目标“抗部分网络失效”放在了极其重要的地位，正因为如此，才促使互联网最终采用了全新的分组交换技术；而对于像“成本效益较高”和“资源使用可计费”这些需求目标，在早期并没有给予相当的重视，基本上这也是已经比较成型的互联网体系结构在步入互联网商业化时代之后所面临的重要挑战之一。

1.2.2 体系结构设计原则

在网络体系结构不断发展的过程中，针对互联网体系结构的需求目标逐渐形成了一系列具有指导意义且至关重要的抽象设计原则。这些体系结构设计原则之所以如此重要，原因在于它们的合理与否将会直接影响到实际互联网系统的功能和性能，并将最终决定整个互联网能否持续、稳定和协调地向前发展。事实上，在整个计算机科学技术领域历来都有特别注重关心那些带概括性、启发性和指导性的所谓“原则”的传统（当然，对于“原则”一词人们可能会采用不同的词汇和表述形式，比如principle、hint、truth、tenet等，但它们所具有的概括性、启发性和指导性的基本属性却是相通的）。这一点不难解释，因为这些原则既可能是长期以来人们智慧的结晶和宝贵成功经验的总结，也可能是无数次惨痛教训的凝练。

同样地，在互联网体系结构的研究中，关于体系结构设计原则的分析与讨论一直以来都受到了国际网络研究界的高度重视，Slatzer J、Clark D、Tennenhouse D、Carpenter B 等一大批著名的计算机网络科学家都曾专门撰文探讨了与互联网体系结构设计原则有关的问题。Clark D 等人直接将网络体系结构定义为“是指导网络的技术设计，尤其是网络的协议和算法设计的一组高层设计原则”[6]。最初由 Slatzer J 和 Clark D 等人所提出的端到端原则[12]，现在已经成了互联网体系结构中备受推崇的一条设计原则。由 Clark D 撰写的 RFC 817，较早地探讨了在协议实现中的模块化及效率问题；由 Callon R 撰写的 RFC 1925，以一种看似幽默诙谐、实则颇具哲理的表述形式，高度概括地对网络体系结构进行了诠释；Carpenter B 对传统互联网体系结构的设计原则进行了总结[37]，他指出互联网具有恒变（Constant Change）的性质，并提醒网络设计者必须注意到异构性无法避免、应尽力保持设计的简单性和尽量采用模块化设计等；Clark D 等还对能指引未来互联网继续向前演进的新的互联网体系结构原则进行了探讨[38]。

通过总结前人对网络体系结构设计原则的认识，现将传统互联网体系结构的主要设计原则总结归纳成如下几条。同时需要特别说明的是，这里所列的很多体系结构设计原则并非只是针对互联网体系结构，因为在总结这些体系结构设计原则时，同时还兼顾考虑了 OSI 网络体系结构等的研究，因此亦可以笼而统之地称其为“传统网络体系结构设计原则”；另外，这些网络体系结构设计原则中的一部分现在已经面临严峻挑战。这些传统网络体系结构设计原则如下。

（1）开放性原则

由于早期互联网体系结构一开始就将“能互联各种网络”作为首要的需求目标，因此便产生了“开放体系结构联网”的重要思想，并逐渐形成了具有互联网特色的互联网体系结构开放性原则，即互联网体系结构必须具有结构、功能、接口、协议，甚至源码的开放性，并允许人们能够自由地对技术进行改造和创新。互联网中所特有的 RFC 文档具有制订周期短、免费共享等优点，是保证互联网体系结构开放性的一种行之有效的组织方式。同时，稍晚一些出现的 OSI 网络体系结构也把开放性当作其首要考虑对象。开放性原则是已被传统互联网体系结构、开放数据网（ODN）体系结构、开放系统互联参考模型等所验证的确实有效的网络体系结构设计原则，因此对于新一代网络体系结构的研究仍然具有指导作用。

（2）分组交换原则

由于早期互联网（即 ARPAnet）特殊的军方背景，特别要求网络在假想的遭受战争打击而部分失效的情况下依然能够继续运行，这一需求目标实质上排除了采用面向连接、独占通信线路的电路交换技术的可能性，而分组交换技术却能很好地满足这一要求（如图 1-5 所示），因此，它便自然而然地被确立为 ARPAnet 的基本支撑技术。以“存储—转发”方式工作的分组交换技术，能够有效地复用互联在一起的各种网络，并为上层网络提供最大的灵活性，实际上它已成为计算机网络区别于传统电信网的最重要特征之一，并且分组交换原则对于未来计算机网络体系结构依然有效[32]。

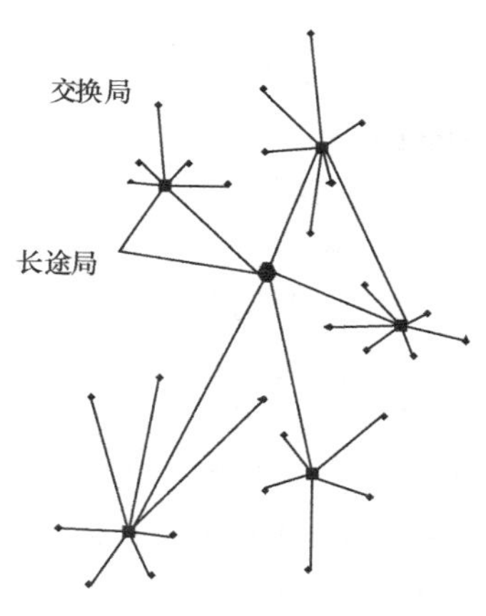

（a）面向连接的电话系统的构造

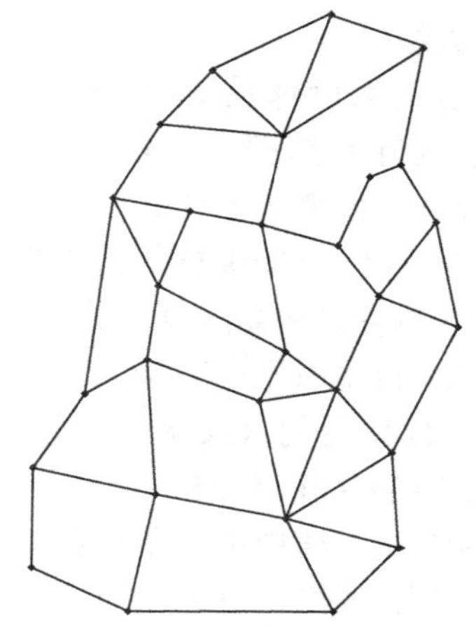

（b）分组交换的分布式系统的构造

图 1-5　分组交换技术

（3）端到端原则

端到端原则（End-to-End Argument，亦称边缘论）[40~42]一直是最受人们广泛关注和讨论的网络体系结构设计原则。端到端原则专门针对通用网络系统中的状态和功能部署位置的研究。其最初表述是[12]：一种应用功能只有在位于通信系统端点的应用的知识和帮助下才能被完全和正确地实现，因此，将提供这种功能作为通信系统本身的性质是不可能的。这一设计原则为互联网奠定了“核心网络简单，智能置于边缘”的基本结构，核心网络只提供简单和通用的传输服务，只维持最少的传输状态信息（如路由信息等），而数据可靠性、安全性、完整性等功能都留给端系统实现，引入新应用也不需要修改核心网络。

（4）透明性原则

端到端原则及 Cerf V 等人早年提出的 Catenet[43]概念导出了传统互联网体系结构中的透明性原则。透明性原则主要包含两层意思[44]：互联网采用一个覆盖全网范围的单一逻辑地址空间，网络中源端和目的端的地址可作为端系统的唯一标识；在互联网中，从源端到目的端的数据分组能够不被改变地流经网络。透明性原则在传统互联网中得到了较好的贯彻，相应的概念也反映出了传统互联网的基本体系结构特征，即采用基于 32 bit IP 地址（IPv4 地址）的 TCP/IP，分组以端到端透明的方式传送，IP 地址作为端到端的唯一标识。但是，透明性原则正在经受目前互联网发展现状的严峻考验。

（5）结构分层原则

分层历来被视为最重要的网络体系结构设计原则，OSI/RM 从一开始就建立起了严格的 7 层模型，互联网则是在 TCP/IP 的设计和实现过程中逐渐形成了功能清晰的协议层次划分。结构分层原则指导了原本被视为同一个协议的 TCP 和 IP 的分离：下层的 IP 仅提供为每个分组进行寻址和转发的功能；而上层的 TCP 则提供可靠有序的数据流服务，并负责完成流控以及出错处理功能。分层的确是对复杂的网络系统进行逻辑结构分解的有效方法，它为协议功能的模块化提供了可行的实现途径。但随着互联网的不断发展，

P2P 等新业务已经对这一原则发起了挑战。

（6）通用性原则

面对互联网业务类型种类不断增长的局面，支持多种服务类型必然是互联网发展的一个基本要求。互联网必须兼顾网络中不同类型的服务在速度、时延和可靠性等方面的不同要求，既要能适应和满足尽可能多的应用的需求，又不能偏袒于任何特定的应用，这就是互联网体系结构的通用性原则。这一设计原则事实上指导了 IP 从早期的 TCP 中分离出来，成为一个单独的通用传输协议，提供最基本的“尽力而为”传输服务，而那些与特定应用相关的协议则构筑于其上。

（7）异构性原则

互联网是一个高度异构的网，在组网技术、线路特性、应用需求、联网主机类型和软件运行环境等方面存在各种各样的异构性。异构性原则要求互联网体系结构在技术选择和协议设计时应充分考虑网络环境中的各种异构性，并给予支持。互联网体系结构的实现较好地遵循了这一原则：通用的 IP 屏蔽了下层网络的异构性，广泛采用的标准 TCP/IP 实现支持了上层应用的异构性，“核心简单、边缘智能”的基本结构则适应了联网主机软/硬件环境的异构性。

（8）可扩展性原则

网络可扩展性的目标是指在网络规模不断增长、服务功能日渐扩充和实现技术飞速发展的情况下，网络体系结构应留有足够的余地适应这种变化，并将由这种扩展所引起的性能损失、操作开销和资金开销降到尽可能小的程度。互联网中的可扩展性一般包括规模、结构、功能、协议和服务等方面。由于互联网一开始就关注了其规模的可扩展性[25]，并由此产生了子网自治、自包含分组、路由设备、分级路由模型（域内 IGP、域间 EGP）等一系列概念，因此互联网在这一点上相当成功；至于其他方面的可扩展性，互联网反反复复、修修补补的解决方案尚不尽人意。

（9）分布式原则

互联网是一个巨大的分布式系统，存在缺乏全局时钟、故障彼此独立、并发难以控制等诸多问题，这是造成互联网系统复杂化的最根本原因之一。互联网的设计者很早就认识到了这一点[45]，并将资源的分布式管理列为互联网的一个重要设计目标。分布式系统的设计与实现通常都比较困难，而端到端原则和透明性原则为简化互联网分布式控制和管理的复杂性做出了巨大贡献。互联网中的多数协议机制都考虑到了网络的分布式特征，如超时重传、滑动窗口、三次握手等。

（10）性能优化原则

在早期互联网体系结构的研究中，需求目标“成本效益较高”并未受到足够的重视[11]。直到 20 世纪 80 年代后期网络界开展高性能网络的研究时，才开始逐渐对传统网络体系结构的性能优化予以关注。性能优化原则的两个重要导出子原则是集成处理（Integration）子原则和旁路（Bypass）子原则，前者指导产生的代表技术如 ALF、ILP 及 XTP 等；后者则指导产生了旁路技术和旁路体系结构等。性能优化原则及其导出子原则实际上都涉及对已经较为成型的传统网络体系结构进行变革的问题，因此严格讲来它们并不算是传统网络体系结构的设计原则，对新一代网络体系结构的研究有较多的指导和借鉴意义。

此外，还有许多较为具体的传统互联网体系结构设计原则，如“尽力而为”原则、子网自治原则、结果缓存原则、速度优先原则、原子操作原则、排队缓冲原则、分类处理原则、前后兼容原则、预留资源原则、资源共享原则等。上述若干设计原则之间的交织、渗透和迭用，产生了很多有代表性的技术、方法和机制，并反映在了互联网协议的设计和实现中，从而形成了互联网鲜明的体系结构特征。

1.3 网络体系结构的历史演变和发展趋势

1.3.1 网络体系结构的历史演变

网络体系结构的演变过程体现在计算机网络的形成与发展中，可以大致概括为面向终端的计算机网络、计算机—计算机网络、开放式标准化计算机网络和以 Internet 为中心的高速化网络 4 个阶段，各个阶段在时间上存在部分重叠。其中，第三、四阶段便是网络体系结构产生和发展的阶段。

（1）第一代计算机网络：面向终端的计算机网络（单纯面向终端，没有网络体系结构）

1946 年，世界上第一台数字计算机 ENIAC 在美国诞生，计算机和通信并没有什么关系。早期的计算机系统是高度集中的，所有设备安装在单独的大房间中。最初，一台计算机只能供一个用户使用。后来出现了批处理和分时系统，一台计算机虽然可以同时为多个用户服务，但若不和数据通信相结合，分时系统所连接的多个终端都必须紧挨着主计算机，用户必须到计算机中心的终端使用，显然是不方便的。1951 年，美国麻省理工学院林肯实验室就开始为美国空军设计半自动化地面防空系统（Semi-Automatic Ground Environment，SAGE），该系统于 1963 年建成，被认为是计算机和通信技术结合的先驱。20 世纪 60 年代初，美国建成了全国性航空飞机订票系统，用一台中央计算机连接 2 000 多个遍布全国各地的终端，用户通过终端进行操作，如图 1-6 所示。

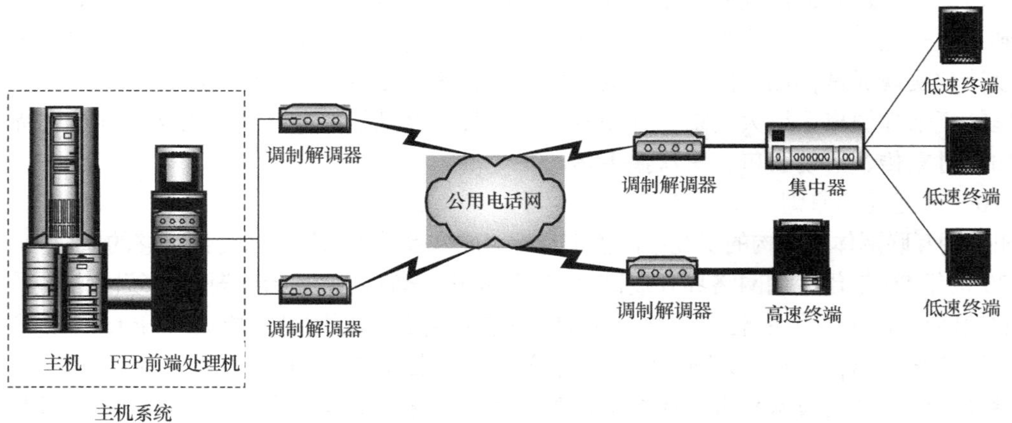

图 1-6 面向终端的计算机网络

在这一时期，计算机网络的雏形出现，但仅面向终端，没有形成网络体系结构。

（2）第二代计算机网络：计算机—计算机网络（以通信子网为中心，网络体系结构初见端倪）

1957 年 10 月，原苏联发射了人类历史上第一颗人造地球卫星。这次成功发射大大震惊了美国朝野。美国政府遂决定在美国国防部领导下成立高级研究计划局（APRA）。

鉴于军事的刺激，为了更好地满足计算机之间通信的需要，计算机网络的雏形 ARPAnet[46]应运而生。最初的 ARPAnet 基于主机—主机通信协议。它的产生并非偶然，正是外界军事（经济）的刺激，原有的通信方式无法满足需要，才有了 ARPAnet 的产生。

同第一代网络相比，第二代网络联网的计算机没有了主从关系，每一台计算机都具有强大的计算、存储能力。多台计算机通过通信线路互联而成的网络，即计算机—计算机网络。

ARPAnet 是该网络系统的典型代表。运行用户应用程序的计算机称之为主机(Host)，但主机之间并不是通过通信线路直接相连接，而是通过接口报文处理机（Interface Message Processor，IMP）[47]转接后互联，如图 1-7 所示。

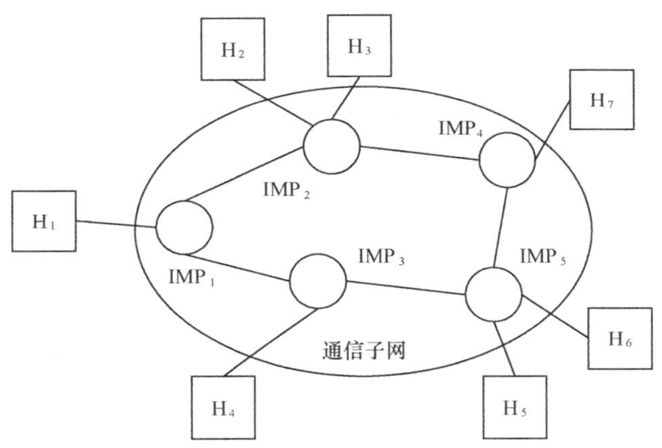

图 1-7　计算机—计算机网络

第二阶段的计算机—计算机网络强调网络的整体性，用户不仅可以使用本地资源，还可以共享其他用户主机的资源，其工作模式一直延续到现在。但是，这种网络还存在一些弊端：不同厂商计算机不能接入同一网络；不同类型的计算机互联通信非常困难。

（3）第三代计算机网络：开放式标准化网络（网络体系结构真正产生，层次模型）

随着 ARPAnet 的规模不断扩大，到 20 世纪 70 年代后期，网络节点超过 60 个，主机 100 多台，地理范围跨越了美国东部和西部的许多大学和研究机构。

但是这种计算机—计算机网络有不少弊病，不能适应信息社会日益发展的需要。随着不同网络的产生，如 ARPAnet、PRnet、SATnet 等，它们有着各自的接口定义、分组长度、传输速率和通信协议，把不同的第二代计算机网络互联起来十分困难。网络的不断发展，不同的需求，便产生了竞争。因此，一种更高级的、基于统一的网络体系结构的网络便应运而生——开放式标准化网络，它具有统一的网络体系结构、遵循国际标准化协议。标准化使得不同的计算机能方便地互联在一起。

世界上第一个网络体系结构是美国 IBM 公司于 1974 年提出的 SNA（系统网络体系结构）。凡遵守 SNA 规定的设备可以方便地进行互联。之后许多大计算机公司也纷纷提出自己的网络体系结构，如 Digital 公司的网络体系结构 DNA、Honeywell 公司的分布式系统结构 DSA 等。但是不同的体系结构互不兼容，采用不同体系结构的两个网络之间很难通信。要想使所有的网络都能互相连通，需要制订一个国际性的网络体系结构标准。

1977 年国际标准化组织 ISO 的 TC97 信息处理系统技术委员会 SC16 分技术委员会开始着手制订开放系统互联基本参考模型 OSI/RM。作为国际标准，OSI 规定了可以互联的计算机系统之间的通信协议，遵从 OSI 协议的网络产品都是所谓的开放系统。几乎所有的网络产品都声称自己的产品是开放系统，不遵从国际标准的产品逐渐失去了市场。这种统一的、标准化的产品互相竞争的市场又进一步促进了网络的发展。

但是 OSI 模型划分 7 个层次，模型和协议本身存在着缺陷，层次划分不太合理，相同的功能在多个层次中重复出现，并且 OSI 的协议实现过分复杂，运行效率比较低。而同时期产生的 TCP/IP 模型，基于应用层、互联网层和网络接口层 4 个层次很方便实现，并且提供了简单方便的编程接口，因此 TCP/IP 模型结构在竞争中存活了下来。而 OSI 模型则仅仅停留在了理论阶段，如图 1-8 所示。

图 1-8 OSI 和 TCP/IP 参考模型

1983～1985 年，TCP/IP 进入稳固发展阶段。到 1985 年，Internet 已相当完善。美国国家科学基金会（National Science Foundation，NSF）利用 TCP/IP 建立了用于科学研究和教育的骨干网络 NSFnet。1990 年，NSFnet 代替 ARPAnet 成为国家肯干骨干网，并且走出了大学和研究机构进入社会。

（4）第四代计算机网络：以 Internet 为中心的信息高速公路（网络体系结构多样化发展，下一代网络）

商业行为的介入，成为 Internet 进一步发展的最重要的推动力。网上的电子邮件、文件下载和信息传输越来越受到人们的欢迎并被广泛使用。1992 年，Internet 学会成立，该学会把 Internet 定义为“组织松散的、独立的国际合作互联网络”，“通过自主遵守计算协议和过程支持主机的通信”。1993年，美国伊利诺斯大学国家超级计算中心成功开发了网上浏览工具Mosaic（后来发展成Netscape），使得各种信息都可以方便地在网上交流。浏览工具的实现引发了Internet发展和普及的高潮。上网不再是网络操作人员和科学研究人员的专利，而成为一般人进行远程通信和交流的工具。在这种形势下，美国总统克林顿于1993年宣布正式实施信息基础设施（National Information Infrastructure，NII）[48]计划，从此在世界范围内展开了争夺信息化社会领导权和制高点的竞争。与此同时，NSF不再向Internet投入资金，使其完全进入商业化运作。20世纪90年代后期，Internet以惊人的高速度发展，网上的主机数量、上网的人数、网络的信息流量每年都在成倍地增长。网络覆盖的地理范围向全球延伸，并逐步深入每个单位、每个办公室以至每个家庭。有人描述未来通信和网络的目标是实现5W的个人通信，即任何人（Whoever）在任何时间（Whenever）、任何地方（Wherever）都可以和任何另一个人（Whomever）通过网络进行通信，以传送任何信息（Whatever）。

20世纪90年代末至今的第四代计算机网络，由于局域网技术发展成熟，出现光纤及高速网络技术、多媒体网络、智能网络，整个网络就像一个对用户透明的大的计算机系统，发展为以Internet为代表的互联网。此时，人们逐渐认识到现有网络体系结构参考模型TCP/IP在可扩展性、安全性、移动性、服务质量、可管可控和可信性等方面存在诸多缺陷，因此对于下一代网络体系结构的研究开始出现了多样化的局面。

从计算机网络发展过程看，人与网络的关系由传统的“网络在人之上”（Network on Human）、“网络在人之中”（Network in Human）到“网络与人”（Network with Human）相融合。这就是说，网络从远离人的一般应用到网络应用大大便利了人们的生活，人机关系日益紧密，最终必然向着网络与人更加友好的结合方向发展，达到一种随心所欲的境界。为了实现这一理想，要求应该更多地从人的应用的方便化和网络服务的灵活性、主动性角度寻找答案，使今后的网络服务和网络应用可以根据人的个性需求而定制。这种美好憧憬进一步推动了网络体系结构的演化。

1.3.2 网络体系结构的新需求

现行网络体系结构基本上沿袭了传统网络体系结构的旧制，在今天看来已经明显滞后于新的历史条件和需求背景下计算机网络发展的要求。所以，现今的互联网必须在新的网络体系结构的指导下向下一代网络演进。尽管目前人们对于什么是“下一代网络”仍然没有完全达成共识，但是研究下一代网络的重要性和必要性却得到了普遍认同。近年来，一系列与下一代网络相关的研究已相继展开，如GENI、FIND、NetSE、FP7、FIRE、4WARD、AKARI和CNGI等。然而，至今仍然没有完全建立起一个能够对当前计算机网络发展方向提供指导的，满足下一代网络发展需求的，正确地反映整个网络发展趋势的新一代网络体系结构模型。

为此，在把握当前计算机网络研究和发展趋势的基础上，有必要归纳出满足下一代网络发展的新一代网络体系结构的若干需求目标。

（1）对下一代网络体系的认识

任何网络体系结构都是一个从需求目标开始的、过程前后连贯的、各个认知阶段之间存在紧密逻辑关系的系统概念，因此对任何网络体系结构的合理认知或研究途径，都应该遵循“需求目标→设计原则→具体实现”的路线。依据上述观点，在研究新一代网络体系结构时，首要的关键问题是必须对下一代网络有一个比较准确的定位，进而才可能对新一代网络体系结构的需求目标形成客观而全面的合理认识。

综合考虑计算机网络目前的发展现状以及近年来全球网络的一些崭新发展趋势、热点研究动向和重要研究成果，对下一代网络体系有如下的认识：

- 对于下一代网络的定位，必须站在全球信息基础设施的高度，而不能再像传统计算机网络研究中那样仅将网络视为能够满足互联、互通和互操作要求的通信基础设施。作为未来人类信息社会的主流组成部分，下一代网络所面向的应用领域的拓宽，尤其是向政治、经济和国防等领域的延伸，势必会引发很多新的问题，因此必须高度重视争斗（Tussle）对于下一代网络的影响。
- 下一代网络的研究和建设都应该是一个渐进式的发展过程。互联网的一条重要成功经验就在于它从最初建立以来，一直在不断地渐进式向前发展，下一代网络必须重视这一经验。下一代网络的研究必须立足于当前网络的现实基础（尤其是当前已经比较成功的互联网），而且其技术研究、产品开发、应用推广等也都将是一个反复迭代的渐进式发展过程。
- 从目前网络的研究现状和发展趋势来看，在可预见的将来全球范围内还不太可能完全由某一个单一结构的网络主导（B-ISDN/ATM 的没落即很好的例证），下一代网络将是多种网络系统的相互整合和发展。下一代网络的一个重要发展趋势就是互联网和电信网等代表网络的和谐整合，这已经在 NGN、KP 等研究中得到了很好的体现。整合全球网络资源也是 Grid 在研究新型网络时的核心理念。
- 现代网络研究的重点正在从通信向应用和服务跃迁，下一代网络必将是面向应用与服务的高性能全球信息基础设施。近年来关于覆盖网（Overlay Network）[50]、P2P[51]、Grid[52]、Web Services[53]等研究的兴盛，表明计算机网络研究已经发展到面向服务、注重应用的崭新阶段。下一代网络必须始终将如何快速、灵活、多样化地提供网络服务以及支持多种多样的网络应用作为研究的出发点和归宿。
- 下一代网络的规模将会十分庞大，因而它必将是一个结构极其复杂的人造巨型系统。来自互联网的相关研究成果表明，这种复杂的人造巨型系统同时也是非线性系统。互联网发展中“复杂性/顽健性螺旋”的教训表明，尽管目前研究界都对以互联网作为下一代网络演进基础这一点普遍看好，然而如何在下一代网络研究中解决复杂性非线性增长的问题，仍是一个棘手的难题。
- 安全、信任和用户管理等问题是近年来计算机网络研究中的热点，这也从侧面反映出传统网络体系结构在这些方面所存在的缺陷和不足，因此下一代网络的研究和建设必然要考虑对于安全保障、信任约束和用户管理等问题的需求。下一代网络应该从分析传统网络体系结构的脆弱性根源入手，站在全球信息基础设施的高度寻求合理的全局性解决方案。
- 提供无处不在的（Ubiquitous）信息服务必将是下一代网络的显著特征之一。无线/移动技术的发展已经成为近年来信息产业中增长速度最快的一部分。然而，无论是蜂窝移动通信系统，还是互联网的无线扩展（如 WLAN 和移动 IP 地址等），目前的功能和性能都比较有限，离人们的需求尚有差距。因此，作为全球信息基础设施的下一代网络对无线/移动技术提出了更高的要求。

- 传统的主要采用协议分层原则建立的各种平面式计算机网络体系结构，比较注重的是网络的数据传送功能，而在网络控制、网络管理、服务定制等方面的能力则较为薄弱。下一代网络应该考虑按照功能的不同，对其对应网络体系结构进行隔离分面，从而建立起结构分层、功能分面的全方位立体型的新一代网络体系结构。近年包括B-ISDN/ATM、可编程网、MCS、KP等在内的研究表明，采用分面方法构造立体型网络体系结构的研究思路已越来越受到重视。
- 下一代网络无疑是一个规模庞大、环境多变、应用复杂的信息基础设施，因此满足下一代网络发展需求的新一代网络体系结构必须具有较强的动态适应能力。传统分层网络体系结构（如OSI/RM和TCP/IP等）的一个主要缺点就是各层的功能过于固定，各协议之间以及协议与具体操作系统之间存在紧密的耦合关系。下一代网络的动态适应能力主要表现在规模可缩放、结构可重构、平台可移植、功能可扩展和服务可定制等方面。
- 在多种网络系统相互整合的趋势之下，下一代网络将继续朝着开放、集成、高性能、高可用和智能化的方向发展。开放性是保证多种异构网络系统互联和互操作的关键；集成是确保多种网络系统实现整合的有效途径；高性能主要是指在资源控制、服务定制和用户管理等方面表现出较高的性能；高可用性主要表现为网络资源的高效整合性、网络服务的便捷易用性和网络应用的丰富多样性等；智能化要求下一代网络引入更多的智能性，为智能化控制与管理、故障自动恢复、用户友好等提供支持。

（2）网络体系结构的新需求

下一代网络是在未来人类信息社会中存在并占据主导地位的、可靠、可信、安全、坚固、高性能、高可用、无处不在、无缝集成并具有商业运营能力的全球开放信息基础设施。作为未来人类信息社会的主流组成部分，它综合了多种现有网络系统的优势，并能支撑世界各国政治、经济、科技、文化、教育、国防等各个领域的全面信息化。由于当前的互联网已经取得了事实上的巨大成功，考虑到互联网规模的巨大、影响的深远和应用的基本成功，它理应成为向下一代网络演进的最重要的基础网络之一。依据已有的研究结论，将下一代网络体系结构的主要需求目标总结归纳为如下10条：

- 全方位开放性——下一代网络体系结构必须具有更全面的开放性，不但对技术、服务、应用开放，而且对全球网络用户、网络运营商、服务提供者等全方位开放，保证对投资、研究、建设、访问、使用、技术更新、服务增值、新应用开发等的公平开放性。
- 促进多网融合——下一代网络体系结构必须能够从总体结构上纳现存各种代表性网络系统于一体，从应用类型和服务功能上集现存各种代表性网络系统的成型特色应用与服务于一身，并能够支持以渐进式演进的方式，渐次实现多种网络系统的逐步融合。
- 多维度可扩展——下一代网络体系结构必须具有多个维度上良好的可扩展性，在网络规模上应保证容量、协议、算法、命名、编址等方面的可扩展性，在网络功能上应保证传输、控制、管理、安全等方面的可扩展性，在网络性能上应保证在各种差异环境中系统具有优雅的升/降级（Graceful Degradation/Upgradation）特性。
- 动态适应能力——下一代网络体系结构必须具有能依据不同情况及需求进行适应性调整的动态适应能力，这种动态适应能力不仅反映在对于不同的网络技术、异构的运行环境的适应性上，而且反映在对于用户个性化服务定制需求的适应性上。
- 服务无处不在——下一代网络体系结构必须能够提供无处不在的服务，支持通用移动性和普及计算，确保多样化的联网终端更易于连接入网和访问服务，所提供的网络服务具有更广阔的服务范围、更丰富的服务类型和更灵活的服务形式。

- 可靠、坚固、可控——下一代网络体系结构必须可靠、坚固和可控制，既能较好地抵御、消减和弥补由于人为破坏、自然灾害、环境干扰、软/硬件故障等因素所带来的各种影响，又能对用户的行为、各种资源的分配与使用、网络演进中的复杂性增长等有较好的控制能力，从而提高下一代网络系统的抗毁性、生存性、有效性、顽健性和稳定性。
- 高性能、高可用——下一代网络体系结构必须具有高性能和高可用特性，前者指网络能提供高速网络传输、高效协议处理和高品质网络服务，以支持大量具有各种不同服务质量要求的应用；后者指网络能高效整合各种资源，为授权用户提供便捷易用的服务和丰富多样的应用，并能在网络部分受损或出现故障时以降级方式继续保证网络的可用性。
- 安全、可信、可管——下一代网络体系结构必须安全、可信和可管理，保证网络系统的运行以及信息的保密、传播和使用等方面的安全性，能够较好地建立、维护和约束用户之间、用户与网络系统之间的信任关系，提供更加全面、高效的用户管理、资源管理、系统管理和运营管理。
- 成本—效益较高——下一代网络体系结构必须具有较高的成本—效益，不但要减少协议、服务、应用等的处理开销和优化其性能，而且支持采取成本较低、代价较小、具有长期效益的技术路线或过渡方案，推进网络的渐进式演进，实现网络的持续、稳妥、良性发展。
- 适合商业运营——下一代网络体系结构必须支持网络的商业化运营，必须具有合理的盈利模型、完善的商业运营管理、有效的计费手段和积极的投资融资措施，从而促进公平竞争、鼓励私有投资和不断促使技术创新。

1.3.3 网络体系结构的发展趋势

网络体系结构是个笼统的概念，不同研究背景和研究目的的科研人员对其具体的研究范畴有着不同的理解。但一般认为，网络体系结构主要包括功能模型、拓扑模型和应用模型等，其中功能模型是核心部分。功能模型定义网络系统如何被分割成小的、具有不同功能的部分以及这些部分之间如何相互作用，如何通过这些部分的排列组合实现网络系统的整体功能。

目前，国际上对这一领域的研究可以分为两部分：一部分是从网络基础理论研究的角度出发试图解决新型网络的基本科学问题；另一部分是从工程技术研究角度出发，解决网络与业务实现的具体问题。这两个部分是相互影响、互动发展的。目前，在新型网络体系结构的基础理论研究中，有两个重要方向：一个是对现有网络层次化功能模型的改进，另一个是探索非层次化的网络体系结构。

在未来网络体系结构研究中，存在以下基本的发展方向。

（1）开放和大容量

系统开放性是任何系统保持旺盛生命力和能够持续发展的重要系统特性，因此也应是计算机网络系统发展的一个重要方向。基于统一网络通信协议标准的互联网结构，正是计算机网络系统开放性的体现。统一网络分层体系结构标准是互联异种机的基本条件，Internet之所以能风靡全球，正是它所依据的TCP/IP栈已逐步成为事实上的计算机网络通信体系结构的国际标准。各种不同类型的巨、大、中、小、微型机及其他网络设备，只要所装网络软件遵循TCP/IP栈的标准，都可联入Internet中协同工作。早期那种各大公司专用网络体系结构群雄竞争的局面正逐步被TCP/IP一统天下的形势取代，这是网络系统开放性大趋势所决定的。互联网结构是指在网络通信体系第3层路由交换功能统一管理下，实现不同通信子网互联的结构，它体现了网络分层体系中支持多种通信协议的低层开放性，因为这种互联网结构可以把高速局域通信网、广域公众通信网、光纤通信、卫星通信及无线移动通信等各种不同通信技术和通信系统有机地联入计算机网络这个大系统中，构成覆盖全球、支持数亿人灵活、方便上网的大通信平台。近几年来，各种互联设备和互联技术的蓬勃发展，也体现了网络这种低层开放性的发展趋势。统一协议标准和互联网结构形成了以Internet为代表的全球开放的计算机网络系统。标准化始终是发展计算机网络开放性的一项基本措施，除了网络通信协议的标准，还有许多其他有关标准，如应用系统编程接口标准、数据库接口标准、计算机操作系统接口标准以及应用系统与用户使用的接口标准等，也都与计算机网络系统更方便地融入新的信息技术和更大范围的开放性有关。计算机网络的这种全球开放性不仅使它要面向数十亿的全球用户，而且也将迅速增加更大量的资源，这必将引起网络系统容量需求的极大增长而推动计算机网络系统向广域的大容量方向发展，这里大容量包括网络中大容量的高速信息传输能力、高速信息处理能力、大容量信息存储访问能力以及大容量信息采集控制的吞吐能力等，对网络系统的大容量需求又将推动网络通信体系结构、通信系统、计算机和互联技术也向高速、宽带、大容量方向发展。网络宽带、高速和大容量方向是与网络开放性方向密切联系的，未来网络将是不断融入各种新信息技术、具有极大丰富资源和进一步面向全球开放的广域、宽带、高速网络。

（2）一体化和方便使用

一体化是一个系统优化的概念，其基本含义是：从系统整体性出发对系统重新设计、构建，以达到进一步增强系统功能、提高系统性能、降低系统成本和方便系统使用的目的。一体化结构就是一种系统优化的结构。计算机网络发展初期是由计算机之间通过通信系统简单互联而实现的，这种初期的网络功能比较简单（主要是远程计算机资源共享），联网后的计算机和通信系统基本上仍保持着联网前的基本结构。随着计算机网络应用范围的不断扩大和对网络系统功能、性能要求的不断提高，网络中的许多成分必将根据系统整体优化的要求重新分工、重新组合，甚至可能产生新的成分。例如，客户/服务器结构就是一种网络系统内部的计算机分工协同关系：客户机面向客户被设计得更简单和方便使用，如各种专用浏览器、瘦客户机、网络计算机、无盘工作站等；服务器面向网络共享的服务，被设计得更专门化、更高效，如各种Web服务器、计算服务器、文件服务器、磁盘服务器、数据库服务器、视像服务器、邮箱服务器、访问服务器、打印服务器等。C/S分工协同实际上已成为计算机网络系统的一种基本结构和工作模式。另外，网络中通信功能从计算机节点中分离出来形成各种专用的网络互联通信设备，如各种路由器、桥接器、交换机、集线器等，也是网络系统一体化分工协同的体现。国际互联网中骨干网与接入网的分工，ISP、ASP、IPP、ICP及IDC等各种网络服务提供商的出现，也是互联网更大范围、更高层次的系统分工与协同。系统一体化的另一条路径是基于虚拟技术，通过硬件的重新组织和软件的重新包装来构造各种网络虚拟系统以优化系统性能。网络上各种透明节点的分布式应用服务，如分布式文件系统、分布式数据库系统、分布式超文本查询系统等，用户看到的是一个虚拟文件系统、虚拟数据库系统和虚拟信息查询系统，他们可以方便地使用这些虚拟系统而不必关心网络内部结构和操作细节。进而，网络的各种具体应用系统，如办公自动化系统、银行自动汇兑系统、自动售票系统、指挥自动控制系统、生产过程自动化系统等等，实际上都是更高层次的网络虚拟系统，它适应更广泛的用户更方便地使用网络，用户从网络得到的服务更体现了网络内部各种信息技术的综合结果。虚拟化技术实际上也是一种系统的黑盒子方法。未来网络将是网络内部进一步优化分工，而网络外部用户可以更方便、更透明地使用网络。

（3）多媒体网络

被称为多媒体的文字、话音、图像等，实际上并不是物质媒体，而仍是一些信息表现形式。所谓多媒体技术实质上也应是这些形式多样的信息如何进行综合采集、传输、处理、存储和控制利用的技术，也是一种综合信息技术。信息技术是对人自然信息功能进行增强和扩展的技术，人对客观世界的最初认识正是通过眼观（形状、颜色等形象信息）、耳听（声音信息）、手触（物理属性信息）、鼻嗅、舌尝（化学属性信息）而综合形成对某种事物的感性认识。可见，人对客观世界最基本的认识过程，正是一种多媒体信息的采集过程。因为客观事物的属性是以各种信息形式综合表现出来的，人只有通过综合采集这些不同形式的信息，才能形成对客观事物比较完整和全面的认识。由此可见，人在大脑中存储的对客观世界的认识，实际上也是一种综合的多媒体信息。进而，从感性认识上升到理性认识的处理，也是一种多媒体信息的处理。因此，知识也是一种综合性的多媒体信息。现在，高度综合现代一切先进信息技术的计算机网络应用已越来越广泛地深入社会生活的各个方面。人们从计算机网络系统得到各种服务，自然希望也能像他们直接观察客观世界以及直接进行人与人之间交往那样，具有文字、图形、图像和声音等多种信息形式的综合感受。正是人类自然信息器官对多媒体信息的这种自然需求，推动了各种信息技术与多媒体技术的结合，特别是计算机网络这一综合信息技术与多媒体技术的结合。从某种意义上讲，这恰似信息技术发展到一定阶段而呈现的一种返璞归真的现象。因此，多媒体技术与计算机网络的融合既是多媒体技术发展的必然趋势，也是计算机网络技术发展的必然趋势。目前，手写输入、话音声控输入、数字摄像输入、大容量光盘、IC 卡、扫描仪等各种多媒体采集技术，压缩解压、信道分配、流量控制、时空同步、QoS 控制等多媒体信息传输技术，话音存储、视像存储、面向对象的数据库、超媒体查询等多媒体存储技术，MMX 芯片、Mpact 媒体处理器等多媒体处理技术以及高精度彩显、彩打、虚拟现实（VR）、机器人等多媒体利用控制技术的蓬勃发展，为多媒体计算机网络的形成和发展提供了有力的技术支持。电信网、电视网与计算机网的三网合一，也是在更高层次上体现了系统一体化和多媒体计算机网络的发展趋势。三网合一虽然还存在技术和体制等方面的问题，但大趋势已逐渐明朗，光纤到家、家用信息电器、家庭布线网络、VoD 视频点播、IP 电话、网络会议、多媒体网络教学、智能大厦等与此有关的技术和产品正在迅猛发展，未来网络必定是进一步融合电信、电视等更广泛功能，并且渗入千千万万家庭的多媒体网络。

（4）高效、安全的网络管理

计算机网络是一个系统，而且很多情况下是一个复杂的大系统。它的应用日益广泛、规模日益扩展，而结构日益复杂。如同一个国家需要强有力的管理一样，计算机网络这样的大系统，如果没有有效的管理方法、管理体制和管理系统的支撑和配合，就很难使它维持正常的运行，因而也就很难保证它的功能和性能的实现。计算机网络管理的基本任务包括网络系统配置管理、性能管理、故障管理和安全管理等几个主要方面。显然，这些网络管理任务，都涉及计算机网络系统的整体性、协同性、可靠性、可控性、可用性及可维性等重要系统特征。所以，网络管理问题是计算机网络系统一个重要的全局性问题。任何一个网络系统的设计、规划和工程实施，都必须对网络管理问题进行一体化的通盘考虑。系统设计者经常需要在系统安全、可靠性指标和其他质量指标的矛盾中权衡、折中。采用什么样的网管方法和系统方案，不仅影响网络系统的功能和性能，也直接影响网络系统的结构。虽然，计算机网络的基本应用服务功能与网络管理功能有所区别，有所分工，但又是紧密联系的。在网络内部结构中，实现这两部分功能的软、硬件实体也是紧密结合甚至融合在一起的。所以，网络管理系统已成为现代计算机网络系统中不可分割的一部分。网络管理应着眼于网络系统整体功能和性能的管理，趋于采用适应大系统特点的集中与分布相结合的管理体制。在当前网络全球化大发展的形势下，各种危害网络安全的因素，如病毒、黑客、垃圾邮件、计算机犯罪等也很猖獗，并且具有全球传播的特点，它们不仅影响网络系统的正常工作和网络应用系统的安全使用，甚至可能威胁网络系统的生存。因此，进一步研究和发展各种先进的访问控制、防火墙、反病毒、数据加密和信息认证等网络信息安全技术已成为计算机网络系统发展不可缺少的重要保障。未来网络应该是管理更加高效和更加安全可靠的网络。

（5）应用服务

设计和建造计算机网络系统的根本目的就是应用。从系统观点看，网络应用最终体现了网络系统的目的性和系统功能。应用需求始终是推动技术发展的根本动力，技术发展又提供了更多、更好的应用服务，这是技术发展与应用需求的基本辩证关系。作为高度综合各种先进信息技术的计算机网络，正是在人类社会信息化应用需求的推动下迅速发展起来的；而计算机网络也正是通过各种具体网络应用系统体现对社会信息化的支持。国家信息化、领域信息化、区域信息化和企业信息化最后都要落实到建立各行各业、各具体单位的各种具体网络应用系统，如各种管理信息系统、办公自动化系统、决策支持系统、事务处理系统、信息检索系统、远程教育系统、指挥控制系统、异地协同合作系统以及综合的集成制造系统、电子商务系统、交通自动订票系统等，各行各业的不同用户也越来越需要依赖具体的应用软件使用网络。因此，基本网络系统平台之上的各种网络应用系统已成为计算机网络系统不可分割的重要组成部分。对具体网络信息系统的系统集成实际上就是用系统工程方法具体规划、设计和构造一个具体的网络应用系统。目前，网络应用系统体系结构的研究、网络应用软件开发工具的研究、分类应用系统规范和标准化的研究以及综合应用系统集成方法的研究等都非常活跃，取得了很大进展，也体现了计算机网络系统为应用服务的发展方向。未来网络呈现在广大用户面前的将是满足更广泛应用需求的、更方便使用的但却更看不到网络的各种各样的网络应用系统。

（6）智能网络

人工智能技术在传统计算机基础上进一步模拟人脑的思维活动能力，包括对信息进行分析、归纳、推理、学习等更高级的信息处理能力，所以也是一种更高层次的信息技术。智能计算机使计算机具有更接近人类思维能力的高级智能，是计算机技术的必然发展。但在现代社会信息化进程中，由于计算机网络技术的飞速发展，计算机与计算机技术已越来越多地被融入计算机网络这个大系统中，与其他信息技术一起在全球社会信息网络这个大分布环境中发挥作用。因此，人工智能技术、智能计算机与计算机网络技术的结合与融合，形成具有更多思维能力的智能计算机网络，不仅是人工智能技术和智能计算机发展的必然趋势，也是计算机网络综合信息技术的必然发展趋势。当前，基于计算机网络系统的分布式智能决策系统、分布专家系统、分布知识库系统、分布智能代理技术、分布智能控制系统及智能网络管理技术等的发展，也都明显地体现了这种智能计算机网络的发展趋向。未来网络系统将是人工智能技术和计算机网络技术更进一步结合和融合的网络，将使社会信息网络不仅更有序化，而且将更智能化。

经过 10 多年的时间，人们越来越深刻地认识到下一代网络研究的重要性、复杂性、艰巨性和长期性。发达国家纷纷把下一代网络研究列入未来信息技术领域的重点发展方向。面对目前互联网存在的重大技术挑战，单靠一般的技术发明和工程实践，很难找到理想的解决方案，基础理论在下一代网络研究中具有重要的指导作用。

参考文献

[1] BARTIK J. OSI: from model to prototype as commerce tries to keep pace[J]. Data Communication, 1984, 13(3): 307-319.

[2] 沈苏彬. 形式化网络体系结构的研究[D]. 东南大学博士学位论文. 2000.

[3] TANENBAUM A S. Computer Networks (Fourth Edition)[M]. NJ: Prentice Hall, Inc.2002.

[4] CARPENTER B, BRIM S. Middleboxes: Taxonomy and Issues[S]. RFC 3234, 2002.

[5] National Research Council (Computer Science and Telecommunications Board). The Internet's Coming of Age[M]. National Academy Press, Washington, DC. 2001.

[6] BRADEN R, CLARK D, SHENKER S, *et al*. Developing a next-generation Internet architecture[EB]. 2000.

[7] PETERSON L L, DAVIE B S. Computer Networks: a Systems Approach, 3rd Edition[M]. San Francisco CA: Morgan Kaufmann Publishers, 2003.

[8] MCCABE J D. Network Analysis, Architecture, and Design, Second Edition[M]. Morgan Kaufmarm.Publishers, San Franncisco,CA,USA,2003.

[9] SALTZER J.On the Naming and Binding of Network Destinations[S]. RFC 1498, August 1993.

[10] BALAKRISHNAN H. A layered naming architecture for the Internet[A]. Proceedings of the ACM SIGCOMM' 04[C]. 2004. 343-352.

[11] CLARK D. The design philosophy of the DARPA Internet protocols[J]. Computer Communications Review, 1998, 18(4): 106-114.

[12] SALTZER J H, REED D P, CLARK D D. End-to-end arguments in system design[J]. ACM Transactions on Computer Systems, 1984, 2(4): 277-288.

[13] KAPOOR A. SNA: Architecture, Protocols and Implementation[M]. New York: McGraw-Hill, 1992.

[14] WECKER S. DNA: the digital network architecture[J]. IEEE Transactions on Communications, 1980, 28(4): 510-526.

[15] ISO Information Processing Systems—Open Systems Interconnection—Basic Reference Model[S]. ISO 7498-1. October 1984.

[16]STEVENS W R.TCP/IP Illustrated, Volume 1: the Protocols[M]. Addison-Wesley Pub Co, 1st Edition, 1994. 北京：机械工业出版社（经典原版书库）, 2002.

[17] TENNENHOUSE D L, WETHERALL D J. Towards an active network architecture[J]. ACM SIGCOMM Computer Communication Review. 1996, 26(2): 5-18.

[18] BLAKE S. BLACK D, CARLSON M, *et al.* An Architecture for Differentiated Services[S]. RFC 2475, 1998.

[19] KENT S, ARKINSON R.Security Architecture for the Internet Protocol[S]. RFC2401, 1998.

[20] POSTEL J.Internet Protocol-DARPA Internet Program Protocol Specification[S]. RFC791, USC Information Sciences Institute, 1981.

[21] POSTEL J.Transmission Control Protocol-DARPA Internet Program Protocol Specification[S]. RFC793, USC Information Sciences Institute, 1981.

[22] MOCKAPETRIS P. Domain Names-Implementation and Specification[S]. RFC1035, 1987.

[23] CASE J, FEDOR M, SCHOFFSTALL M, *et al.* Simple Network Management Protocol (SNMP)[S]. RFC1157, 1990.

[24] SOCOLOFSKY T, KALE C. A TCP/IP Tutorial[S]. RFC1180, 1991.

[25] LEINER B M, CERF V G, CLARK D D, *et al.* A brief of the Internet[EB]. 2003.

[26] CLARK D, WROCLAWSKI J, SOLLINS D, *et al.* Tussle in cyberspace: defining tomorrow's internet[A]. Proceedings of ACM SIGCOMM'02[C]. 2002.

[27] 沈苏彬，顾冠群. 网络体系结构与网络难题解决方案[J]. 东南大学学报（自然科学版）, 1999, 29(5): 1-10.

[28] BLUMENTHAL M S, CLARK D D. Rethinking the design of the internet:the end to end arguments vs.the brave new world[J]. ACM Transactions on Internet Technology, 2001, (8).

[29] CLARK D, CHAPIN L, CERF V, *et al* Towards the Future Internet Architecture[S]. RFC1287, 1991.

[30] ROBERTS J W. Tranffic theory and the internet[J]. IEEE Communication Magazine, 2001, 39(1): 94-99.

[31] LELAND W E, TAQQU M S, WILLINGER W, *et al.* On the self-similar nature of ethernet traffic (Extended Version)[J]. IEEE/ACM Transactions on Networking, 1994, 2(1): 1-15.

[32] CARLSON J M, DOYLE J. Highly optimized tolerance: a mechanism for power laws in designed systems[J]. Physics Review E, 1999, 60(2): 1412-1427.

[33] CARLSON J M, DOYLE J. Highly optimized tolerance: robustness and design in complex systems[J]. Physical Review Letter, 2000,84(11): 2529-2532.

[34] UCSB Department of Physics. Complexity and robustness[EB].

[35] AlBERT R, BARABASI A L. Statistical mechanics of complex networks[J]. Reviews of

Modern Physics, 2002(74): 47-97.

[36] NEWMAN M E J. The structure and function of complex networks[J]. SIAM Review, 2003, 45(2): 167-256.

[37] CARPENTER B. Architectural Principles of the Internet[S]. RFC1958, 1996.

[38] CLARK D D, SOLLINS K R, Addressing reality: an architectural response to real-world demands on the evolving internet[J]. Computer Communication Review, 2003,33(40):247-257.

[39] ITU-T SG13. NGN 2004 project description, Version3[EB]. 2004.

[40] REED D P, SALTZER J, CLARK D. Active networking and end-to end arguments[J]. IEEE Network Magazine, 1998, 12(3): 69-71.

[41] REED D P. The end of the end-to-end argument[EB].

[42] MOORS T. A critical review of end-to-end arguments in system design[A]. Proceedings of the IEEE International Conference on Communications (ICC) [C]. 2002. 1214-1219.

[43] CERF V. The Catenet Model for Internetworking[S]. Information Processing Techniques Office, Defense Advanced Research Projects Agency. IEN 48, 1978.

[44] CARPENTER B.Internet Transparency[S]. RFC 2775, 2000.

[45] BARAN P. On distributed communications networks[J]. IEEE Transactions on Communications, 1964, 12(1): 1-9.

[46] Advanced research projects agency network (ARPAnet)[EB].

[47] HEART F W，KAHN R E，ORNSTEM S M, *et al.* The interface message processor for the ARPA computer network[A]. Proceedings of AFIPS [C]. 1970, 364(5): 551-567.

[48] Computer Science and Telecommunications Board (CSTB), National Research Council. Realizing the Reformation Future: the Internet and Beyond[M]. Washington, D C. National Academy Press, 1994.

[49] 杨鹏, 顾冠群. 新一代网络体系结构：需求目标、设计原则及参考模型[J]. 计算机科学, 2007, 34 (4):1-6.

[50] PETERSON L, ANDERSON T, CULLER D, *et al.* A blueprint for introducing disruptive technology into the internet[A]. Proceedings of the First ACM Workshop on Hot Topics in Networks (Hotnets-I), Princeton NJ [C]. 2002.

[51] GOLLE P, LEYTON-BROWN K, MLRONOV I, *et al.* Incentives for sharing in peer-to-peer networks[A]. Proceedings of the 2001 ACM Conference on Electronic Commerce[C]. 2001.

[52] FOSTER I. The Grid: a new infrastructure for 21st century science[J]. Physics Today, 2002, (2): 42-47.

[53] Web Services Architecture Working Group. Web Service Architecture, W3C Working Draft 8[EB]. 2003.

第2章　现有典型网络体系结构

由传统电话网发展起来的电信网络、由广播电视网络发展起来的广电网络以及以Internet为代表的互联网是现有3种典型的网络体系结构。在“三网合一”的时代浪潮下，读者有必要先了解这三网的基本概念、体系结构与历史演变。

2.1　电信网体系结构

随着电信业务量和业务种类的急剧增加，网络的运营者对网络提出了新的要求，主要涉及高灵活性、高生存性和可发展性，这不仅导致电信网构成和功能的变化，而且引起电信网体系结构的变化。当今电信网正向信息网发展，电信网其自身规模庞大并且结构复杂，迫切需要建立新的网络体系结构理论。本节首先从整体上对电信网的体系结构进行全面介绍，然后以时间顺序分别介绍传统电话网、智能网和下一代网络的体系结构。

2.1.1　传统电信网

本节将围绕网络拓扑结构、网络逻辑功能结构和物理实体网3个方面对电信网的传输体系结构和电信网节点的体系结构进行介绍。

2.1.1.1　电信网体系结构的研究方向

电信网的网络体系结构研究，可以根据需要从不同的角度与层面展开，其研究涉及的内容非常广泛，大体上可归纳为3个主要方向：网络拓扑结构、网络的逻辑功能结构、物理实体网的结构。

（1）网络的拓扑结构

拓扑学将网的结构分为线型网、树型网、星型网、环型网和网格型网等。网络拓扑结构研究不仅广泛用于网络优化和网络生存性、抗毁性、连通性分析，也用于解决物理实体网的问题。

（2）网络的逻辑功能结构

① 传送网的逻辑分层模型

1984年，美国贝尔实验室首先开始了同步信号光传输体系的研究。1985年，美国国家标准协会（ANSI）根据贝尔通信研究所提出的建立全同步网的构想，决定委托T1X1委员会起草光同步网标准，并命名为同步光网络（Synchronous Optical Network，SONET）。这是电信历史上第一次以哲学家式的想象力，从网络整体的高度构筑一个完美的体系结构。

20世纪90年代以来，许多学者发表了传输网体系结构的研究成果，其中最重要的成果就是提出了传输网的逻辑分层模型，将传输网从逻辑功能上分为电路层（网）、通道层（网）和物理层（网），如图 2-1 所示。

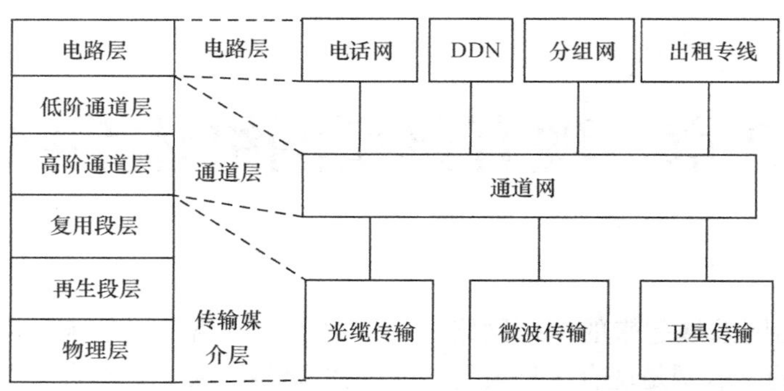

图 2-1　传输网的逻辑分层模型

电路层（网）是由电路和业务网交换节点构成的网络，主要是适应业务流量、流向需要的网络。

物理层（网）是由物理设备包括传输媒介构成的网络，主要是适应地理和物理条件的网络，如平原地区适合于建微波或卫星传输网，海洋、岛屿适合于建海底光缆或卫星地球站。

将电路层（网）和物理层（网）直接适配比较困难，因此通道层（网）的概念被提出。通道层是电路层的服务者，电路层是通信层的客户，客户和服务者是相互独立的，通道层所支持的电路可以用来连接各种业务网的交换节点或用户。

② 信息网的结构

信息网的结构可以用分层和分割的方法来描述。从水平的观点来看，信息网可分割为核心网、接入网和用户驻地网（Customer Premises Network，CPN），如图 2-2（a）所示。核心网是能以规定的方式统一处理和传递各种信息的网络；用户驻地网是在电信网络终端以外，由用户的节点设备（如网桥、路由器、分配器或用户交换机等）构成的网络；接入网连接用户驻地网，核心网主要起传输和复用信息的作用。

从垂直的观点来看，信息网可划分为 3 层，如图 2-2（b）所示。最上面是应用层，中间是业务网，下面是传输网。此外，为了保证各层网络正常运行，还需要有支撑网，如数字同步网、No.7 信令网和电信管理网[1]。

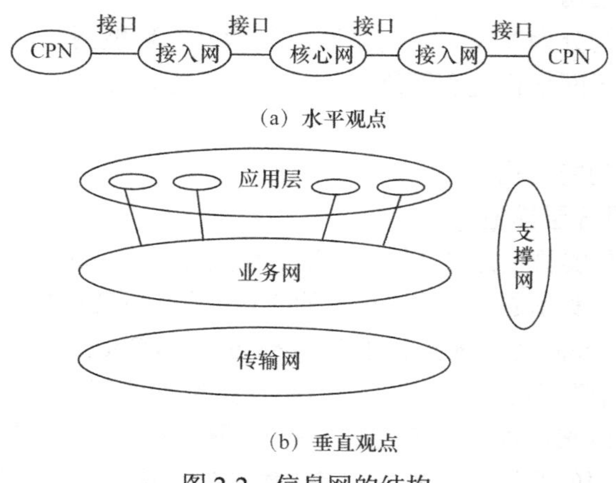

图 2-2　信息网的结构

（3）物理实体网的分层结构

为了优化物理实体网，使其结构简单、运行高效、易于管理，也可以用分层和分割的方法。简单地说，分层的方法就是将节点分为不同等级，同一等级的节点相互联接起来形成一层网络，从而进一步形成多层结构。分割的方法就是将同一层网络分成若干个子网，子网的划分是很灵活的，例如可以按行政区划分，将一个省内的干线网视为一个子网；也可以按网管系统划分，由一个网管系统管理的网视为一个子网。子网可大、可小，一个自愈环网也可以是一个子网。以图 2-3 为例，可清楚地看出这种结构的特点。

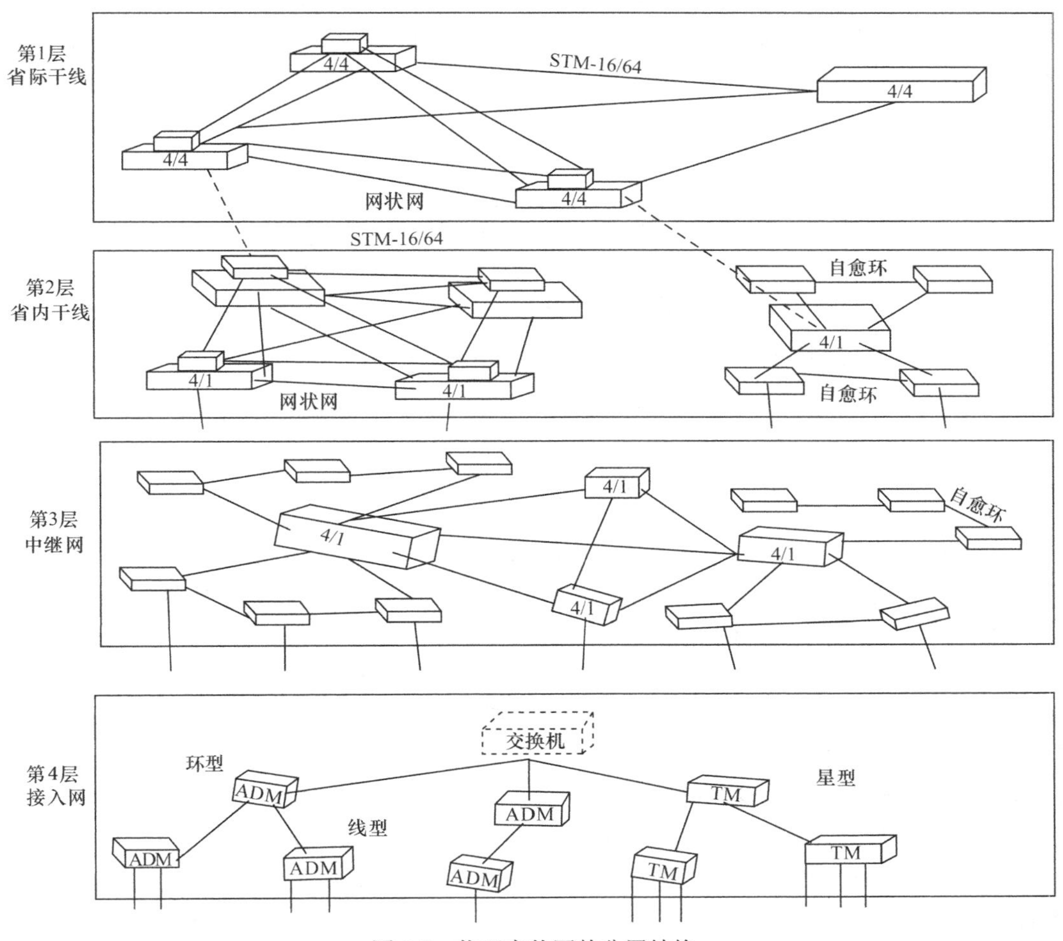

图 2-3 物理实体网的分层结构

2.1.1.2 传统电信网的传输体系结构

随着用户需求的增长和电信企业设施条件的改善，电信网的组成与功能也不断地完善与加强，其规模日益庞大，结构日益复杂。根据不同的构建形态组织起来的电信网，包括电话网、数据网、用户电报网、专线网、可视图文网、用户传真网等。不过，总的来说，各种电信网都可以划分为承担信息传递的传输网和承担业务提供的交换网。因此对于电信网的组织，其传输体系结构起着举足轻重的作用。

（1）传输体系结构的概念

传输体系结构的最底层是电路网，当前的电路网面临着以数字网为主、数字网与模拟网并存的局面，今后会向彻底实现数字化迈进，其最终目标是让网络组成在其服务区域内完全能适应业务量的交换。业务量交换的需求是确定传输体系结构的主要因素。

电路网构筑的另一个因素是线缆、管道、杆路等外线设施所处的地理条件（诸如山丘、河川、道路之类）以及在构筑期间所应有的灵活性。电路网是满足业务量交换条件和适应外线设施地理条件所必备的。为了有效地实施传输网的构筑与运用，需要引入路径网的概念。

路径在电路与媒体之间起到功能和结构上的适配作用。路径是电路的集束，可理解为端到端电路的某个段落；路径是媒体的容量表征，可实现电路的经济收容，把多个媒体段落集合成一个单位或者让端到端电路的若干段落合并为一个单位进行综合的网络管理。图 2-4 详细说明了路径网的作用。

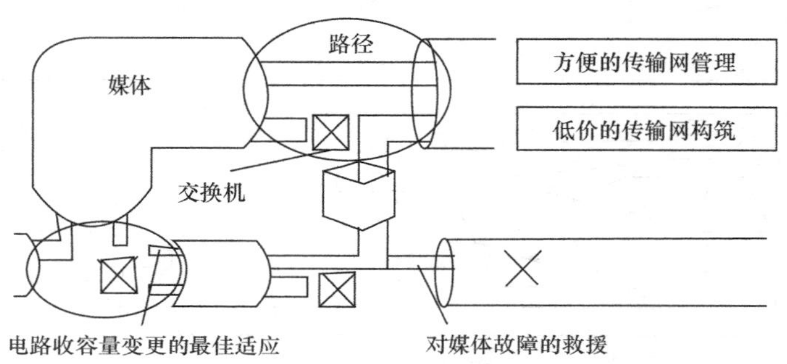

图 2-4　路径网的作用

传输网的 3 个层次借用习惯用语“电路”、“路径”和“媒体”表征，可使其处在传输体系结构组成要素和网络功能的恰当位置上，这样的概念可以超脱于各种技术的演变。

（2）传输体系结构的组成

电信网的传输体系结构可以划分为电路层（Circuit Layer）、路径层（Path Layer）和媒体层（Medium Layer）3 个部分，划分思路基于层次化和段落化的基本概念，是对电信网现状的一种有效的归纳，这种划分方式在 1992 年已被国际电信联盟（ITU）的电信标准化部门所接受。采用这种传输体系结构概念，便于同步数字体系（SDH）电信网乃至异步传输模式（ATM）电信网的构建，并会对传输网的操作运用产生深远的影响。

考虑到现实传输网所需要的匹配性，层次化是把电路、路径和媒体 3 个层次作为传输体系结构的基础。各个层次的端点称为接入点（Access Point），在结构上与下一个层次相连的接点称为连接点（Connect Point）。接入点之间的整个段落称为尾迹（Trail）。上一层连接点的间隔与下一层的尾迹相互对应，这就是说，电路层的连接点（指就交换机而言）间隔与路径层的接入点（指就多路复用器而言）间隔相互对应，路径层与媒体层之间的关系也是如此。这种层次化结构表现出下位层向上位层提供网络资源的“用户/服务器”关系。当然，每一层还可以再进一步地分割成若干个从属层。采用这样的概念，就有条件让各层不依附于设备与系统的种类而取得通用的表现形式。传输网的层次化如图 2-5 所示。

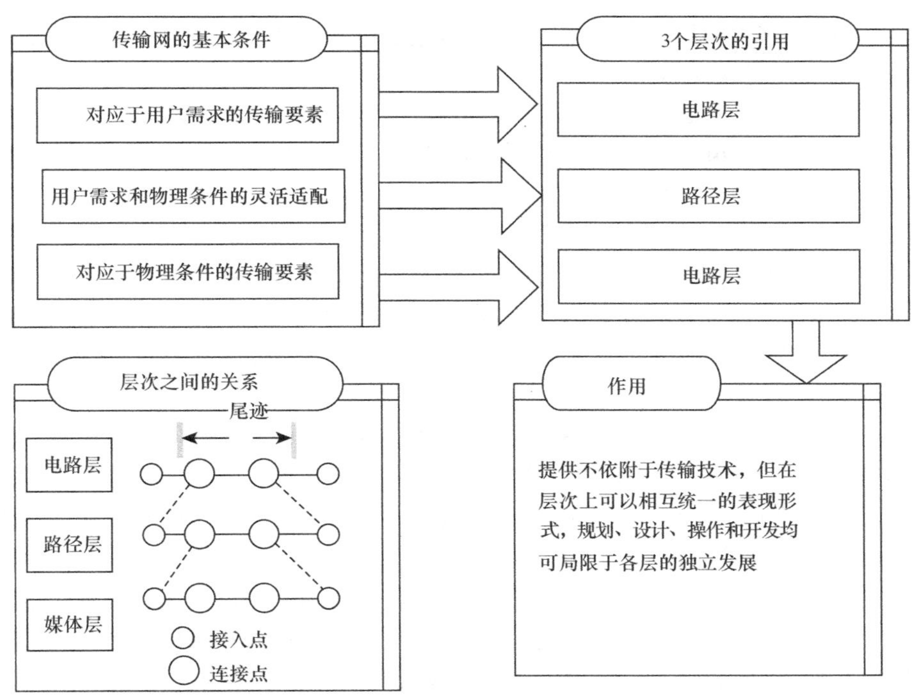

图 2-5　传输网的层次化

段落化就是把某一层所属的网络从面的广度着眼，将整体分割而成的各个段落作为"子网（Subnet）"来处理，如这个整体已被定义为分层网，则连接点集合就可以作为拥有一定广度的子网来表现。在子网中可以插入更小的子网，充当组成结构的子网相互之间用"链路（Link）"来连接，如图 2-6 所示。

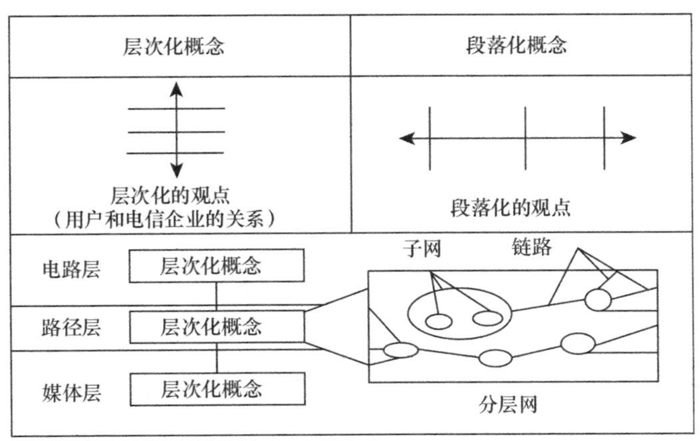

图 2-6　传输网的段落化

层次化和段落化这两种思路在传输体系结构上是垂直相交、并行不悖的[2]。

2.1.2　传统电话网

自从 1876 年贝尔（Bell A G）发明电话，开始了点到点的双向话音通信以来，经过

100 多年的发展，全世界所有国家都建立了自己的电话交换网，并且各个国家的电话交换网之间都已实现互联互通。

在我国，电话网的发展主要经历了机电制、数字程控制两个阶段。由机电方式向程控方式的演变，是 20 世纪电话通信的一次重大变革，大大提高了电话网的通信质量和效率。

2.1.2.1 电话网的体系结构

从整个国家范围的电话网来说，大部分国家都把全网的交换机划分为若干个等级，采用等级结构，低等级的交换局与管辖它的高等级交换局相连，形成多级汇接辐射网（即星型网）；而高等级的交换局间则直接相连，形成网状网。因此，等级结构的电话网一般是复合型网。

等级结构的级数选择与很多因素有关，主要有两个：一是全网的服务质量，例如接通率、接续时延、传输质量、可靠性等；二是全网的经济性，即网的总费用问题。另外还应考虑国家占地面积大小、各地区的地理状况、人口分布情况、政治、经济条件以及地区之间的联系程度等因素。

传统的电话网由长途网和本地网两部分组成。以我国为例，长途网设置 4 级长途交换中心，分别用 C1、C2、C3 和 C4 表示；本地网设置汇接局和端局两个等级的交换中心，分别用 Tm 和 C5 表示，有些地方也可只设置端局一个等级的交换中心。

（1）长途网的结构

长途网即长途电话网，由长途交换中心、市话长途中继和长途电路组成，用来疏通各个不同本地网之间的长途话务。长途网的结构分为 4 级结构和 2 级结构[3]。

① 4 级长途网结构

在 5 等级结构的电话网中，长途网分为 4 级。其中，1 级交换中心（C1）之间相互联接构成网状网，以下各级交换中心以逐级汇接为主，辅以一定数量的直达电路，从而构成一个复合型的网络结构，如图 2-7 所示。

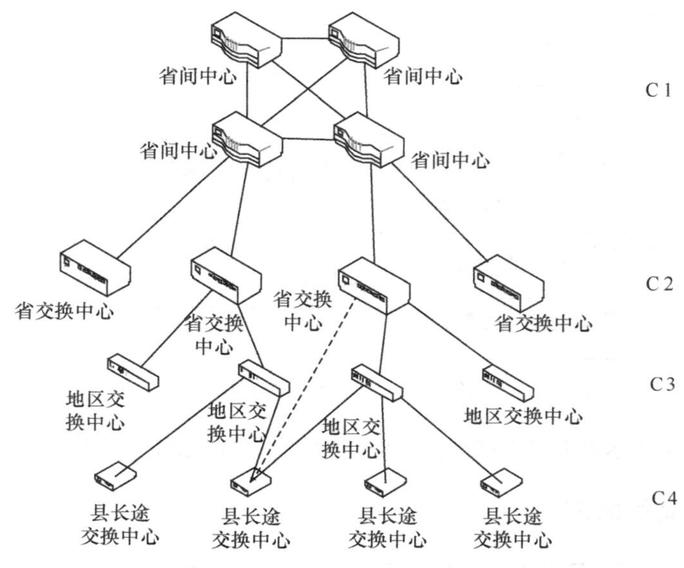

图 2-7 4 级长途网的网络结构

图 2-7 中，1 级交换中心 C1 为大区中心，也称省间中心；2 级交换中心 C2 为省交换中心，设在省会城市；3 级交换中心 C3 为地区交换中心；4 级交换中心 C4 为县长途交换中心，是县长途终端局。

C1、C2、C3 分别疏通其交换中心服务区域内的长途电话、电话以及转话业务；C4 疏通该交换中心服务区域内的长途终端话务。较高等级的交换中心具有较低等级交换中心的功能。

② 2 级长途网结构

5 等级结构的电话网在发展的初级阶段是可行的，在电话网从人工到自动、模拟向数字的过渡中起了较好的作用。然而在通信事业高速发展的今天，随着经济的发展，非纵向话务量日趋增多，新技术、新业务层出不穷，这种多级结构存在的问题日益明显，就全网的服务质量（Quality of Service，QoS）而言，主要表现为：一是转接段数多，如两个跨地市的县用户之间的呼叫，需经过 C4、C3、C2 等多级长途交换中心转接，接续时间长，传输损耗大，接通率低；二是可靠性差，多级长途网一旦某节点或某段电路出现故障，将造成局部阻塞。此外，从全网的网络管理、运行维护看，网络结构划分得越小，交换等级数量就越多，使网管工作过于复杂，同时不利于新业务网（如移动电话网、无线寻呼网）的开放，更难适应数字同步网、No.7 信令网等支撑网络的建设。

长途两级网将网内交换中心分为两个等级：省级（直辖市）交换中心，用 DC1 表示；地市级交换中心，用 DC2 表示。DC1 之间以网状网相互联接，DC1 与所辖地市的 DC2 以星型方式连接；本省各地市的 DC2 以网状或不完全网状相连，同时辅以一定数量的直达电路与非本省的交换中心相连。

如果以各级交换中心为汇接局，则汇接局负责汇接的范围称为汇接区。全网若以省级交换中心为汇接局，则各省（直辖市、自治区）为一个汇接区。各级长途交换中心的职能是：DC1 主要汇接所在省的省际长途来话、去话话务以及所在本地网的长途终端话务；DC2 主要汇接所在本地网的长途终端话务。

（2）本地网的结构

本地电话网简称本地网，指在同一编号区范围内，由若干个端局或者由若干个端局和汇接局及局间中继线、用户线和话机终端等组成的电话网。本地网用来疏通本长途编号区范围内任何两个用户间的电话呼叫和长途去话、来话业务。近年来，随着电话用户数量的急剧增加，各地的本地网建设速度大大加快，交换设备和规模越来越大，本地网结构也更加复杂。一般可分为网状网和二级网两种结构。

① 网状网

网状网是本地网结构中最简单的一种，网中所有端局个个相连，端局之间设立直达电路。当本地网内交换局数目不多时可采用这种结构。

② 二级网

当本地网中的交换局数量较多时，可由端局和汇接局构成两级结构的本地网，端局为低一级，汇接局为高一级。

到目前为止，我国电话网总容量已超过了 1.1 亿门，成为世界第二大电话网，网上局用交换机程控化已达到 99%。因此，近几年，我国电话网结构已开始由多级向少级转变，全国绝大部分省市已建成以地市以上城市为中心的扩大的本地电话网，其长途交换中心功能随之消失。“九五”期间，我国完成了长途 4 级交换网向 2 级交换网的过渡，而本地电话网结构也将进一步优化。

2.1.2.2 实例介绍

图 2-8 给出一个以分组核心网为中心的电话网体系结构实例，下面分别介绍其主要组成部分以及相关概念。

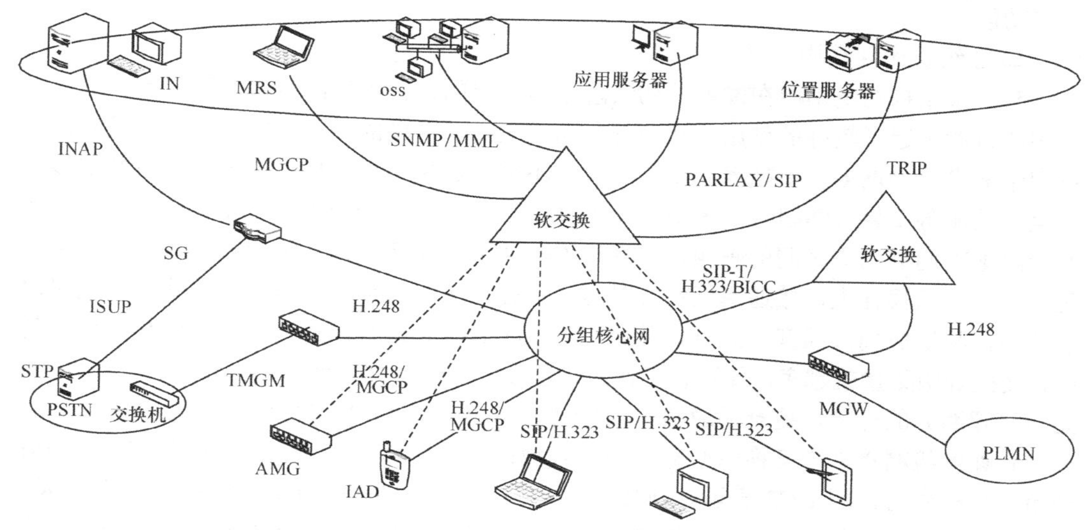

图 2-8 电话网体系结构实例

（1）分组核心网

分组核心网解决方案能够帮助运营商透析管道内容、优化带宽利用率以及提升端到端的服务质量，确保运营商从传统网络向智能移动宽带网络的成功转型，实现对移动宽带多种接入方式的支持和对多种业务的承载，以产品电子代码（Electronic Product Code, EPC）技术应对现有网络的挑战，兼有智能、融合、宽带三大特征，满足移动宽带发展的终极需求。

（2）SoftSwitch

指软交换，后文有详细介绍。

（3）H.248

H.248 协议是 2000 年由 ITU-T 第 16 工作组提出的媒体网关控制协议，它是在早期的 MGCP 基础上改进而成的。H.248/MeGaCo 协议是用于连接 MGC 与 MG 的网关控制协议，应用于媒体网关与软交换之间及软交换与 H.248/MeGaCo 终端之间，是软交换应支持的重要协议。H.248 协议定义的连接模型包括终端（Terminal）和上下文（Context）两个主要概念。终端是 MG 中的逻辑实体，能发送和接收一种或多种媒体，在任何时候，一个终端属于且只能属于一个上下文，可以表示时隙、模拟线和 RTP（Real Time Protocol）流等。终端类型主要有半永久性终端（TDM 信道或模拟线等）和临时性终端（如 RTP 流，用于承载话音、数据和视频信号或各种混合信号），用属性、事件、信号、统计表示终端特性。

ITU-T 提出的 H.323 协议和 IETF 提出的 SIP，是目前在国际上比较有影响力的 IP

电话方面的协议。在传统电话系统中，一次通话从建立系统连接到拆除连接都需要一定的信令来配合完成。同样，在 IP 电话中，如何寻找被叫方、建立应答、按照彼此的数据处理能力发送数据，也需要相应的信令系统，一般称为协议。

（4）M3UA

MTP 第三级用户的适配层（MTP3 User Adaptation, M3UA），允许信令网关向媒体网关控制器或 IP 数据库传送 MTP3 的用户信息（如 ISUP/SCCP 消息），对 SS7 信令网和 IP 网提供无缝的网管互通功能。

（5）SCTP

流控制传输协议（Stream Control Transmission Protocol，SCTP）是 IETF 新定义的一个传输层协议（2000 年），是提供基于不可靠传输业务的协议之上的可靠的数据报传输协议。SCTP 的设计用于通过 IP 网传输 SCN 窄带信令消息。SCTP 是一种可靠的传输协议，它在两个端点之间提供稳定、有序的数据传递服务（非常类似于 TCP），并且可以保护数据消息边界（例如 UDP）。然而，与 TCP 和 UDP 不同，SCTP 是通过多宿主（Multi-Homing）和多流（Multi-Streaming）功能提供这些收益的，这两种功能均可提高可用性。SCTP 实际上是一个面向连接的协议，但 SCTP 偶联的概念要比 TCP 的连接具有更广的概念，SCTP 对 TCP 的缺陷进行了一些完善，使得信令传输具有更高的可靠性，SCTP 的设计包括适当的拥塞控制、防止泛滥和伪装攻击、更优的实时性能和多归属性支持。RFC 2960 详细说明了 SCTP，RFC 4960（2007 年）是 RFC 2960 的替代协议，介绍性的文档是 RFC 3286。SCTP 最初是被设计用于在 IP 上传输电话（SS7），把 SS7 信令网络的一些可靠特性引入 IP。IETF 在这方面的工作称为信令传输 SIGTRAN，同时也提出了这个协议的其他一些用途。

（6）媒体网关控制协议（MGCP）

MGCP 是一种 VoIP，应用于分开的多媒体网关单元之间。多媒体网关由包含“智能”呼叫控制的呼叫代理和包含媒体功能的媒体网关组成，其中的媒体功能执行诸如由 TDM 话音到 VoIP 的转化。

（7）PSTN

公共交换电话网络（Public Switched Telephone Network，PSTN）是一种全球话音通信电路交换网络，即日常生活中常用的电话网。PSTN 是一种以模拟技术为基础的电路交换网络。在众多的广域网互联技术中，通过 PSTN 进行互联所要求的通信费用最低，但其数据传输质量及传输速度也最差，同时 PSTN 的网络资源利用率也比较低。PSTN 提供的是一个模拟的专有通道，通道之间经由若干个电话交换机连接而成。当两个主机或路由器设备需要通过 PSTN 连接时，在两端的网络接入侧（即用户回路侧）必须使用调制解调器（Modem）实现信号的模/数、数/模转换。从 OSI 的 7 层模型的角度来看，PSTN 可以看成物理层的一个简单的延伸，没有向用户提供流量控制、差错控制等服务；而且，由于 PSTN 是一种电路交换的方式，所以一条通路自建立直至释放，其全部带宽仅能被通路两端的设备使用，即使它们之间并没有任何数据需要传送。因此，这种电路交换的方式不能实现对网络带宽的充分利用。

2.1.2.3　关键技术

（1）基于时隙交换的话音调度技术

话音调度设备采用模块化的设计思想，将不同通信体制的模拟话音信号通过独立的界面电路，分别进行脉冲编码调制。经过采样、量化、编码，将模拟信号转变为统一的 64 kbit/s PCM 数字信号进入交换网络。其设备功能框架如图 2-9 所示。

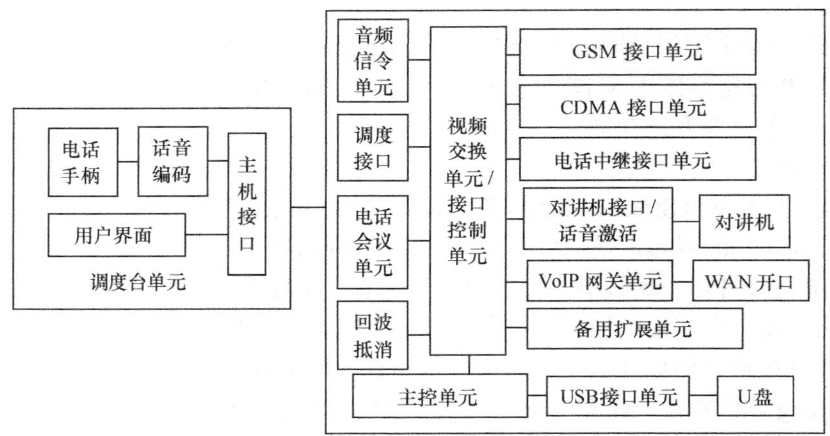

图 2-9　话音调度设备功能

时隙交换的设计原理：采用时分多路复用的思想，将时间分割成一些均匀的时间间隔（时隙），把各路 PCM 信号严格限制在各自的时隙之内，保证每一路信号不在同一时间出现，并且彼此互不干扰。再采用时分程控交换方法，把各路时隙的信号交换，并确保填入正确的交换时隙。此项技术，还采用 PCM 数字回波抵消技术，减小了模拟信号的回波，保证了通话质量。这样，采用统一的 PCM 时隙交换的技术，不仅可实现模拟话音的无缝交换，也可在不改变设计方案的前提下为接入其他话音通信系统提供便利。在实现过程中，由时隙交换单元分别给各业务单元提供 2.048 MHz 的同步时钟。根据不同时刻的同步脉冲，将各路 PCM 信号固定在某一时隙内，由时隙交换单元完成组帧过程，把各业务单元信号组合成 32 路基群帧结构。经过程控的时隙交换之后，再完成解帧过程，将话音数据分发到各业务单元，PCM 译码后便成模拟话音信号。

该基群帧是自定义的结构，每一路都可以传送 1 个 64 kbit/s 的 PCM 信号。其中，前 16 个时隙分配给各业务单元，分别为调度台单元、2 路电话中继界面单元、2 路 GSM 界面单元、2 路 CDMA 界面单元、4 路 VoIP 网关单元、2 路对讲机界面/话音启动单元、1 路电话会议单元、1 路 USB 录音单元；后 16 个时隙分配给音频信令单元。音频信令单元接收与处理的数据流是 A 律编码的 PCM 数字码流，每 1 个时隙对应 1 个业务时隙。在电话呼叫过程中，音频信令单元通过时隙交换向对应的各业务话音时隙发送拨号音、忙音、静音，代理主控单元实现拨号，检测各业务单元的忙音、静音、DTMF 号码等状态。通过界面控制单元，中心控制单元实现各界面摘挂机、检测振铃以及数字信令的收发。

（2）软交换技术

软交换技术是 NGN 的核心技术，为 NGN 具有实时性要求的业务提供呼叫、控制和连接控制功能。软交换技术独立于传送网络，主要完成呼叫控制、资源分配、协议处理、路由、认证、计费等主要功能，同时可以向用户提供现有电路交换机所能提供的所有业务，并向第三方提供可编程能力。软交换的概念最早起源于美国。当时在企业网络环境下，用户采用基于以太网的电话，通过一套基于 PC 服务器的呼叫控制软件（Call Manager、Call Server），实现用户级交换机（Private Branch eXchange，PBX）功能（IP PBX）。对于这样一套设备，系统不需单独铺设网络，而只通过与局域网共享就可实现管理与维护的统一，综合成本远低于传统的 PBX。由于企业网环境对设备的可靠性、计费和管理要求不高，主要用于满足通信需求，设备门槛低，许多设备商都可提供此类解决方案，因此 IP PBX 应用获得了巨大成功。受到 IP PBX 成功的启发，为了提高网络综合运营效益，网络的发展更加趋于合理、开放，更好地服务于用户。业界提出了这样一种思想：将传统的交换设备部件化，分为呼叫控制与媒体处理，二者之间采用标准协议（如 MGCP、H.248）且主要使用纯软件进行处理，于是，软交换技术应运而生。自从第一款产品在电信市场上成功推出以来，“软交换”这个概念已经成为电信行业中备受青睐的时髦用语。由于既能执行与基于硬件的传统电话交换机相同的功能，又能同时处理 IP 通信，软交换技术承诺可提供许多优势，如轻松整合电路交换和分组交换、降低网络成本以便运营商更快获得收入。软交换的主要设计思想是业务/控制与传送/接入分离，各实体之间通过标准的协议进行连接和通信，以便在网上更加灵活地提供业务。

具体地讲，软交换是一个基于软件的分布式交换/控制平台，它将呼叫控制功能从网关中分离出来，开放业务、控制、接入和交换间的协议，从而真正实现多厂商的网络运营环境，并可以方便地在网上引入多种业务。软交换的实现目标是在媒体设备和媒体网关的配合下，通过计算机软件编程的方式实现对各种媒体流的协议转换，并基于分组网络（IP/ATM）的架构实现 IP 网、ATM 网、PSTN 等的互联，以提供和电路交换机具有相同功能并便于业务增值和灵活伸缩的设备。

软交换所使用的主要协议非常众多，包括 H.248、SCTP、ISUP、TUP、INAP、H.323、RADIUS、SNMP、SIP、M3UA、MGCP、BICC、PRI、BRI 等。国际上，IETF、ITU-T、SoftSwitch Org 等组织对软交换及协议的研究工作一直起着积极的主导作用，许多关键协议都已制订完成或趋于完成。这些协议将规范整个软交换的研发工作，使产品从使用各厂商私有协议阶段进入使用业界共同标准协议的阶段，使各家之间的产品互通成为可能，真正实现软交换产生的初衷——提供一个标准、开放的系统结构，各网络部件可独立发展。在软交换的研究进展方面，我国处于世界同步水平。原信息产业部“网络与交换标准研究组”在 1999 年下半年就启动了软交换项目的研究，已完成了《软交换设备总体技术要求》。

软交换是基于媒体网关、信令网关以及网关控制器技术融合电路交换网和分组交换网络（IP/ATM）的体系结构，是实现下一代网络的基础。软交换对用户是透明的，主要处理实时业务，提供呼叫控制、连接控制、媒体网关接入、带宽管理、选路、信令互通和安全管理等功能。它支持 H.323、H.248、SIP 和媒体网关控制等各种协议，利用开放的体系结构实现分布式通信和管理，具有良好的结构扩展性、很小的机房占地和更有效的机房空间利用率。

软交换主要完成以下功能。

① 媒体网关接入功能

该功能可以认为是一种适配功能，它可以连接各种媒体网关，如 PSTN/ISDN、IP

中继媒体网关、ATM 媒体网关、用户媒体网关、无线媒体网关、数据媒体网关等，完成 H.248 协议功能；同时还可以直接与 H.323 终端和 SIP 客户端终端进行连接，提供相应业务。

② 呼叫控制功能

这是软交换的重要功能之一，它完成基本呼叫的建立、维持和释放；提供控制功能，包括呼叫处理、连接控制、智能呼叫触发检出和资源控制等，可以说是整个网络的“大脑”。

③ 业务提供功能

由于软交换在网络从电路交换向分组网演进的过程中起着十分重要的作用，因此软交换应能够提供 PSTN/ISDN 交换机提供的全部业务，包括基本业务和补充业务；同时还应该可以与现有智能网配合提供现有智能网提供的业务。

④ 互联互通功能

目前，H.323 和 SIP 是分组网内两大相互竞争的协议，其中 H.323 协议为 ITU-T 制订的标准，SIP 为 IETF 制订的标准，两者均可以完成呼叫建立、释放、补充业务、能力交换等功能。H.323 协议采用了 ISDN 的设计思想，使用 Q.931 协议完成呼叫的建立和释放，明显地带有电信网可管理性和集中的特征。目前，H.323 协议已经在网上得到广泛应用，与 SIP 比较，H.323 更为成熟，因此目前我国各运营商的 IP 电话网均选用该协议。而 SIP 具有简单、扩展性好以及和现有的 Internet 连接紧密的特点，近期在我国得到快速发展，同时 SIP 将在第三代移动通信核心网和智能业务中得到广泛应用。支持多种协议是软交换的主要特点之一，因此软交换应同时支持这两种协议。

2.1.2.4 演进

长期以来，我国电话网采用的是 5 级交换等级结构（4 级长途交换中心和 CS 端局），这在我国网络发展的初级阶段是适应的。这种结构在电话网从人工向自动、模拟向数字过渡中起到了较好的作用。但随着通信事业持续高速的发展，网络规模越来越大，数字化程度越来越高，新技术、新业务层出不穷，多级交换结构带来了不少弊端，如转接段数多、接续慢、时延长、传输衰耗大、接通率低、可靠性差、不能满足大容量的发展、不利于新技术新业务的发展等。因此传统电话网也在不断地适应新的需求，并向特定的一些方向演进。

（1）软交换网络融合的网络特征

软交换概念一经提出，很快便得到了业界的广泛认同和重视，ISC（International Soft Switch Consortium）的成立更加快了软交换技术的发展步伐，软交换相关标准和协议得到了 IETF、ITU-T 等国际标准化组织的重视。业务的替代性和 IP 化是催生软交换的基础。分层的体系架构、统一的核心网是软交换网络的重要特征，它充分体现了“网络就是交换”的思想，为电话网与 IP 网、电话网与移动网的融合奠定了基础，可以减少网络基础建设和运营维护成本，简化各种系统的综合管理难度，提升系统综合使用效率，从而获得竞争优势。软交换网络基于分组传送的融合特性为满足更高速率和带宽需求创造了条件，为传统电话的演进奠定了基础[4]。

（2）基于 IMS 的网络融合趋势

IP 多媒体子系统（IP Multimedia Subsystem，IMS）是一种全新的多媒体业务形式，它能够满足现在终端客户更新颖、更多样化的多媒体业务需求。目前，IMS 被认为是下一代网络的核心技术，也是解决移动与固网融合，引入话音、数据、视频三重融合等差异化业务的重要方式。目前全球 IMS 网络多数处于初级阶段，应用方式也处于业界探讨当中。包括欧洲、美洲、澳大利亚和亚洲等在内的很多运营商都已经进行了不同程度的商业测试。在国内运营商中，中国联通目前正在积极地进行 IMS 的试验工作，中国移动目前已经进行了较大规模的 IMS 试验，中国电信也组织了相关的 IMS 试验。

IMS 是由 3GPP 和 3GPPZ 定义的 IP 多媒体和电话的核心网络。IMS 是接入独立的。3GPP、欧洲电信标准协会（ETSI）和 Parlay 论坛描述了它的基本结构。IMS 框架中定义的网元包括 S-CSCF（Serving CSCF）、P-CSCF（Proxy CSCF）、MGCF（Media Gateway Control Function）、HSS（Home Subscriber Server）、SLF（Subscription Locator Funetion）、SEG 等，还有实现多方会议的 MRFC（Multimedia Resource Funetion Controller）、MRFP（Multimedia Resource Funetion Proeessor）以及 I-CSCF（Intermgating CSCF）可以被 NGN 使用。图 2-10 是 IMS 框架。

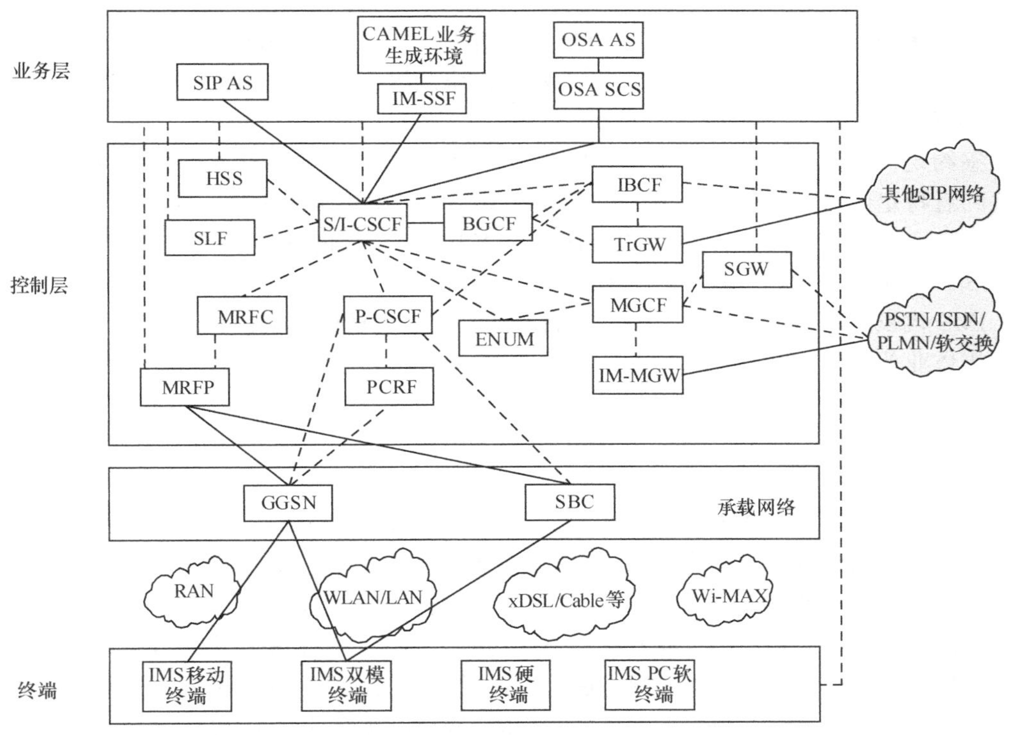

图 2-10　IMS 框架

（1）呼叫会话控制功能（CSCF）

CSCF 可以作为代理 CSCF（P-CSCF）、服务 CSCF（S-CSCF）、查询 CSCF（I-CSCF）。

S-CSCF 是 IMS 的核心网元，它是一个 SIP Server，负责会话处理。P-CSCF 是终端接入 IMS 网络的第一个入口点，实现 SIP 中的 Proxy 和 UserAgent 功能，它和 IP 互联接入网络（即 IP-CAN）之间的接口为 Gq 接口。L-CSCF 是所有连接到该网络运营商的签约用户，或者连接到当前位于该网络运营商的业务区域内的漫游用户的运营商网络内的接触点。

（2）媒体网关控制功能（MGCF）

MGCF 是 IMS 与传统的电路交换网络互通的网元，主要负责控制层面信令的互通，在 IMS 的框架中已经考虑了与 PSTN 以及与移动网络 CS 域的互通，在 NGN 的框架下，它应该还可以和其他固定网络实现互通。

MGCF 将具有如下功能：控制部分属于 IMS-MGF 之间媒体通路连接控制的部分呼叫状态；与 CSCF 通信；依据来自传统网络的入局呼叫的选路号码选择 CSCF；完成 ISUP 和 IMS 呼叫控制协议之间的协议转换；接收带外信息并可以前转到 CSCF/IMSMGF。

IMS-MGF 终结来自电路交换网的承载通路和来自分组网的媒体流（例如 IP 网的 RTP 流），IMS-MGF 可以支持媒体转换、承载控制和净荷处理（例如编解码、回声消除、会议桥），它将完成下列功能：为资源控制与 MGCF 交互；占有和处理资源，如回声消除器等；编解码功能。

多媒体资源功能控制（MRFC）包括如下功能：控制在 MRFP 中的媒体流资源；解释来自 AS 和 S-CSCF 的信息（如会话 ID）并相应地控制 MRFP；产生 CDR。

多媒体资源功能处理（MRFP）包括如下功能：控制 Mb 参考点的承载；提供 MRFC 控制的资源；混合入局媒体流（如多方业务）；资源媒体流（多媒体公告）；处理媒体流（如音频代码转换、媒体分析）。

签约定位器功能（SLF）包括如下功能：在注册和建立会话期间，为获得包含要求的签约者特定数据的 HSS 的名称，I-CSCF 查询 SLF。在注册期间，S-CSCF 也查询 SLF；为获得包含要求的签约者特定数据的 HSS 的名称，AS 查询 SLF；通过 Dx 接口 CSCF 接入 SLF，通过 Dh 接口 AS 接入 SLF。

IMS 代表了网络融合技术发展的最新趋势，与软交换体系架构相比，它在满足人们对多媒体业务需求的基础上，对漫游支持能力、标准体系架构、协议的统一性、网络整体架构等方面提出了更加完善的解决方案[5]。

2.1.3 智能网

智能网（Intelligent Network，IN）是在通信网上快速、经济、方便、有效地生成和提供智能业务的网络体系结构。它是在原有通信网络的基础上为用户提供新业务而设置的附加网络结构，其最大特点是将网络的交换功能与控制功能分开。在原有通信网络中采用智能网技术可向用户提供业务特性强、功能全面、灵活多变的移动新业务，具有很大的市场需求，因此，智能网已逐步成为现代通信提供新业务的首选解决方案。智能网的目标是为所有通信网络提供满足用户需要的新业务，包括 PSTN、ISDN、PLMN、Internet 等，智能化是通信网络的发展方向。本节主要介绍智能网的发展现状以及体系结构，并介绍智能网中使用的关键技术，最后简要地介绍了智能网的演进。

2.1.3.1 智能网的发展现状

（1）智能网在国内的发展

智能网是在现有电话网的基础上发展而来的，是指带有智能的电话网或综合业务数字网。它的网络智能配置于分布在全网中的若干个业务控制点中的计算机上，而由软件实现网络智能的控制，以提供更为灵活的智能控制功能。智能网在增加新业务时不用改造端局和交换机，而由电信公司人员甚至用户自己修改软件就能达到随时提供新业务的目的。智能网是在原有通信网络的基础上设置的一种附加网络，其目的是在多厂商环境下快速引入新业务，如缩位拨号、热线电话、外出后暂停、免打扰、追查恶意呼叫、呼叫跟踪、话音信箱。这些智能业务也可以在交换中心实现，但由于大多交换中心原先并未提供智能业务或只提供了一小部分，而要实现智能业务就要升级交换中心的软件，甚至要升级硬件。而且智能业务主要是网络范围的业务，一般不会局限在一个交换中心或一个本地网范围之内，这样升级就涉及网内所有的交换中心。要升级那么多交换中心肯定需要一段很长的时间，更不用说这种升级要投入大量的人力和物力。目前，国内电信运营商已经先后组建了 PSTN 固定智能网、GSM 移动智能网和 CDMA 无线智能网，并基于各类智能网不断地推出新业务，吸引着越来越多的用户，同时也带来了可观的经济效益。但由于这 3 种智能网分别基于 PSTN、GSM 网和 CDMA 网组建，各智能网间相互独立，所开展的新业务也仅局限于本网用户，业务在网间很难互通，也很难推出面向所有用户群的综合业务。因此，为了能够有效地利用原有的智能网，同时能够更好地为多个网络的用户提供综合、统一的业务，综合智能网成为一个很好的选择[6]。

（2）智能网的概念模型

智能网是在原有通信网络的基础上设置的一种附加网络结构，其目的是在多厂商环境下快速引入新业务，并能安全地加载到现有的电信网上运行，其基本思想是将交换与业务控制分离。智能网技术的一个重要特点是它具有一个统一的理论概念模型——智能网概念模型（Inteligent Network Conceptual Model，INCM）。INCM 运用层次化、结构化及面向对象等原理和技术，将智能网用 4 层平面模型表示，每个层面代表从不同角度所提供的网络能力，从上到下依次为：业务层、全局功能层、分布功能层和物理层，如图 2-11 所示。

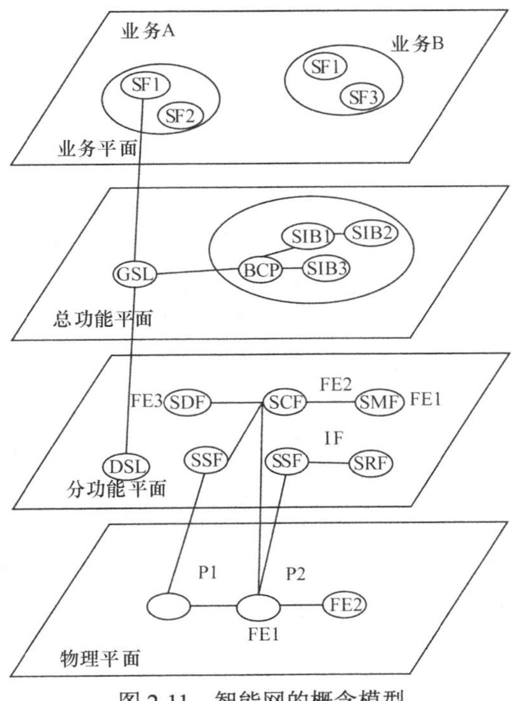

图 2-11 智能网的概念模型

2.1.3.2 智能网体系结构

（1）传统智能网

图 2-12 给出了传统智能网的结构。由图中可以看出，智能网由业务交换点（SSP）、业务控制点（SCP）、信令转接点（STP）、智能外设（IP）、业务管理系统（SMS）和业务生成环境（SCE）等组成。下面将逐一介绍智能网的基本组成元素以及其工作流程。

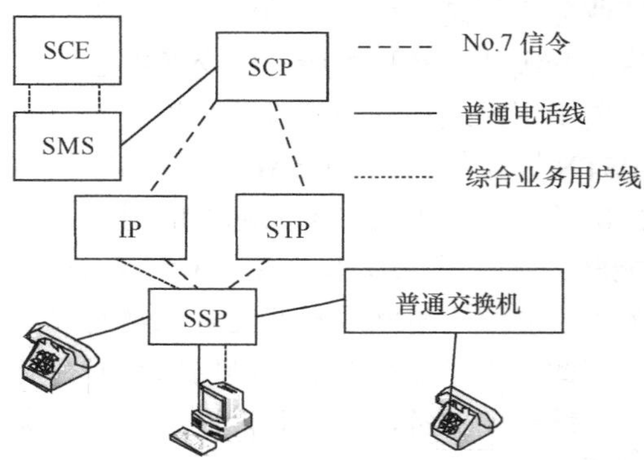

图 2-12 传统智能网的结构

SSP 具有呼叫处理和业务交换功能。呼叫处理功能接收用户呼叫；业务交换功能接收、识别智能业务呼叫，并向 SCP 报告，接收 SCP 发来的控制命令。SSP 一般以原有的数字程控交换机为基础，升级软件，增加必要的硬件以及 No.7 信令网的接口。目前中国智能网采用的 SSP 一般内置 IP 地址，SSP 通常包括业务交换功能（SSF）和呼叫控制功能（CCF），还可以含有一些可选功能，如专用资源功能（SRF）、业务控制功能（SCF）、业务数据功能（SDF）等。

SCP 是智能网的核心。它存储用户数据和业务逻辑，主要功能是接收 SSP 送来的查询信息，并查询数据库，进行各种译码。

STP 实际上是 No.7 信令网的组成部分。在智能网中，STP 双备份配置，用于沟通 SSP 与 SCP 之间的信令联系，其功能是转接 No.7 信令。

SMS 是一种计算机系统，具有业务逻辑管理、业务数据管理、用户数据管理、业务监测和业务量管理等功能。在 SCE 上创建的新业务逻辑由业务提供者输入 SMS 中，SMS 再将其装入 SCP，就可在通信网上提供该项新业务。一个智能网一般仅配置一个 SMS。

业务控制和交换功能“分离”的思想实现了集中的业务控制、业务配置和业务管理以及业务生成等功能，从而达到快速而灵活地提供新业务的目的。

业务流程：SCE 负责新业务的生成和测试，当一项新业务由 SCE 生成并经过验证后，由 SMP 提交给 SCP。业务集中在 SCP 内执行，业务的一次执行由 SCP 与 SSP 共同完成。SSP 能支持签约信息、号码段和接入码等多种触发方式，具有检测智能网业务请求的能力，即识别用户是否发起了对智能网的呼叫。如果是对智能网呼叫，则通过 No.7 信令网（SS7）连接到 SCP。SCP 是智能网的核心，通过 No.7 信令网的相关协议向 SSP 发送指令，指示 SSP 进行呼叫接续及相应业务逻辑的处理和控制。如果 SCP 在运行业务逻辑的过程中需要到独立的数据库提取数据或修改数据信息，则会向 SDP 发送指令进行相应的操作。IP 主要提供智能业务所需的话音提示和数字接收功能，即在业务执行的过程中，

SCP 控制 IP 向用户播放录音通知和收集 DTMF 拨号数据等。此外，SMAP 是一个具有业务管理接入功能的设备，它为业务管理操作员提供接入 SMP 的能力，并通过 SMP 修改、增删业务用户的数据及业务性能等[7]。

（2）综合智能网

综合智能网是一个以综合 SCP（ISCP）为基础的公共业务平台智能网，包括 ISCP、ISMP、ISMAP、ISCEP 和 ISDP 以及原单个智能网中的 SSP 和 IP 智能外设，同时还包括使用 API 界面的应用服务器以及需要访问的外部数据库，具体体系结构如图 2-13 所示。

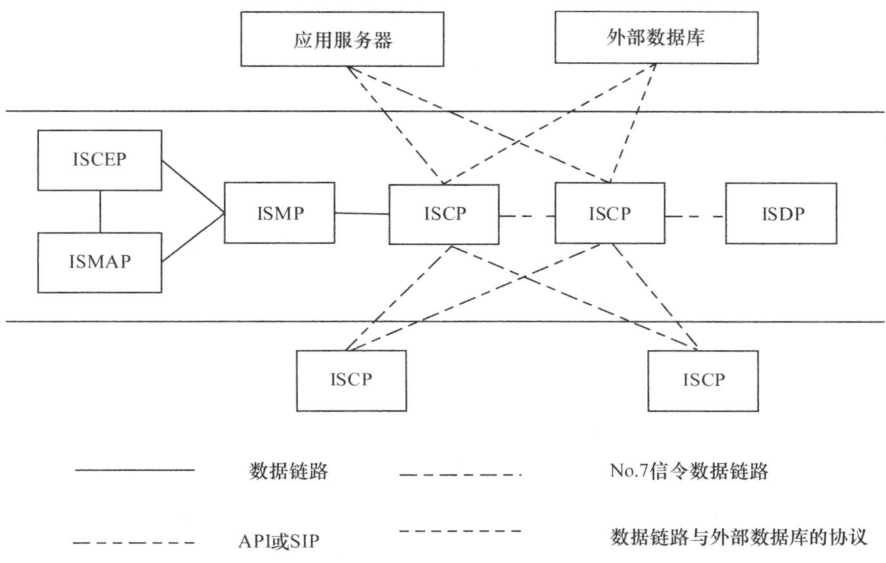

图 2-13　综合智能网体系结构

综合智能网的体系结构与单个智能网的体系结构相同，都包含 SCP、SSP、IP、SMP、SCEP 和 SDP 等设备，能够同时向 PSTN、GSM 网、CDMA 网和 IP 网等基础网络提供多种界面，可以为这些网络的用户提供本网络或跨网络的多种智能网业务，同时具有增强的外部资源管理功能，采用多媒体的智能外设提供话音、文本和图像等多媒体资源。综合智能网中的 SSP 既可以利用原有各种网络的 SSP，也可以设置新的综合 SSP（ISSP），尤其是在原有各个网络或部分网络中没有 SSP 的情况下，可以设置为多个网络所共享的 SSP。与单个智能网不同的是，综合智能网中的 ISCP 要求能同时支持 INAP、MAP、CAP 和 Win-MAP 等多种协议，综合智能网还要求提供开放的界面，允许第三方应用服务器通过标准的 API 界面提供服务。

综合智能网实现了智能网与 PSTN、GSM 网和 CDMA 网的结合，并兼有这 3 种智能网的技术优势，有效地利用了各种网络资源，可以向用户提供丰富的综合业务，同时也促进了智能网技术的发展。

（3）几种典型的智能网实例

① 开放业务接入（OSA）体系结构

所谓 OSA 体系结构是一种新业务体系结构，主要包括底层通信网络、高层应用服务器以及它们之间的开放界面。它继承了传统智能网的思想精髓，高度抽象了底层网络的能力，向第三方业务开发商提供开放的界面（Parlay API），彻底屏蔽了底层网络的复杂性及异构性，极大地方便了各种新业务的生成和接入。

OSA 体系结构主要由 Parlay 客户端（应用服务器）和 Parlay 服务器（Parlay Gateway，又称 Parlay 网关）两部分组成，如图 2-14 所示。在通常情况下，应用服务器与 Parlay 网关是分开设置的，这有利于系统的可扩展性和安全性。

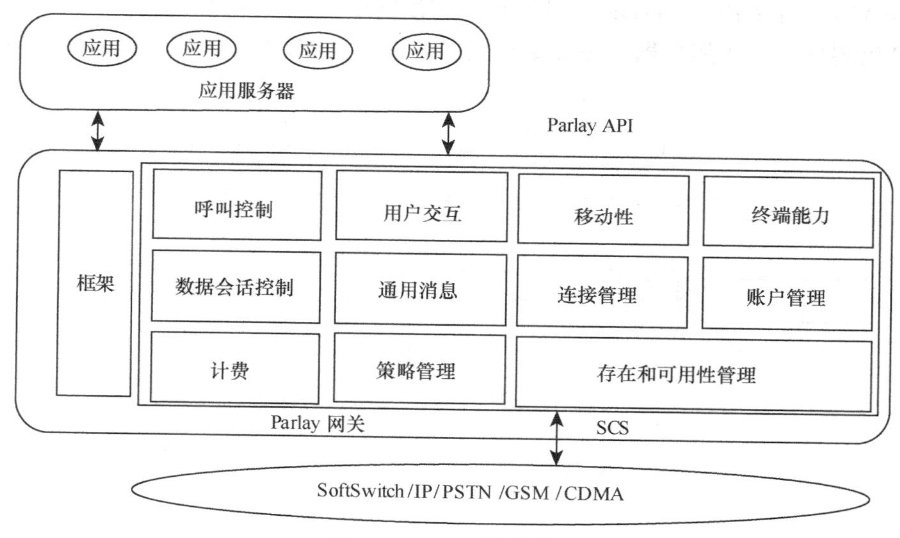

图 2-14　OSA 体系结构

应用服务器由第三方业务供应商或网络运营商提供，用以开发各种业务以供终端用户使用。一个应用服务器可以包括多个应用（即业务），因此不同的业务可以运行在不同的应用服务器上，同一业务也可以分布在多个应用服务器上运行。Parlay 网关为 Parlay 客户端提供各种基本业务能力的支持，使 Parlay 客户端的业务能够有控制地、安全地进入各通信网内[8]。

目前，Parlay 网关由各个网络运营商提供，但由于 Parlay 还没有规定与各底层网络的资源界面，Parlay 网关与现有网络的网络单元之间的协议仍采用各个网络的现有协议，如采用 INAP、CAMEL、无线智能网（Wireless Intelligent Network，WIN）和 SIP 等协议将 API 映射到底层网络。

Parlay 网关由框架（Framework）及多个业务能力服务器（SCS）组成。框架保障了业务界面的开放性和安全性，具有鉴权、授权、业务发现、业务注册及故障管理等能力。每个业务能力服务器对应用来说是一个或多个业务能力特征（SCF），也就是说一个 SCS 可以包括一个或多个 SCF，这要视具体业务的需求而定。框架可以和少量必需的 SCF 在同一物理实体中实现，而其他的 SCF 可以根据需要分布在不同的实体中。这些 SCF 是对网络功能的抽象，负责为高层应用提供访问网络资源和信息的能力，以及提供与应用服务器的 API 界面、对底层网络的协议映射能力。

② 基于移动代理的无线智能网

完全采用移动代理技术后，WIN 的体系结构如图 2-15 所示。从图中可以看出，WIN 中每一个实体，都加入了代理的执行环境 Agency，该环境为代理提供通信、安全、注册、管理、一致性等方面的服务。各实体之间通过 ORB 软总线方式进行通信，代理作为一种对象通过 ORB 总线在分布环境中传输。

对于 WIN，代理对象所支持的是业务逻辑（SLP）或者特征业务逻辑（FSLP），因此将 WIN 所采用的代理命名为移动业务代理（MSA），其功能是作为业务逻辑的载体，包括业务逻辑、业务的配置信息和业务相应的静态和动态数据以及相应的业务执行程序。

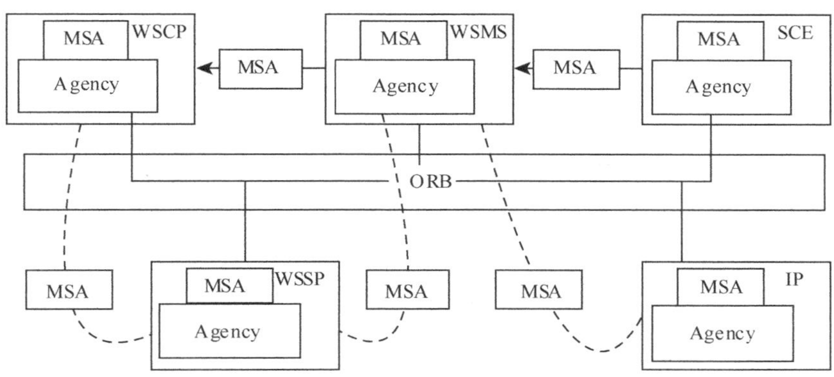

图 2-15　基于移动代理方式的 WIN 体系结构

代理的过程包含如下的内容：

- SCE 根据需求定制和生成相应的 MSA，经过测试之后将业务下载到 WSMS，在此过程中实现了业务的客户化定制。
- SMS 对 MSA 进行检验，包括对代理逻辑的正确性、用户的权限以及业务交互方面进行检验，之后加载到 WSCP、WSSP 或 IP。MSA 从 WSMS 加载到 WSCP、WSSP 或 IP 取决于此 MSA 本身的属性，包括此 MSA 的颗粒度大小、作用域、作用对象、功能等。
- 业务执行过程中，当 WSSP 发现自身 Agency 环境中的 MSA 不能满足业务需要时，向 WSCP 提出申请，WSCP 中相应的 MSA 移动到 WSSP，完成业务执行所需要的功能。采用移动代理技术之后，WSCP 和 WSSP 之间的交互由原有的 MAP 消息交互，即 C/S 方式的远程调用（RPC）转变为基于 ORB 的代理的移动。除了业务的加载，只有当 WSSP 中的 MSA 不满足业务需求时才发生 MSA 的移动，WSCP 和 WSSP 之间的通信瓶颈这一问题得以解决。同时，由于业务以 MSA 为单位，MSA 的重用性保证了业务生成的快速，MSA 的不同组合便构成了不同的业务，使得业务的客户化定制成为可能；而代理分布在 WSSP 上也大大方便了业务的本地化，减少了呼叫的路由迂回[9]。

③ 日本的新智能网结构

新智能网结构的目标是提供定制业务和更快地开发易于实施的新业务，这样就能保证该智能网对业务的多样化有灵活的适应性。

该智能网结构如图 2-16 所示。其网络大致可分为传输层和智能层两层。智能网功能群可分成业务管理、业务控制和业务动作 3 层。其中，业务管理层和业务控制层属于智能层，而业务动作层则属于传输层。业务管理层具有业务管理、业务建立和接入管理 3 种功能；业务控制层具有业务控制功能；业务动作层具有业务动作功能。这 3 层彼此配合，以提供各种网络业务[10]。

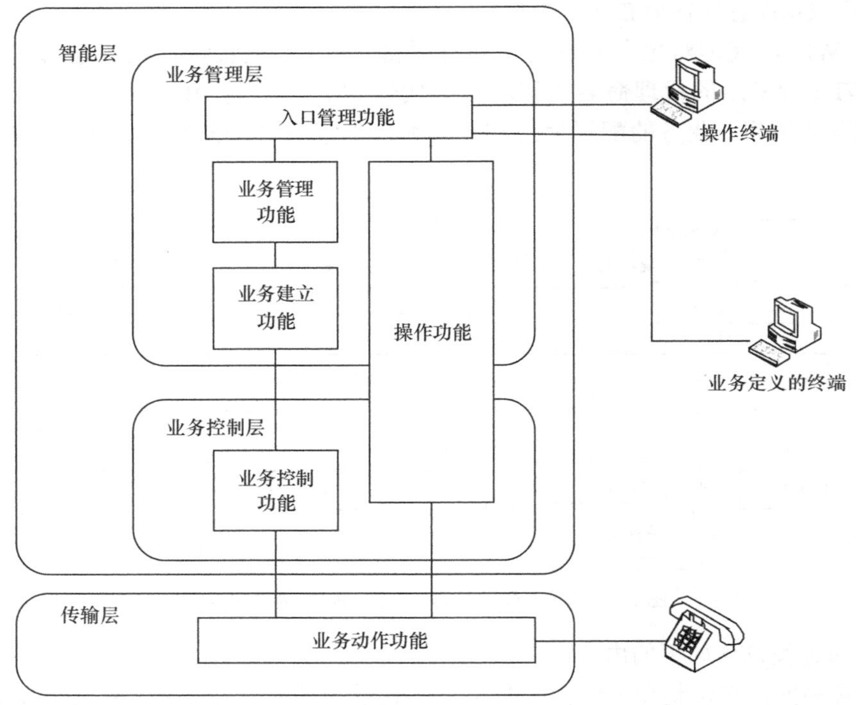

图 2-16　新智能网的结构

2.1.3.3　关键技术

（1）INAP/TCAP/SCCP/MTP 协议栈介绍

INAP 是智能网功能实体之间的应用层通信协议。智能网功能实体 SCP 与 SSP、IP、SDP 间通过 INAP 传递智能网业务呼叫所需的信息，从而实现对智能网业务呼叫接续的控制。INAP 要通过 TCAP 提供的消息原语将消息传送到对端，即 INAP 为 TCAP 的一个用户。

TCAP 事务处理能力部分：事务处理能力指的是在 TC 用户（即各种业务应用）和网络层业务之间提供一系列通信能力。它为大量分散在电信网中的交换机和专用中心（业务控制点、网管中心等）的应用提供功能和规程。TCAP 用于网络广泛分布的应用程序在应用层上的通信。

SCCP 信令连接控制部分：为消息传递部分（MTP）提供附加功能，以便通过 No.7 信令网，在电信网中的交换局和交换局、交换局和专用中心（如管理和维护中心）之间传递电路相关和非相关的信令信息和其他类型的信息，建立无连接和面向连接的网络业务。

媒体传输协议（Media Transfer Protocol，MTP），是基于 PTP（Picture Transfer Protocol）的扩展，主要用于传输媒体文件，其中有价值的应用就是同步 DRM 文件的 License。目前支持 MTP 的只有 WMP10（Windows Media Player 10）和 WMP11（Windows Media Player 11）两个版本，WMP11 加入了对 Playlist 和 Album Art 的支持，在获取媒体文件信息的时候 GetObjectPropList 代替了 WMP10 的 GetObjectInfo 命令。目前 MTP 暂不支持 WMP12

和 WMP13。

MTP 支持对数字音频播放器的音乐文件和移动媒体播放器上电影文件的传输，它是 Windows Media 框架的一部分，因此与 Windows Media Player 紧密相关。Windows Vista 内建了对 MTP 的支持，在 Windows XP 中支持 MTP 需要安装 Windows Media Player 10 或以上的版本。Mac 和 Linux 有支持 MTP 的软件包。Windows 7 和 Windows 8 也内建了对 MTP 的支持模块。

（2）分布处理与中间件技术

随着电信技术和信息技术的融合，电信领域正朝着具有开放的软件生成环境和标准化的计算环境方向发展。分布式对象结构更适于帮助运营企业快速部署新业务，提供开放的界面，综合网络管理和信令。智能网发展的一个主要特征是使用通用的中间件技术，如 CORBA，利用基于 CORBA 中间件技术能够使业务逻辑独立于底层软硬件结构和通信协议。最终的智能网体系结构应将智能网与新型分布式计算技术相结合，采用面向对象技术和开放分布式处理环境。中间件在开放的网络环境中提供了分布执行的业务逻辑，而且提供了融合网络资源的平台，开放了与其他域间的访问。随着中间件界面的标准化，可以用较小的、可管理的、标准的软件组件构成整个业务架构，形成为独立业务提供商和第三方业务提供商提供机会的开放市场。

2.1.3.4 演进

标准化趋势：许多国家一直在研究智能网的结构，而其标准化工作是在 ITU-TS 中进行的。在上一研究阶段（1989～1992 年）中，有关智能网的问题主要由 TS SG 11 处理，使得主要用于电信网的功能集 1（CS1）得到标准化，功能集 2（CS2）的标准化则是阶段（1993～1996 年）的目标。

智能网标准化的最终目标是在任何网络内提供任何业务，然而这需要花费较长时间。因此，计划逐步进行标准化并逐步实施其功能集。第 1 期国家智能网工程在北京、上海和广州各设置 1 个 SCP，而 SMP 和 SCE 设置在北京，全国配置 12 个 SSP。经过几年的发展，现在国家智能网已完成了 4 期扩容工程，在北京、上海、广州和成都设有多个 SCP，各地设有 30 多个 SSP。各省智能网（省内智能网或本省智能网）的建设取决于本省的电信业务发展和 IN 业务需求，省内智能网一般设置一套 SMP、SCP、SCE 设备在省会城市，省会城市可设置一个独立的 SSP，各地区（市）可设置一个独立的 SSP 或几个地区（市）合设一个 SSP，也可将 SSP 与地区（市）级长途局或市话汇接局综合在一起。

个人通信的发展：与传统的提供终端的通信业相比较，个人通信的目标在于为用户提供个人化的通信方式，可将这看成新智能网的典型业务之一。因此，未来的新业务功能将包括个人通信功能，如登记、终端证实、终端跟踪及与呼叫的接续以及用户专用的管理信息屏。除最后一项，其余均与个人通信的基本接续业务有关。根据这种发展方向，新智能网将体现提供平台的网络结构。

2.1.4 下一代网络

下一代网络一般泛指采用了比目前网络更为先进的技术或者能够提供更为先进业务的网络。这里的 NGN 是指在一个统一的、可靠的、高性能的、宽带的网络中，采用软交换技术，运用各种应用服务器和媒体网关建立起电信级的、分布式的端到端网络，支持移动、话音、数据、视频等所有业务。

2.1.4.1　下一代网络的基本概念

与传统的网络不同，NGN 以在统一的网络架构上解决各种综合业务为出发点，提供业务的逻辑、接入和传送、资源共享和认证管理等服务。为此，在 NGN 中，以执行各种业务逻辑的软交换设备为核心进行网络的构架建设。除此之外，业务逻辑还可在应用服务器上统一完成，并可向用户提供开放的业务应用编程接口（Application Programming Interface，API）。因此，在 NGN 中，业务层和业务控制层从传统的网络中分离出来，并成为重要的一部分。而对于媒体流的传送层和接入层，NGN 将通过各种接入手段将接入的业务流集中到统一的分组网络平台上传送。另外，重要的一点就是 NGN 强调网络的开放性，该原则包括网络架构、网络设备、网络信令和协议。NGN 实际上是将原来程控交换机的各功能模块拆分为独立的网络部件，各网络部件各自独立发展，它们之间采用统一的协议通信，这有利于运营商选用自己适合的部件组网。

2.1.4.2　下一代网络的体系结构

（1）分层的体系结构

一般认为，NGN 包括 4 个开放的层面，如图 2-17 所示，具体介绍如下。

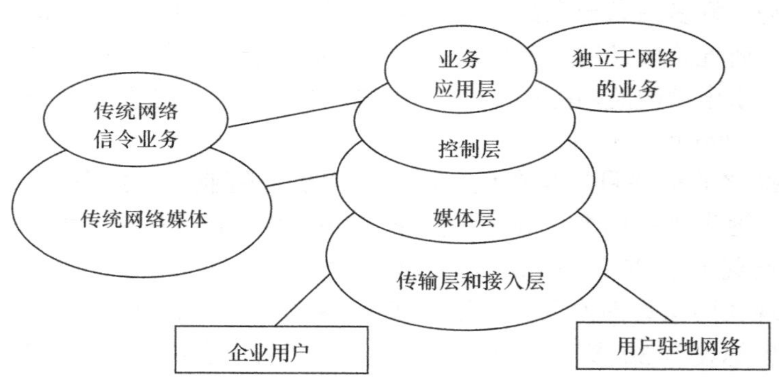

图 2-17　NGN 的分层体系结构

接入和传输层：将用户连接至网络，集中用户业务将它们传递至目的地，包括各种接入手段。

媒体层：将信息格式转换成能够在网络上传递的信息格式，例如将话音信号分割成 ATM 信元或 IP 分组。此外，媒体层可以将信息选路至目的控制层，包含智能呼叫。该层决定用户收到的业务，并能控制低层网络元素对业务流的处理。

控制层：该层是整个网络的核心，是一个集中的智能平台。其主要功能是通过媒体网关控制而提供终端用户业务端到端的呼叫/会话控制、接入协议适配、互联互通和资源管理等功能。

应用层：该层是下一代网络的业务与服务支撑环境，其主要功能是既向大众用户提供服务，同时向运营支撑系统和业务提供者提供服务支撑。该层利用底层的各种网络资源为用户提供丰富多彩的网络业务和资源管理，提供面向客户的综合智能业务，实现业务的客户化[11]。

（2）ITU 对 NGN 体系结构的定义

在 ITU 已公布的文献和建议标准中，尚找不到能全面描述 NGN 宏观体系结构的模型，但从 ITU-T 的 NGN-GSI 公布的 R1 中“用户可管理的 IP 网参考体系结构”可见端倪，如图 2-18 所示。

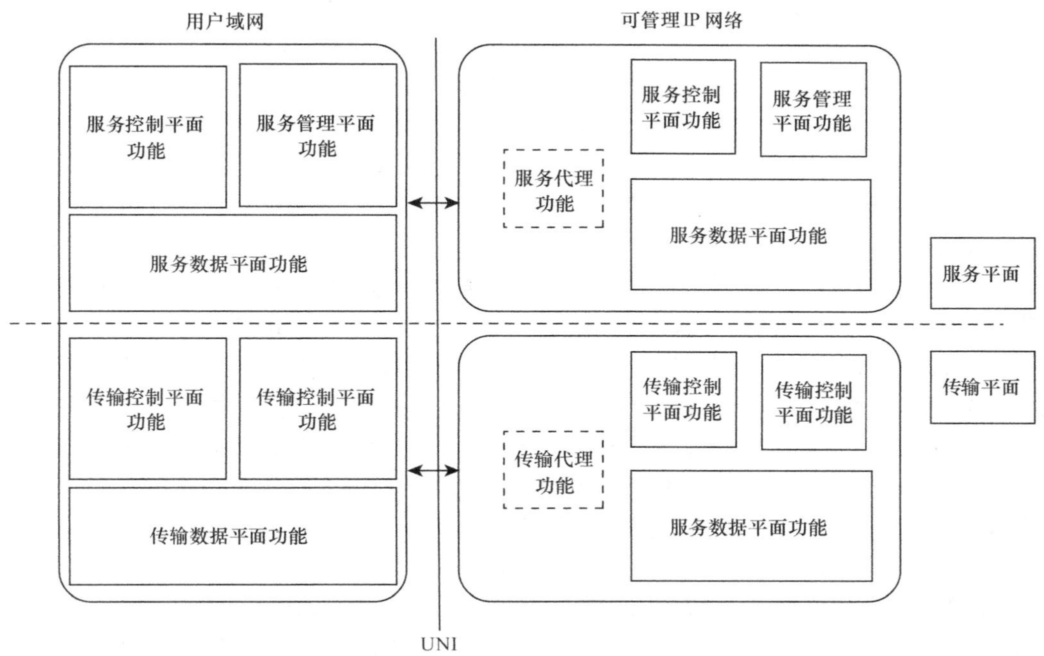

图 2-18 用户可管理的 IP 网参考体系结构

NGN 由“服务层/服务栈”（对应于 OSI/RM 的 4～7 层）和“传输层/传输栈”（对应于 OSI/RM 的 1～3 层）组成。二者定义新服务时，只需要假定下面的传输协议栈提供标准的 NGN 传输服务，而不必关心传输协议栈内的具体细节。

采用“带外信令控制”（Out-of-Band Signaling）思想。两类协议栈都由用户（数据）平面（U-Plane）、控制平面（C-Plane）和管理平面（M-Plane）组成，分别用于用户数据的传输、控制和管理信息的传输。

定义了开放的用户—网络界面（User Network Interface，UNI）和网络—网络界面（Network Network Interface，NNI），通过这两类界面分别用于端系统（End System）或用户驻地网（CPN）和其他网络之间的互联。

图 2-18 中用户可管理的 IP 网参考体系结构，并未分别对通信子网和端系统之间的协议层次结构做进一步的描述[12]。

服务协议栈和功能协议栈的功能配置进一步将 NGN 内“服务栈”分解为应用/服务支持功能和服务控制功能两大部分，后者由 IP 多媒体服务（Media Service，MS）部件、PSTN/ISDN 模拟服务部件、流服务部件和其他多媒体服务部件组成，它们都需要访问用户资料决定是否接受其服务请求。此外，非 NGN 终端必须通过网关访问

NGN。

功能配置还将 NGN 的“转输栈”功能部件进一步细化为控制功能（网络接入控制、资源与入网控制功能）、接入网和核心骨干网功能。

（3）垂直的观点和水平的观点

① 垂直的观点

从垂直方向看，网络功能的全集将是一个 4 层结构。最上面是以 IP 为主导的承载内容的业务流，这些业务流由 ATM 层做业务流工程设计，然后再适配进 SDH 层，SDH 帧信号再进入 WDM 点到点传输层或光传输网（OTN）层由光纤传输。

电路交换业务流则直接经 ATM 或 SDH 进入 WDM 点到点传输层或 OTN 层。随着 IP 业务量逐渐成为网络的主要业务量，这种 4 层结构暴露出日益严重的内在缺陷。首先，在这种结构下，带宽的指配十分麻烦，且受限于连接中每一层每一设备的可用带宽。即便绝大多数的设备有空闲带宽可用，但 4 层结构中任意一层的任意单个设备的带宽瓶颈都可能限制整个网络的带宽或容量的可扩展性。其次，这 4 层结构在功能上是重叠的，其带宽分为 4 种完全不同的“颗粒”，即 IP 分组、ATM 信元、SDH 帧和 WDM 波长，实际应用却并不需要这么多颗粒，而且每一层都多少带有其他相邻层的功能，特别是保护恢复功能几乎层层都有，造成十分复杂乃至可能冲突的局面。最后，数据业务量的带宽达到 2.5 Gbit/s 甚至 10 Gbit/s 后，各层中不少为话音业务设计的功能成为多余，例如在核心网中 SDH 的复杂 TDM 复用结构，ATM 的较细带宽颗粒等不仅多余，而且会造成带宽效率低下。因而，长远来看，随着技术的发展和业务的变化，4 层结构中的独立 ATM 层和 SDH 层有可能会逐步消失，但其基本功能不会消亡，将会分别融入 IP 层和 WDM/OTN 层中。图 2-19 从垂直的观点给出了下一代电信网的初步结构考虑。其中 ADM 和 OADM 分别表示电的分插复用器和光的分插复用器，而 SDXC 和 OXC 分别表示电的 SDH 交叉连接器和光的交叉连接器。图 2-20 则显示了网络功能结构层次的长期演进趋势。

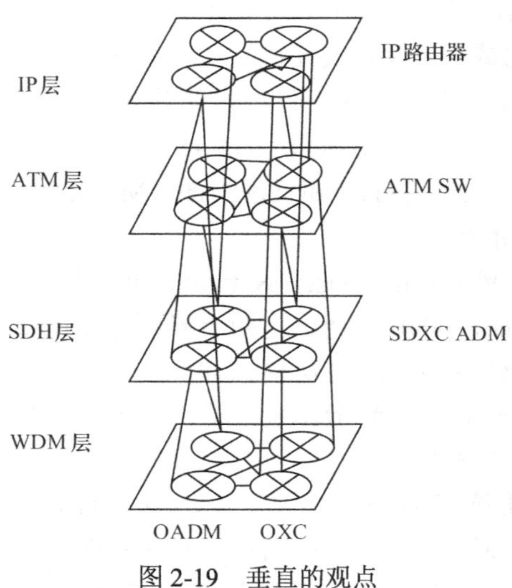

图 2-19　垂直的观点

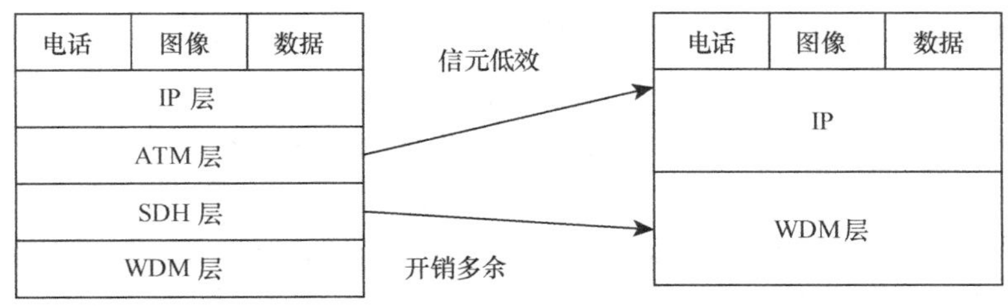

图 2-20 网络功能结构层次的长期演进趋势

② 水平的观点

从水平方向看，网络将是以数据特别是 IP 业务为中心的数据网，传统电话网（无论是有线还是无线）将通过电信级话音网关与之相联。整个网络可大体分为边缘层和核心层。边缘层面向用户，主要负责提供各种中低速界面来汇集各种业务量，使收益最大化；而核心层面向边缘层，主要为边缘层产生的业务流量提供高效可靠的信号复用、传送、交换或选路，使结构简单、成本最小化、带宽效率最高，且对业务透明。水平的观点如图 2-21 所示。

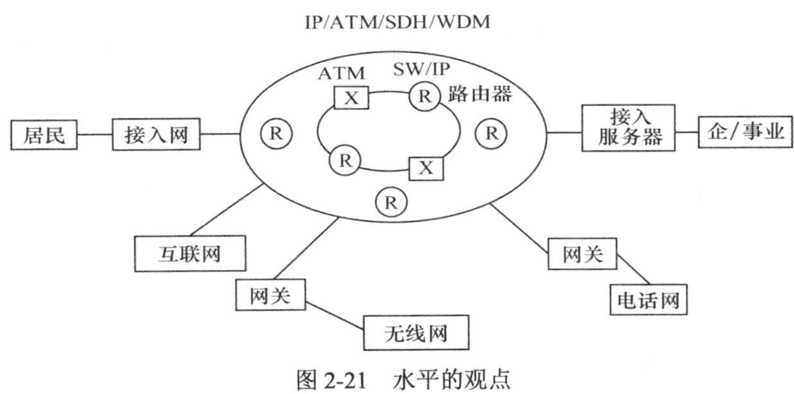

图 2-21 水平的观点

核心网的骨干业务节点可以采用 ATM 交叉连接设备和高性能吉比特或太比特路由器。随着太比特路由器技术的突破，太比特路由器将扮演主导骨干网业务节点角色。核心网结构也将变得越来越简单，趋向由少量太比特路由器和太比特传输链路构成所谓双 T 网络。ATM 交换机则将逐渐从核心骨干网转移到网络的边缘，以网络形式来支持 IP 网。随着 IP 业务成为网络的主要业务和应用协议，IP over WDM 将逐渐成为网络的主导形式，在核心网中开始取代 ATM 交换机乃至 IP over SDH 路由器。而传统电路交换网将通过网关与数据网互联。在可以预见的未来，电路交换、ATM 交换和 IP 路由将共存互补，以适应多样的网络环境并支持各种业务。因而，能够支持基于 ATM/IP 分组网和电路交换网间的无缝互通，保证各自的应用/业务的互操作性是下一代网络能否顺利演进发展的关键。

2.1.4.3 固定电话网向下一代网络的演进

固定电话业务面临日趋激烈的市场竞争：随着我国电信市场的日益开放以及移动通信、IP 两大电信技术和业务的快速发展，传统固定电话网的业务量正逐步被移动通信网以及 IP 网大量替代分流，固定电话用户的每用户平均收益（ARPU）值不断下降。2003

年 10 月，我国的移动用户数就已经超过固网用户数，年均用户数增幅是固网的 2 倍；2003 年 2 月，移动业务的总收入已超过固网业务的总收入，差距还在继续扩大。从数据业务特别是 IP 业务的发展来看，对固网话音业务的冲击亦十分明显，IP 业务正在以远高于电话业务的速度增长，长途话音业务 IP 化趋势非常明显。

固网智能化水平不适应市场竞争的需要：电信市场竞争的加剧，迫切需要固网运营商快速、灵活、高效地向用户提供多样化的智能业务，而作为固网灵魂的网元设备——程控交换机严重制约了固网智能化水平的提高。

顺应网络融合的趋势向下一代网络演进，移动通信技术和业务的巨大成功正在改变电信的基本格局，IP 的迅速扩张和 IPv6 技术的基本成熟正将 IP 带进一个新的时代。随着技术条件的成熟、网络的融合，特别是网络边缘部分的融合正成为电信发展的大趋势。从话音和数据的融合到有线和无线的融合，从传送网和各种业务网的融合到最终实现三网的融合，将成为下一代网络发展的必然趋势[13]。

2.2 广电网体系结构

广电网的含义比较广泛，既包括早期单向的有线电视网、地面电视广播网，又包括经过双向改造的有线电视网，还包括新组建的用于综合数字业务的宽带数据网。在本节中，将用于提供综合数字业务的传输网络称为广电数据网、用于传输单向电视节目信号的传输网络称为广播电视网。由于广电数据网由广播电视网改造或引入新技术发展而来，并且借助了覆盖全国的广播电视网基础设施，故将从广播电视网和广电数据网两个角度系统地介绍广电网体系结构。

2.2.1 广播电视网

广播电视网主要包括有线电视网和无线电视网。按照传输方式可以分为有线电视、地面电视、卫星电视、IPTV 网络电视 4 类。目前国内有线电视用户群体最大，而有线电视网也是广播电视网的主要组成部分。IPTV 则是通过接入互联网的机顶盒接收电视节目及网络视频信号，其传输系统并不属于广播电视网，故本节不作介绍。本节的内容主要包括广播电视系统概论以及有线电视网、地面电视网、卫星电视网的体系结构。其中，重点介绍与宽带数据业务密切相关的有线电视网。

2.2.1.1 广播电视系统概论

我国的广播电视管理体制是 4 级混合覆盖，即除了中央和省、自治区、直辖市两级开设广播电台和电视台之外，凡是具备条件的省辖市、县，也可以根据当地的需要开办广播电台和电视台，除了转播中央和各省的广播电视节目外，还可以播出自办的节目，覆盖该市、县。管理体系的灵活决定了广播电视网体系结构的复杂性。

从物理设施的角度看，广播电视系统分为如下 4 个子系统：节目采编制播、传输、发射分配和用户接收，分别对应图 2-22 中的 4 个部分。制作与播出是指利用直播或录像设备及合适的编码方式制作出符合标准的广播电视节目信号，并按时间顺序将其播出到发送传输部分；传输部分是指利用光缆干线、卫星或微波发射塔将电视节目信号传输到各地电视台（对于特殊的场合会直接传输到终端用户）；发射与分配将广播电视节目信号进行一定的技术处理后，通过同轴电缆传送到终端用户；终端用户通过普通电视或互联网电视一体机、机顶盒（Set Top Box，STB）等接收设备接收广播电视节目信号，并对其进行必要的处理和变换，最终还原成图像和声音。

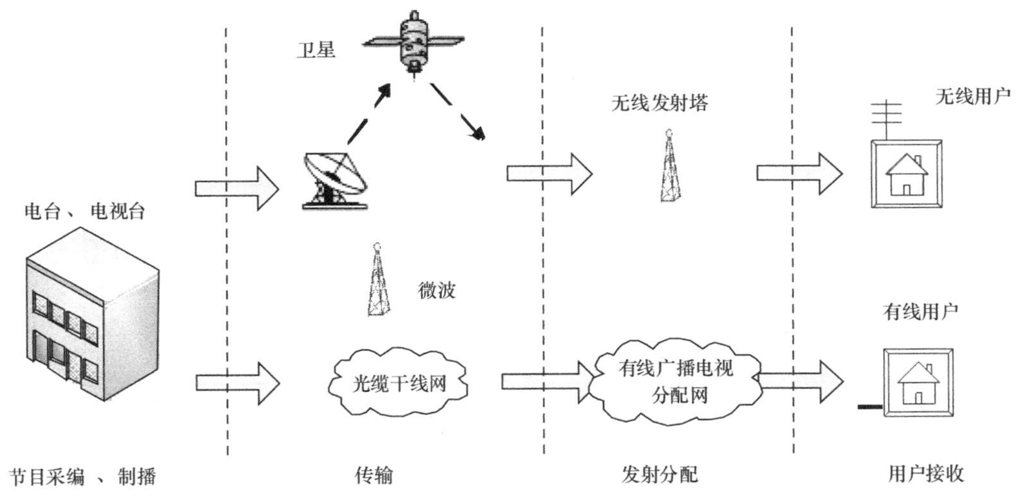

图 2-22 广播电视技术系统基本构成

其中，传输部分可以采用不同的通信传输方式。根据传输方式的不同，可以将电视广播分为 3 类：有线电视广播、地面电视广播和卫星电视广播。有线电视广播利用有线网络传输和分配电视信号；地面电视广播电视信号经调制后，以无线电波形式沿地表进行传输覆盖；卫星电视广播利用地球同步卫星对电视信号进行转发，实现了长距离的传输和更大面积的覆盖。

2.2.1.2 广播电视体系结构

本节将从广播方式及结构、所用频段以及主要应用领域这 3 个方面分别介绍有线电视广播网、地面电视广播网和卫星电视广播网。

（1）有线电视广播网

有线电视系统由前端、干线系统以及分配系统 3 部分组成。前端负责信号的处理，它对信号源输出的各类信号分别进行处理，并最终混合成一路复合射频信号提供给传输系统。干线系统负责信号的传输，它将前端产生的复合信号进行优质、稳定的远距离传输，需注明的是支线也包括在干线系统中。分配系统负责将信号分配给每个用户。

有线电视广播网的干线系统采用光缆干线传输，光缆干线包括连接各省的国家级和省级骨干网，连接各地电视系统的本地骨干网两部分。

① 广播方式及结构

早期有线电视网络采用同轴电缆结构。从 2000 年开始，同轴电缆结构逐渐向混合光纤同轴电缆（Hybrid Fiber-Coaxial，HFC）发展，主干上用光纤传输，接入用户网时用同轴电缆传输的混合网络）。到 2008 年，在“光进铜退”的大趋势下，HFC 网络得到了进一步的优化，光纤推进到楼。HFC 采用光纤作为主干网的传输介质，大大地提高了有线电视网的带宽和传输质量。现在，采用了 HFC 的有线电视网已经形成了如图 2-23 所示的体系结构。其中，主干网是国家级和省级骨干网，市前端和本地前端所在的环型网是宽带城域网。省内主干网连接了各地区的宽带城域网，采用同步数字体系（Synchronous Digital Hierarchy，SDH）或密集波分复用（Dense Wavelength Division Multiplexing，DWDM）传输电视节目[14]。

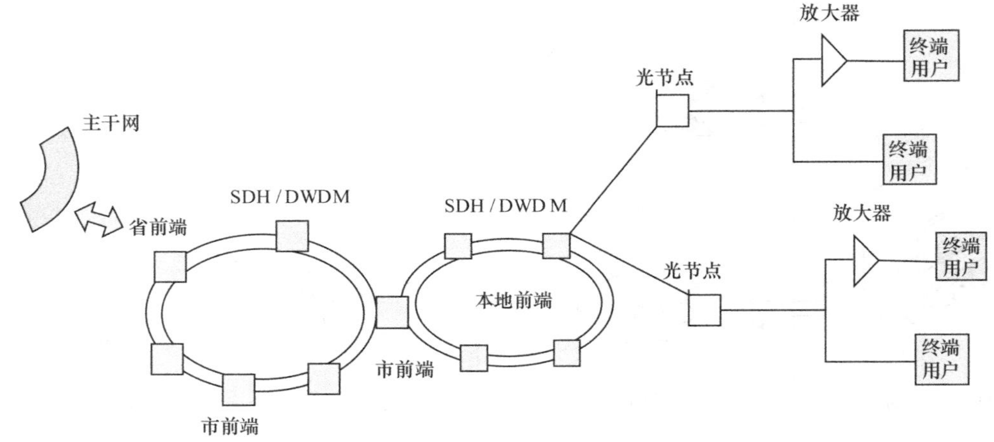

图 2-23　有线电视广播网体系结构

同轴电缆结构是一种树型结构网络，从有线电视台前端出来后不断分级展开，最后到达用户。这种树型网络还会随居民分布情况的不同，分出更多的层次，如图 2-24（a）所示。HFC 则是环型骨干网+树型接入网的拓扑结构，如图 2-24（b）所示。

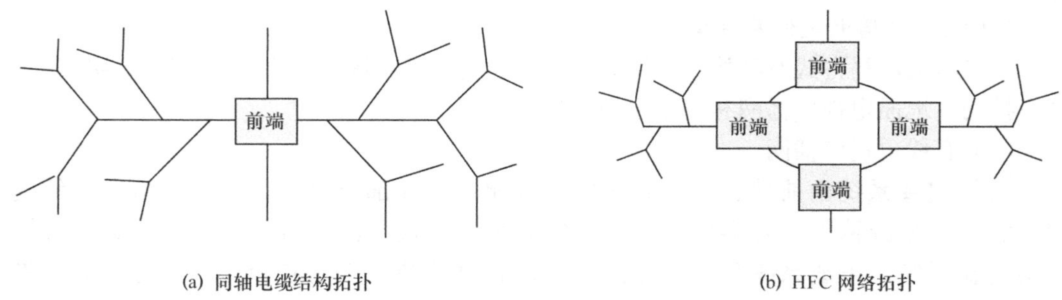

(a) 同轴电缆结构拓扑　　(b) HFC 网络拓扑

图 2-24　有线电视网的拓扑结构

② 所用频段

目前，大多数有线电视系统的带宽为 550 MHz 或 750 MHz，频谱资源安排如下：48.5～550 MHz 为普通广播电视业务所用，550～750 MHz 为下行数字通信通道，一般作为传输数字广播电视、VoD 点播以及数字电话下行信号和数据，750～1 000 MHz 为高端频率，用于各种双向通信业务。网络带宽有 550 MHz、750 MHz、860 MHz 和 1 000 MHz 等多种。

③ 主要应用领域

有线传输采用闭路方式邻频传输，优点是干扰信号少而且频谱资源可以得到充分利用。另外，线路不受地形的制约和高层建筑物的影响，可避免空间波干扰，能够得到较高的节目传输质量。

有线电视广播的这些优点使其成为广播电视用户的首选传输方式，同时，有线电视网也是广播电视网最重要的组成部分。到目前为止，在所有电视广播用户中，有线电视用户占据了最大的比例。截至 2012 年底，全国有线广播电视用户数已达到 2.15 亿户[15]。在一个有线电视系统中，基本业务可以传送几十套模拟电视节目或上百套数字电视节目，能够满足用户的大部分需求。此外，一些付费的增值业务可以满足用户的进一步需求。

（2）地面电视广播网

地面电视广播是一种使用超短波传输、覆盖的广播方式，地面电视广播系统由发送端和接收端组成。

在发送端，地面电视广播系统将电视信号经专用传输线路由电视中心传送到地面发射台，调制到射频后由发射天线以空间电磁波的形式向周围空间辐射；在接收端，空间电磁波经接收天线变成感应电流，并在电视上播放，如图 2-25 所示。

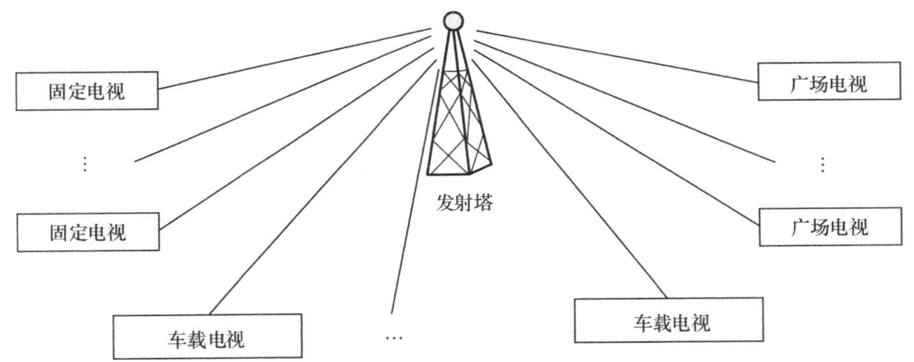

图 2-25 地面电视广播系统组成

① 广播方式及结构

地面电视广播使用的是超短波频段，利用天波方式进行信号传输。天波是指依靠电离层的反射传播的无线电波。电离层是地球表面上空 50 km 到几百千米范围内的大气层，对于不同波长的电磁波表现出不同的特性。实验证明，波长短于 10 m 的微波能穿过电离层，波长超过 3 000 km 的长波，几乎会被电离层全部吸收。对于中波、中短波、短波而言，波长越短，电离层对

它吸收得越少，而反射得越多。因此，短波最适宜以天波的形式传播，它可以被电离层反射到几千千米以外。但是，电离层是不稳定的，白天受阳光照射时，电离程度高，夜晚电离程度低。因此夜间它对中波和中短波的吸收减弱，这时中波和中短波也能以天波的形式传播。

地面电视广播的工作原理如下：发送端将电视信号经专用传输线路由电视中心传送到地面发射台，调制到射频后由发射天线以超短波的形式向周围空间辐射；接收端的接收天线接收到超短波形式的信号，并送到接收机中进行解调，变成原始的视音频信号，

如图 2-26 所示。

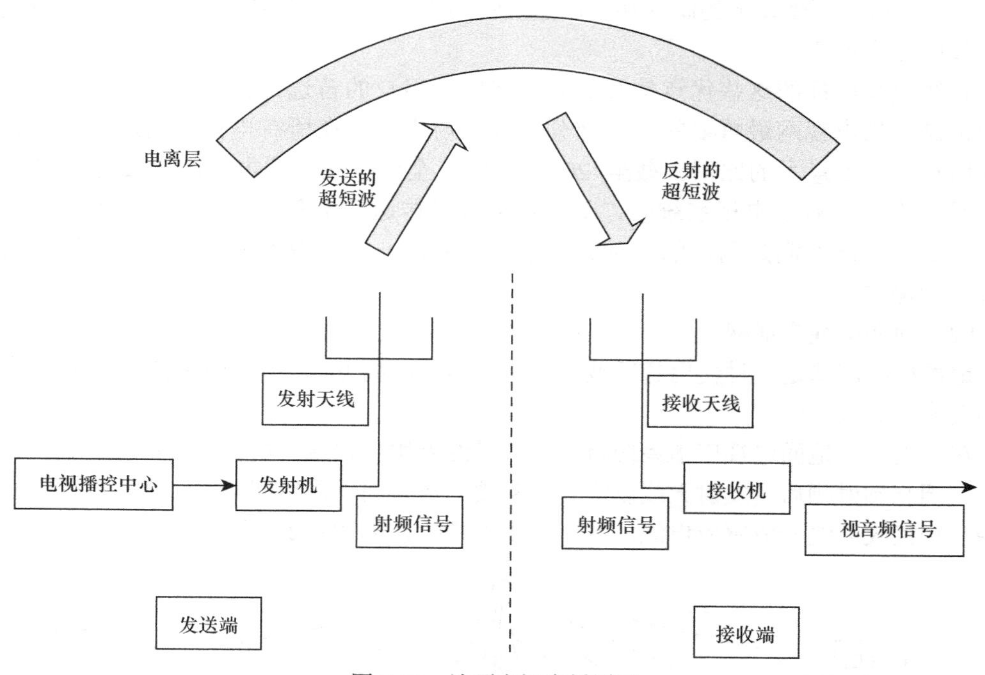

图 2-26　地面电视广播原理

地面电视广播系统采用星型拓扑结构，如图 2-27 所示。

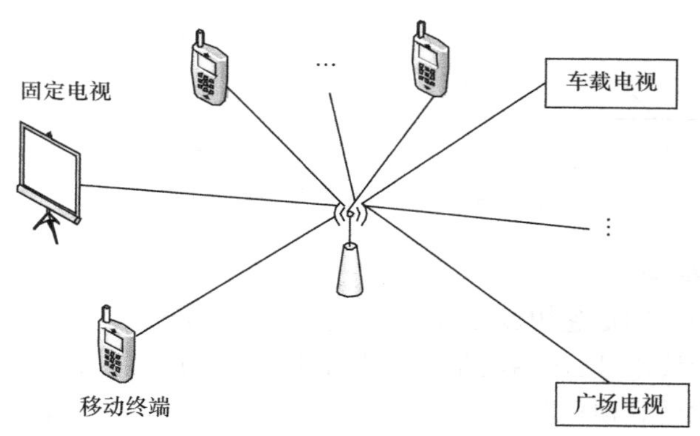

图 2-27　地面电视广播网拓扑

② 所用频段

我国模拟电视广播的视频信号带宽为 6 MHz，射频带宽为 8 MHz（包括图像和伴音）。也就是说，一套电视节目在传输时需占据 8 MHz 的带宽。

地面电视广播使用的频段属于超短波范围，一般可以覆盖几十千米。我国把甚高频（VHF）波段的 48～223 MHz 和特高频（UHF）波段的 470～960 MHz 范围分配给地面电视广播，共安排了 68 个频道，在 VHF 波段中有 12 个频道，在 UHF 波段中有 56 个频道，为了不发生干扰，在同一个地区能够规划使用的频道一般不足 10 个[16]。

③ 主要应用领域

地面广播传输适用于大屏幕，高清晰，面向公众、流动人群的场合或移动接收系统，故其常用于车载电视、广场电视和楼宇电视的广播。

（3）卫星电视广播网

卫星电视广播系统通过广播卫星传输电视节目信号。卫星电视广播系统组成如图 2-28 所示，主要由广播卫星、上行地球站、地球接收站和测控站组成。广播卫星是在赤道上空同步轨道上运行的人造卫星（也称静止卫星）。广播卫星是卫星广播系统的核心，其主要任务是接收来自上行地球站的广播电视信号，经处理后再转发到所属的服务区域。上行地球站的主要任务是对电视台或播控中心传来的广播电视节目信号进行处理，然后通过天线向广播卫星发送信号，此信号称为上行信号。地球接收站用来接收广播卫星转发的广播电视信号。测控站的任务是测量卫星的各种工程参数和环境参数，测控卫星的轨道位置和姿态，对卫星进行各种功能状态的切换。

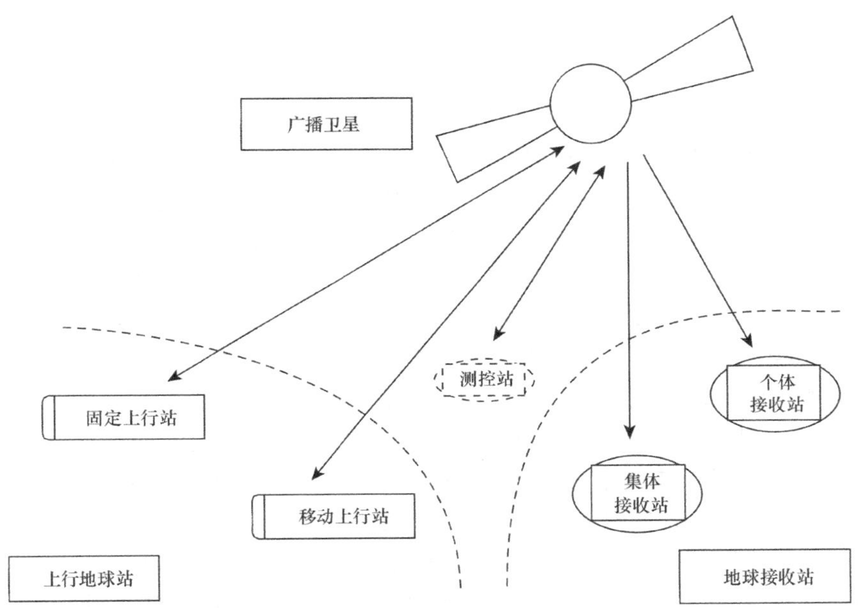

图 2-28　卫星电视广播系统组成

上行站有两种：一种是固定上行站，另一种是移动上行站。固定上行站是主要的广播卫星上行站，一般规模较大，功能较全；移动上行站通常为车载式或组装型设备，功能较单一，常用于特定活动或特定地区的现场直播或节目传送。

根据应用的不同，接收站可分为两种类型，即集体接收站和个体接收站。集体接收站接收到的信号可送入共用天线电视系统供集体用户收看，也可以作为节目源，供当地电视台或差转台进行地面无线电广播，或者输入当地有线电视（CATV）系统前端，并通过光缆和电缆分配到各个用户；个体接收站是个体用户通过小型天线和简易接收设备接收电视信号，这种情况要求下行信号在覆盖区的功率足够大。

① 广播方式及结构

卫星电视广播采用卫星通信方式传输电视信号，其传输原理如图 2-29 所示。

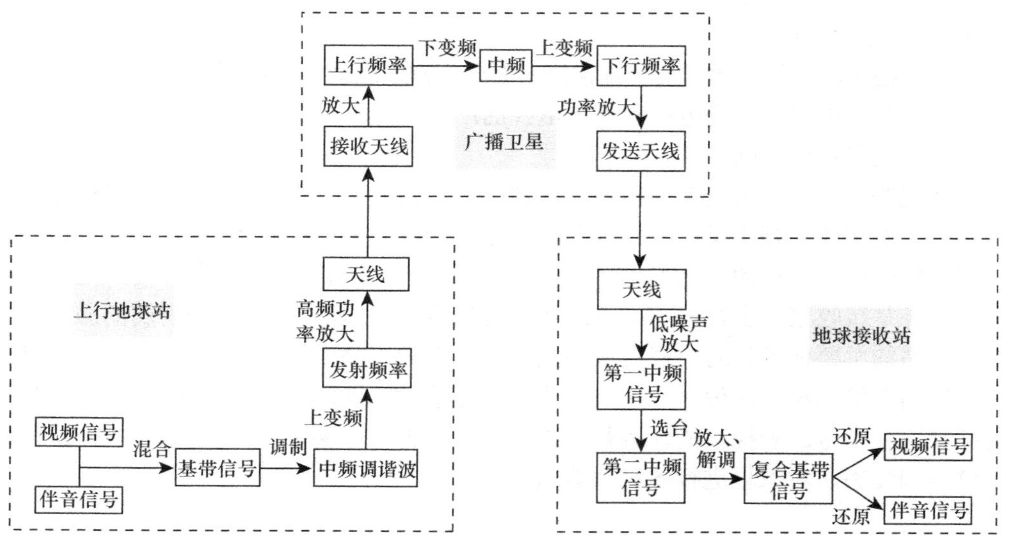

图 2-29　卫星电视广播原理

在上行地球站，经过视频处理电路处理后的视频信号与经过伴音处理电路处理的伴音信号相加混合成基带信号，然后对中频载波进行调制，将输入的基带信号变为 70 MHz 的中频调谐波。中频信号经过上变频，变为指定的发射频率后，送到高频功率放大器进行放大，再由发射天线发射给卫星。上行发射站可向卫星传送一路或多路信号，通常采用主瓣波束较窄的大口径发射天线发射，以提高上行站的抗干扰能力。

广播卫星中的星载广播天线和转发器的主要任务是接收来自上行地球站的广播电视信号，并经低噪声放大、下变频及功率放大等处理后，再转发到所属的服务区域。

卫星电视接收站由天线部分、高频头、卫星接收机等部分组成。天线部分接收来自卫星的信号，通过高频头对微弱的电磁波信号进行低噪声放大，并将它变换为频率为 950～1 450 MHz 的第一中频信号。第一中频信号经过电缆送到卫星接收机进行解调。选台器从 950～1 450 MHz 的输入信号中选出所要接收的某一电视频道的频率，并将它变换为固定的第二中频频率（通常为 479.5 MHz），经中频放大和解调后得到包含视频和伴音信号在内的复合基带信号。视频信号送到视频恢复电路得到正常的视频信号。伴音信号送到伴音解调器得到正常的伴音信号。

卫星电视广播的拓扑结构为星型结构，如图 2-30 所示。

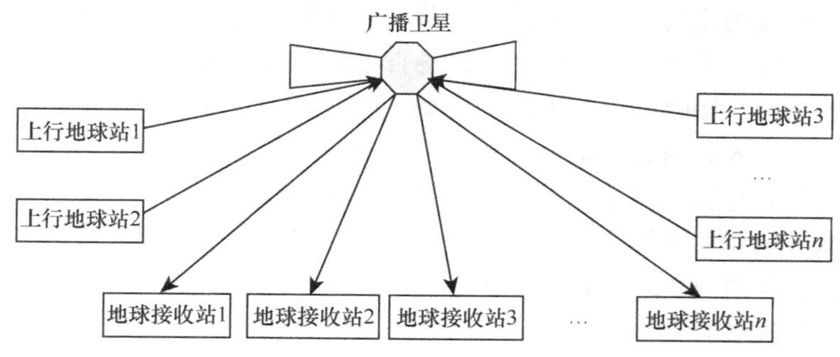

图 2-30　卫星电视广播的拓扑结构

② 所用频段

卫星广播频段是指用于卫星上行传输和下行传输的频率范围。频段的选择直接关系到电波的传播特性、系统性能、传输容量和技术实现的难易程度。通常要求电波穿越大气层所受的损耗小且频率高、频带宽。国际电信联盟分配给卫星声音广播（BSS（声音））和卫星电视广播（BSS）业务使用的频段共有 4 个，分别是 L（0.7 GHz）、S（2.5 GHz）、Ku（12 GHz）、Ka（23 GHz）频段，具体频率和适用的国家与地区见表 2-1[17]。

表 2-1 卫星广播业务使的频段划分

频段	频率范围	带宽（MHz）	业务	说明
L	1 452～1 492 MHz	40	BSS（声音）	全球划分
S	2 520～2 670 MHz	150	BSS	1 区和 3 区
	2 605～2 670 MHz	25	NGSO BSS	韩国、日本
	2 535～2 655 MHz	120	BSS（声音）	日本、韩国、印度、巴基斯坦、泰国
Ku	11.7～12.2 GHz	500	BSS 规划频段	3 区：主要为亚太地区国家
	11.7～12.2 GHz	800	BSS 规划频段	1 区：主要为欧洲和非洲国家
	12.2～12.7 GHz	500	BSS 规划频段	2 区：美洲国家
	12.5～12.75 GHz	250	BSS	3 区
Ka	17.3～17.8 GHz	500	BSS	2 区
	21.4～22 GHz	600	BSS	1 区和 3 区
	40.5～42.5 GHz	2 000	BSS	全球划分
	74～76 GHz	2 000	BSS	全球划分

③ 主要应用领域

卫星传输方式覆盖面积广、通信容量大、通信质量优、成本低，适合应用于地广人稀、架设线缆成本过高的地区，例如甘肃、青海、西藏等省；或者应用于登山、穿越沙漠等极限运动或科考项目。另一类重要应用是节目的直播，如 2008 年北京奥运会上就使用了通信卫星进行全世界范围的直播。

2.2.2 广电数据网

广电数据网是指广电提供的用于综合数据业务的网络，如图 2-31 所示，其体系结构包括传输网和接入网两部分。传输网包括利用同步数字体系（SDH）和密集波分复用（DWDM）技术构成的全国骨干传输网、由各省建设的 SDH 或 DWDM 传输网以及部分地区的光缆传输网；接入网包括利用双向 HFC 网络接入的线缆调制解调器（Cable Modem，CM）方式和利用以太无源光网络（Ethernet Passive Optical Network，EPON）接入的 EPON+LAN 和 EPON+EoC 方式。其中，EoC 是指以太数据通过同轴电缆传输（Ethernet over Coax）[18~20]。

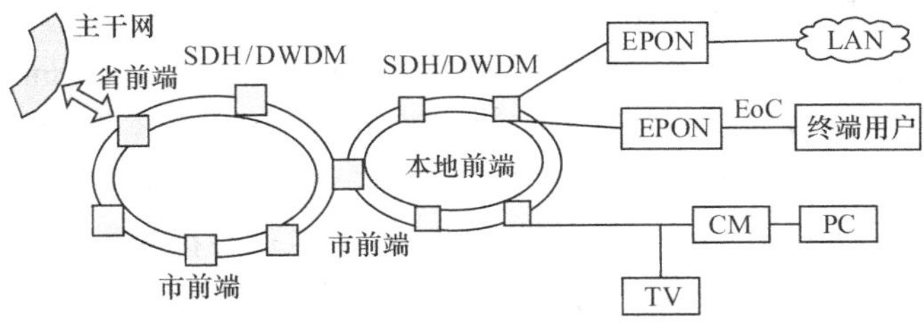

图 2-31 广电数据网体系结构

下面分别介绍传输网和接入网的核心内容。传输网方面主要介绍 SDH 和 DWDM 技术；接入网方面主要介绍现在最常应用的 3 种接入方式：HFC+CM、EPON+LAN、EPON+EoC。

2.2.2.1 传输网核心技术

传输网主要由各省的宽带城域网和城域网之间的网络组成，也包括卫星通信组成的网络。目前传输网（又称骨干网）中使用最多的两种技术是 SDH 和 DWDM。现阶段广电网中大部分骨干网采用的是 SDH，还有少量的骨干网采用的是 DWDM。下面分别系统地介绍这两种技术。

（1）SDH

SDH 的概念来源于 1985 年由美国贝尔通信研究所提出的同步光网络（Synchronous Optical Network，SONET）。国际电信联盟远程通信标准化组织（ITU-T）于 1988 年接受了 SONET 概念，并重新命名为 SDH，使其成为不仅适用于光纤也适用于微波和卫星传输的通用技术体制。SDH 由一整套分等级的标准传送结构组成，适用于各种经适配处理的净负荷（即网络节点接口比特流中可用于电信业务的部分）在物理媒质（如光纤、微波、卫星等）之上进行传送。

广电骨干网利用 SDH 作为其物理传输网络，承载上层的各种业务数据。现在的互联网上数据都通过 IP 数据分组传送，为了传输 IP 数据分组，在基于 SDH 的网络上，引入了 IP over SDH 技术。同步数字体系这部分主要介绍如下 3 个部分：IP over SDH 的分层体系结构、SDH 的传输网的基本构成和 SDH 技术的传输原理。

① IP over SDH 分层体系结构

IP over SDH（或称 Packet over SDH，PoS）是一种分层模型，其结构见表 2-2。

表 2-2 IP over SDH 分层模型

Video	Voice	Data	高层
IP			网络层
PPP			数据链路层
HDLC			
SDH			物理层

对比 OSI 7 层网络模型，IP over SDH 是一个 4 层模型，SDH/SONET 协议是物理层协议（Layer 1），主要负责在物理层介质上传送字节数据。数据链路层（Layer 2）负责 SDH/SONET 协议与 IP 之间的接口，互联网工程任务组（Internet Engineering Task Force，IETF）定义点对点协议（Point to Point Protocol，PPP）执行这项功能，实现 IP over SONET/SDH 技术。PPP（RFC 1661）定义了点到点链路上传输多协议数据分组的标准方法，是正式的 Internet 标准。高级数据链路控制（High-Level Data Link Control，HDLC）是一个在同步网上传输数据、面向比特的数据链路层协议，根据 IETF RFC 1662 规范要求，封装了 IP 数据分组的 PPP 分组组成 HDLC 帧，映射到 SDH 的负载区内。IP 是无连接的协议，属于网络协议（Layer 3）。高层（Layer 4）包括各种业务产生的不同类型数据。

IP、PPP 都是 Internet 上的标准协议，故在此不作介绍，下面主要介绍 SDH 的传输机制。

② SDH 传输网

现在我国的有线电视网络在省内和省外均采用了 SDH 传输体制，有线电视网络中的 SDH 传输网起着公共物理传输平台的作用。在此平台上，一部分带宽用来传输广播电视节目，另一部分用来直接传输用户数据或从 ATM、IP 交换机汇聚来的数据流等。这里仅讨论利用有线电视网络的 SDH 传输网传输 IP 数据流。

首先简单介绍即将用到的关于 SDH 的术语。SDH 有一套标准化的信息结构等级，称为同步传送模块（Synchronous Transport Module，STM-*n*，*n*=1、4、16、64）。例如，当 *n*=4 时，其传输模块为 STM-4。SDH 系统的基本组件主要有分插复用器（ADM）和同步数字交叉连接设备（DXC）。其中 ADM 用于连接两个传输网或连接传输网与用户网，DXC *m*/*n* 表示一个 DXC 的类型和性能（$m \geqslant n$），*m* 表示可接入 DXC 的最高速率等级，*n* 表示在交叉矩阵中能够进行交叉连接的最低速率级别，*m* 和 *n* 的可选数字为 1、4、16 和 64，其中 1 表示 STM-1、4 表示 STM-4，依次类推。

SDH 传输网是由一些 SDH 网络单元组成的，在光纤、微波或卫星上进行同步信息传送，融复接、传输、交换功能于一体，有统一网络管理操作的综合信息网，可实现网络有效管理、动态网络维护、对业务性能监视等功能，能有效地提高网络资源的利用率。我国的 SDH 传输网络分为 3 个层面，如图 2-32 所示。

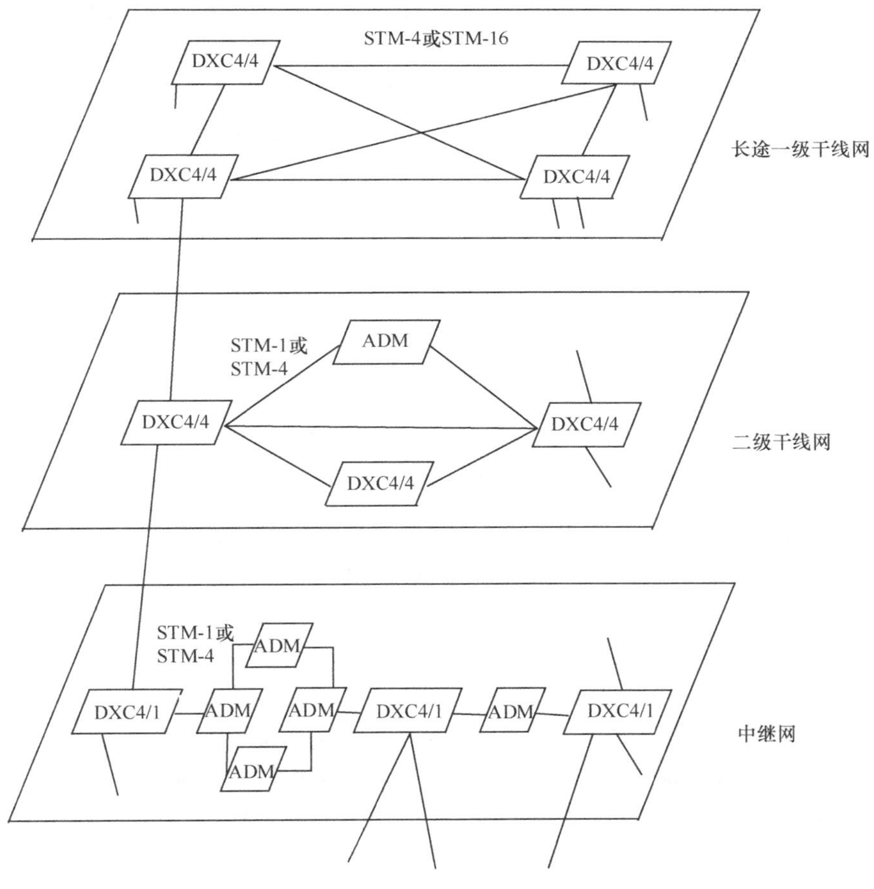

图 2-32　SDH 传输网络结构

最高层面为长途一级干线网，主要省会城市及业务量较大的汇接节点城市装有 DXC 4/4，其间由高速光纤链路 STM-4/STM-16 组成，形成了一个大容量、高可靠的网孔型国家骨干网结构，并辅以少量线型网结构。

第二层面为二级干线网，主要汇接节点装有 DXC4/4 或 DXC4/1，其间由 STM-1/STM-4 组成，形成省内网状或环型骨干网结构并辅以少量线型网结构。

第三层面为中继网（即长途端局与市局之间以及市话局之间的部分），可以按区域划分为若干个环，由 ADM 组成速率为 STM-1/STM-4 的自愈环，也可以是路由备用方式的两节点环。这些环具有很高的生存性，又具有业务量疏导功能。环间由 DXC4/1 沟通，完成业务量疏导和其他管理功能；同时也可以作为长途网与中继网之间以及中继网和用户网之间的网关或接口。

③ SDH 技术的传输原理

SDH 用来承载信息的是一种块状帧结构，块状帧由纵向 9 行和横向 270×N 列字节组成，每个字节含 8 bit。如图 2-33 所示，整个帧结构由段开销区（Section OverHead，SOH）、净负荷区和管理单元指针区（Administrative Unit Pointer，AU PTR）3 部分组成。其中，段开销区主要用于网络的运行、管理、维护及指配，以保证信息能够正常灵活地传送，管理单元指针用来指示净负荷区域内的信息首字节在 STM-n 帧内的准确位置，以便接收时能正确分离净负荷。净负荷区域用来存放用于信息业务的比特和少量用于通道维护管理的通道开销（Path OverHead，POH）字节。在净负荷区可以封装各种信息（如 PPP 帧、ATM 信元等）或其混合体，而不管其具体信息结构是什么样的，所以说信息的传输具有透明性。因此，在 SDH 传输网上可以直接实现 IP over SDH 技术，也可以间接承载 ATM 业务。

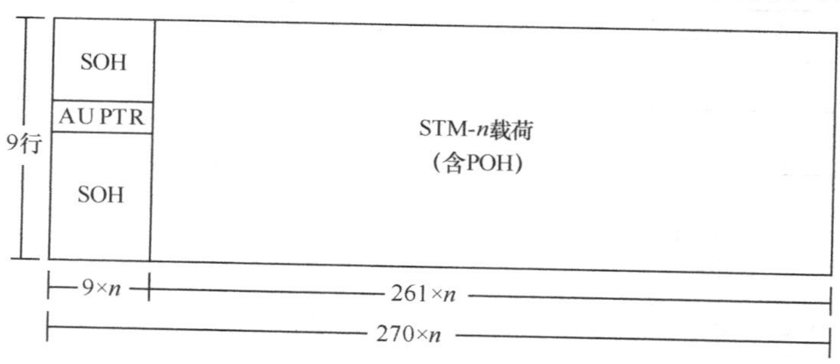

图 2-33　SDH 帧结构

SDH 的帧传输时，按由左向右、由小到大的顺序排成串形码流依次进行。每帧传输时间为 125 s，故每秒传输 $1/125\times10^6$=8 000 帧。对 STM-1 而言，每帧能传输的比特数为 8×（270×9×1）=19 440 bit，故 STM-1 的传输速率为 19 440×8 000=155.52 Mbit/s，而 STM-4 的传输速率为 622.080 Mbit/s、STM-16 的传输速率为 2 488.320 Mbit/s。

SDH 传输业务信号时，各种业务信号进入 SDH 的帧都要经过映射、定位和复用 3 个步骤：映射是将各种速率的信号先经过码速调整装入相应的标准容器（Container，C），再加入 POH 形成虚容器（Virtual Container，VC）的过程；帧相位发生偏差称为帧偏移，而定位即将帧偏移信息收进支路单元（Tributary Unit，TU）或管理单元（AU）的过程，它通过支路单元指针（TU PTR）或管理单元指针（AU PTR）的功能实现；复用是一种使多个低阶通道层的信号适配进高阶通道层，或把多个高阶通道层信号适配进复用层的过程。

复用也就是通过字节交错间插方式把 TU 组织进高阶 VC 或把 AU 组织进 STM-*n* 的过程。

（2）DWDM

随着光纤技术的进步，光纤的 DWDM 技术进入了实用化阶段，并将成为未来传输网的主流技术。

波分复用（Wavelength Division Multiplexing，WDM）是指在同一根光纤中同时传输两个或众多不同波长光信号。它通过频域的分割实现每个波长通路占用一段光纤的带宽，其本质是光域上的频分复用（Frequency Division Multiplexing，FDM）技术。通信系统的设计不同，每个波长之间的间隔宽度也不同。按照通道间隔的不同，WDM 可以细分为 CWDM（稀疏波分复用）和 DWDM。CWDM 的信道间隔为 20 nm，而 DWDM 的信道间隔为 0.2～1.2 nm。虽然从本质上讲，DWDM 只是 WDM 的一种形式，WDM 更具有普遍性，但随着技术的发展，原来认为“密集”的波长间隔，在技术实现上已经变得越来越容易，已经不那么“密集”了，所以现在人们谈论的 WDM 系统就是 DWDM 系统。

下面从系统结构和工作原理两个方面介绍 DWDM 技术。

① DWDM 系统结构

DWDM 从结构上可分为集成系统和开放系统。集成系统要求接入的单光传输设备终端的光信号是满足 G.692 标准的光源；而开放系统是在合波器前端及分波器的后端，加波长转换单元（Optical Transponder Unit，OTU），将当前通常使用的 G.957 接口波长转换为 G.692 标准的波长光接口。这样，开放式系统采用波长转换技术使任意满足 G.957 建议要求的光信号能运用“光/电/光”的方法，通过波长变换之后转换至满足 G.692 要求的规范波长光信号，再通过波分复用，从而在 DWDM 系统上传输。其中，G.692 是关于“具有光放大器的、多信道系统的光接口”的 ITU-T 标准，即有光放大器 WDM 的光接口标准。G.957 是关于“与 SDH 相关的、设备和系统的光接口”的 ITU-T 标准，即 SDH 设备和系统光接口的标准。

实用的 DWDM 系统的构成如图 2-34 所示。发送端的光发射机发出波长不同而精度和稳定度满足一定要求的光信号，经过光波长复用器复用在一起送入光纤功率放大器（光纤放大器主要用来弥补合波器引起的功率损失和提高光信号的发送功率），再将放大后的多路光信号送入光纤传输，中间可以根据情况决定有或没有光线路放大器，到达接收端经光前置放大器（主要用于提高接收灵敏度，以便延长传输距离）放大以后，送入光波长分波器分解出原来的各路光信号。

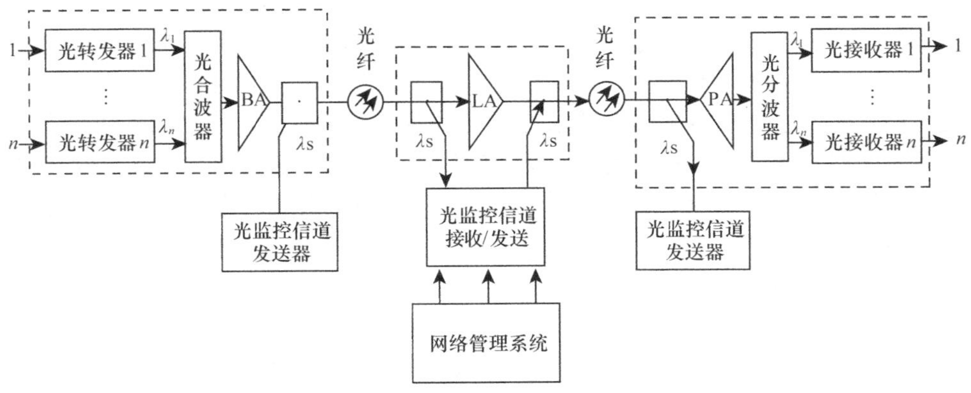

图 2-34　DWDM 系统结构

DWDM 系统的 5 个主要部分为光发射机、光中继放大（EDFA）、光接收机、光监控信道（Optical Supervisory Channel，OSC）和网络管理系统，分别介绍如下。

光发射机位于 DWDM 系统的发送端（如 1～*n* 端口）前。发送端将来自终端设备（如 SDH 端机）的光信号，利用光波长转换单元把符合 G.957 建议的非特定波长的光信号转换成符合 G.692 建议的具有稳定的标准波长的光信号。

EDFA 按所在传输线路位置的不同可分为 3 种：放在光发射机后面的，称为功率放大器（Booster Amplifier，BA）；放在光纤线路之间起中继作用的，称为中继放大器或线路放大器（Line-Amplifier，LA）；放在光接收机前面的，称为前置放大器（Preamplifier Amplifier，PA）。在接收端，光前置放大器（PA）只放大经传输衰减的主信道光信号（1 530～1 556 nm），由分波器从主信道中分出各种波长的光信号。

OSC 的主要功能是监控系统内各信道的传输情况，在发送端，插入本节点产生的波长为 λs（1 310 nm/1 510 nm）的光监控信号，与主信道的光信号合波输出；在接收端，将接收到的光信号分离，输出 λs（1 310 nm/1 510 nm）波长的光监控信号和业务信道光信号。

网络管理系统通过光监控信道物理层传送开销字节到其他节点或接收来自其他节点的开销字节对 WDM 系统进行管理，实现配置、故障、性能和安全管理等功能，并与上层管理系统相连。

② DWDM 核心器件

DWDM 系统中的核心器件是光波长转换单元（OTU）和光合波/分波器等。

OTU 是把某一波长的输入光信号变换为另一个或同一个波长的输出光信号的功能单元。目前的光波长转换器有光/电/光型波长转换器（O/E/O Wavelength Converter）和全光型波长转换器（All Optical Wavelength Converter，AOWC）两类。

光/电/光型波长转换器中典型的一种是有定时再生电路的 OUT，它在进行波长转换的同时，还可以进行信号整形、抑制噪声、提高光功率，可以被置于数字段之上，作为常规再生中继器（REG）使用可简化网络。光/电/光方法成熟的应用是在光通信中对光波进行整形。

全光型波长转换器的一个代表是基于半导体光放大器（Semiconductor Optical Amplifier，SOA）中的交叉增益调制（Cross-Gain Modulation，XGM），其原理如下：信号光（波长为 λs）和连续光（具有变换所需要的光波长 λc）入射到 SOA 上；当信号光为“1”码时，其功率使 SOA 达到饱和，这时对连续光的增益很小；而当信号光为“0”码时，SOA 不出现饱和，这时对连续光的增益很大，即 SOA 的增益随信号光“1”、“0”码的变化而变化。通过 SOA 增益的变化使信号光的信息加载到连续光的振幅上面。在输出端，用光滤波器滤出 λc，就达到波长变换的目的。AOWC 在光开关、光交换、波长路由、波长再用等技术中有着广泛的应用，其最大的优点是对比特率和信号格式透明，克服了电子瓶颈。

光合波和分波器（也称波长分割复用器和解复用器）一般分别置于光纤两端，实现不同光波的耦合与分离，这两个器件的原理是相同的。光合波/分波器分为光栅型、干涉滤光片型、熔锥型波分复用器和阵列波导光栅波分复用器 4 类。

与通用的单信道系统相比，DWDM 不仅极大地提高了网络系统的通信容量，充分利用了光纤的带宽，而且具有扩容简单和性能可靠等诸多优点，特别是它可以直接接入多种业务，使得它的应用前景十分光明。

2.2.2.2 Internet 接入技术

Internet 接入技术是指用户连接到广电数据网的方式。在用户接入网建设方面，许多市县、小区进行了 HFC 网络改造、五类线入户和 CM 入户工程。与接入网相关的以太无源光网络（EPON）技术也在快速的发展中，以太数据通过同轴电缆传输（EoC）的技术也逐渐成熟。

（1）CM 方式

这种方式借助有线电视网现有的双向 HFC，并通过线缆调制解调器（Cable Modem，CM）接入综合数据网络。

传输网络结构形式（拓扑）的确定，一般来说，取决于网络承载的业务类型和网络所采用的传输媒介。HFC 使用的星—树型拓扑结构是目前应用最广泛的一种拓扑。它在干线上采用星型结构，而在用户分配网上采用树型结构。利用电缆调制解调器在有线电视混合光缆同轴网上传送数据，用其作为互联网的宽带接入网是现在最常见的接入方式。因为这种方法成本低、频带宽，对现有有线网络结构的改变不大。

由于 HFC 网络的上述特征，使其成为宽带双向综合信息传输网络的首选方案，中兴 HFC （ZXHFC）宽带接入系统就是一个应用实例。ZXHFC 是中兴通讯股份有限公司在已改造的 HFC 网络上构建的小区接入系统。它借助 HFC 网络的双向传输能力为集团和个人用户提供各类速率的数据传输服务，同时不影响原有的模拟有线电视传送。

如图 2-35 所示，ZXHFC 宽带接入系统的设备主要有两类：位于前端的设备是 HFC 网关（中兴 HFC Gateway，ZXHGW），位于用户端的设备是线缆调制解调器。

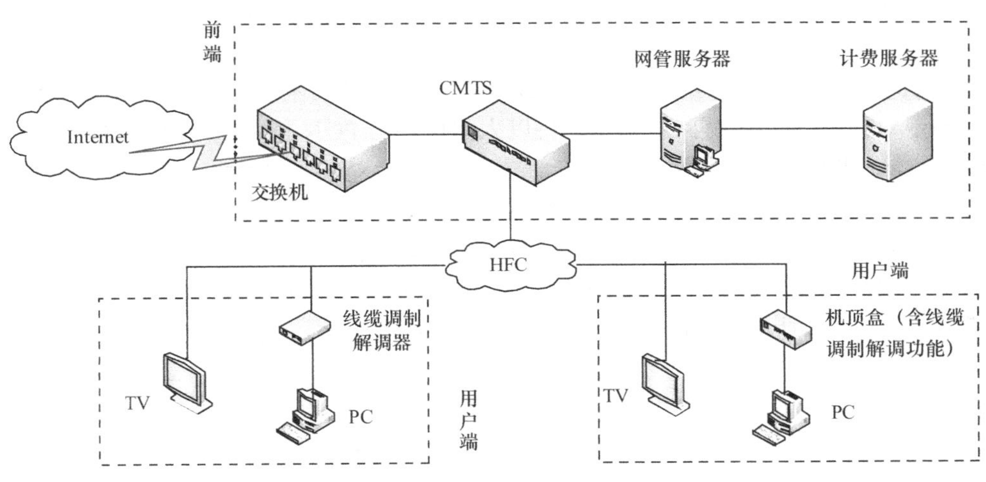

图 2-35 ZXHFC 接入方式结构

HFC 网关包括线缆调制解调器终端系统（Cable Modem Terminal System，CMTS）和以太网交换机；HFC 网关位于局端，完成上、下行数据的转发，并对所有线缆调制解调器进行控制和管理。在 ZXHFC 宽带接入系统结构中，CMTS 用来将用户的线缆调制解调器和前端的服务器或者访问 Internet 的路由器连接起来。一个 CMTS 最多能够支持上千个线缆调制解调器。CMTS 包括调制器、解调器、上变频器、网络接口、TDMA 和系统控制器等几个功能模块。

CM 用在用户端，它接收 CATV 网络上的数据，并将其转换为以太网数据格式通过以太网接口传送给用户 PC；用户发送的以太网格式的数据经线缆调制解调器转换为 CATV 网络数据格式，并调制发送到 CATV 网络上。线缆调制解调器是双通道的线缆调制解调器，接收从下行通道发送来的数据，并通过上行通道发送数据。下行通道数据峰值传输速率 10 Mbit/s，上行通道数据峰值速率 2.56 Mbit/s。线缆调制解调器将 PC 接入 HFC 网，使 PC 能与前端设备通过 HFC 网进行全双工的数字通信；而且线缆调制解调器采用了先进的信号处理技术，能有效地利用电缆的可用带宽。

在 ZXHFC 系统中，Internet 中的信息经过快速以太网交换机转发，在 CMTS 中和模拟电视信号一起经过混合处理，分别在自己的频段经光发射机转换成光信号送到 HFC 网络的光纤传输网；在用户端先由光节点机取出信号并变成电信号，再通过分配器到达用户的电视机或经电缆调制解调器后到达计算机。用户的上行信号从计算机经电缆调制解调器、光节点机、光传输网络、光接收机送到服务器；另一路回传电视信号可以实现可视电话、视频会议和家庭防盗报警等功能。

ZXHFC 系统是一个非对称的数据传输系统，一套 ZXHFC 设备能同时支持一路下行通道和 5 路上行通道。下行通道在 6 MHz 的模拟带宽上提供 30 Mbit/s 的数据传输速率，每个上行通道在 2 MHz 的模拟带宽上提供 2.56 Mbit/s 的数据传输速率。

（2）EPON+LAN 方式

无源光网络（Passive Optical Network，PON）技术是一种点到多点的光纤接入技术，它由局侧的光线路终端（Optical Line Terminal，OLT）、用户侧的光网络单元（Optical Network Unit，ONU）以及光分配网络（Optical Distribution Network，ODN）组成。与有源光接入技术相比，PON 消除了局端与用户端之间的有源设备，从而使其维护简单、可靠性高、成本低，并且节约光纤资源。EPON 是在 PON 的基础上，用以太网（Ethernet）协议取代 ATM 作为数据链路层协议，将以太网协议与 PON 技术相结合，构成的一个可以提供宽带、低成本和多业务支持的新一代光接入技术。

一个典型的 EPON 系统结构如图 2-36 所示。OLT 提供数据、视频和话音等业务的接口，并经过 ODN 与 ONU 通信；ONU 位于用户端，作为客户端数据业务与 PON 之间的接口；ODN 由无源光分路器/耦合器（Passive Optical Splitter，POS）和光纤组成，其主要功能是完成光功率的分配。ODN 通常呈星—树型结构，也可以用环型结构。

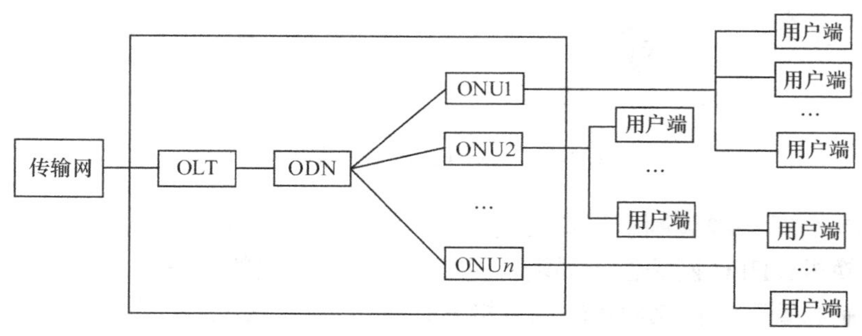

图 2-36　EPON 的网络结构

EPON 采用时分复用（TDM）和波分复用（WDM）的方式，通过光分路器将最终信号分发给多个用户。EPON 系统采用波分复用技术可以在一根光纤中同时传输 TDM、IP 数据和视频广播信号。

EPON 在下行方向采用 IEEE 802.3 帧广播技术，OLT 通过 1∶N 无源分路器将以太网帧发送给每个 ONU，各 ONU 根据各自的物理地址提取属于自己的数据信息。上行方向采用时分多址相关接入协议，并采用 MPCP 避免 ONU 发送到 EPON 的数据帧发生冲突，公平地分配信道资源。

对于新建光纤到楼、超五类线入户的情况，适合采用 EPON+LAN 的双向网络建设方案。EPON+LAN 的典型网络结构如图 2-37 所示。

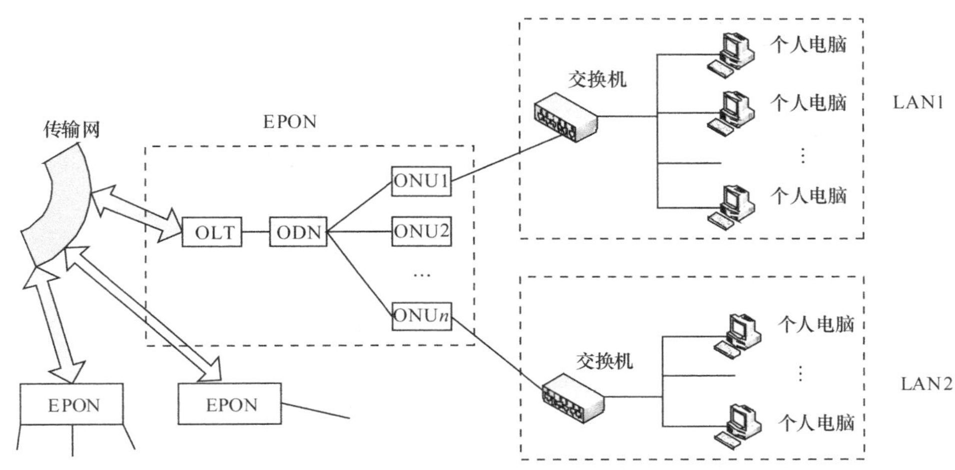

图 2-37　EPON+LAN 的网络结构

EPON+LAN 的典型网络结构描述如下：在电视台前端机房部署 OLT，在楼栋单元处部署光接收机和 ONU，在楼道单元部署楼道交换机；在电视台机房，通过吉比特网线将 OLT 的上联口与交换机相连；在用户端楼道，通过超五类线将 ONU 与楼道交换机相连；入户的超五类线一端连接到楼道交换机上，另一端连接到用户家里的双向设备上，比如电脑、双向机顶盒等。

这种接入方式下，网络中广播电视信号和宽带数据分别独立传输，楼栋单元处的光接收机用于接收从电视台前端传来的广播电视信号，ONU 用来接收电视台的 OLT 传来的以太网数据，这样便建立起了 EPON＋LAN 的双向网络。

（3）EPON+EoC 方式

EoC 是一种以太网信号在同轴电缆上的传输技术，原有以太网络信号的帧格式没有改变。它采用点到多点的用户网络拓扑结构，利用广电原有的同轴电缆实现数据、话音和视频的全业务接入。

现在业界 EoC 技术方案较为多样，其规模、成熟程度不一，主要分为无源（基带）EoC 与有源（调制）EoC 两类。无源（基带）EoC 系统通过对数据信号进行二四变换与耦合实现数据传输，其特点是设备相对简单廉价，但网络适应性差，只适用于集中分配型网络；有源（调制）EoC 通过对数据调制解调进行传输，可透传放大器、分支分配器，适用于星型及树型网络。

EPON+EoC 可以有效地与广电网络相结合，利用现有同轴网络资源实现有线电视网络双向接入。接入系统的拓扑结构如图 2-38 所示。有线电视广播信号和数据业务流量独立传输，并在 EoC 前端汇合，之后通过同轴电缆传到用户端的 EoC 终端，EoC 终端将数据和电视信号分离并分别送到 PC 和电视。广播信号的传输可采用传统的 HFC，也可以采用光纤传输；数据业务流量则通过 EPON 传输到 ONU 并送到 EoC 前端。

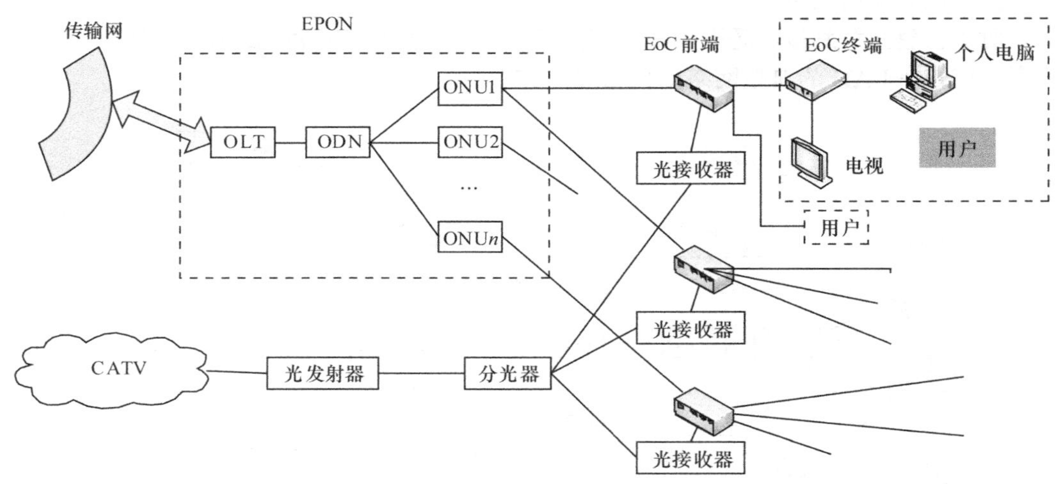

图 2-38　EPON+EoC 接入拓扑结构

一个典型的 EoC 系统由前端、终端和同轴分配网组成。头端一般放在光节点位置，起分发上层以太网数据、汇聚终端设备的作用；终端放在用户家里，充当家庭终端 Modem 接入用户电脑或互动机顶盒。

虽然 EPON+EoC 的接入方式出现较晚，但根据目前广电网络的总体情况来看，基于 EPON+EoC 实现宽带接入是一种广受认同的解决方案。

2.2.3　广电网的发展

1995 年，为适应国家信息化的要求，制订了全国有线广播电视总体网络规划，并在山东等省市实施；1996 年全国广播电视光缆干线网工程开始建设，截至 2002 年 6 月 30 日，除西藏、台湾地区和港澳地区外，全国有线电视实现了物理结构大联网。

截至 2005 年，中国有线广播电视已具备相当大的规模，拥有超过 1 亿的用户，除农村和偏远地区外，中国有线广播电视网络在经济发达地区和城镇基本上接入各个家庭。全国有线广播电视网络线路总长度超过 300 多万千米，其中光缆超过 50 万千米。国家级骨干网 4 万千米，省级骨干网 12 万千米，地市级及用户网 30 多万千米。全国近 2 000 个县建设了有线广播电视网络，其中有 600 多个县已实现了光缆到乡镇或村[21]。

CM 方式是我国最早采用的 Internet 接入方式。国家广播电影电视总局从 2006 年开始在全国大力推进有线电视的双向化改造，CM 方式接入是这一时期的主要接入方式。随着用户数量的增多，CM 接入方式的问题变得突出，而 EPON 技术于 2004 年左右成熟，并且价格在随后几年迅速下降，于是又出现了 EPON+LAN 的接入方式，在这种方式下，用户通过网线接入交换机，上网速度会有很明显的提高，但不足之处在于入网建设成本高。随后由于 EoC 技术的成熟，出现了 EPON+EoC 的接入方式，使得综合业务数据可以直接通过同轴电缆传输，不再需要重新铺设网络即可实现高速接入，但 EoC 技术成熟时间较晚，现在应用得还不普遍。

2.3　互联网体系结构

计算机网络从诞生起，发展至今仅有 50 多年的历史。在这短短的 50 多年时间里，计算机网络技术的发展和普及可以说是“日新月异”。从连接速率来看，从最早的几兆（MB）已发展到了几十吉（GB），增加了几千倍。计算机网络的内涵也在不断发生变化，简单地讲，计算机网络就是许多独立工作的计算机系统通过通信线路（包括连接电缆和网络设备）相互联接构成的计算机系统集合或计算机系统团体。在这个计算机系统集合中，可以实现各计算机间的资源共享、相互访问，可以实现各种满足用户需求的网络应用。其中所提到的计算机可以是微机、小型机、中型机、大型机或巨型机等，网络设备则包括网桥、网关、交换机、路由器、防火墙等。然而，仅有这些硬件设备是不够的，还需要有相应的软件系统支持。

网络和网络可以通过路由器互联起来，构成一个覆盖范围更大的网络，即互联网（或互联网），因此，互联网是“网络的网络”。Internet 是一个特殊的互联网，特指世界上最大的互联网。

Internet 源于 1969 年美国国防部高级研究计划署（Advanced Research Projects Agency，ARPA）创建的第一个分组交换网 ARPAnet。其最初只是一个独立的分组交换网，并非互联的网络，所有连接在 ARPAnet 上的主机都采用直接与就近的节点交换机相连的方式。直到 20 世纪 70 年代中期，人们认识到仅使用一个单独的网络并不能满足所有的通信要求。于是 ARPA 开始研究多种网络（如分组无线电网络）互联的技术，这样的互联网就成为当前 Internet 的雏形。Internet 中的变革是持续不断的，这几乎体现在所有前沿研究领域，包括新型应用程序的部署、内容分发、Internet 电话、高性能的路由器以及局域网中更高的传输速率。Internet 已经成为世界上规模最大、增长速度最快的互联网。

由上可知，早在 20 世纪 60 年代末，随着第二代分组交换式互联网（以 APRAnet 为代表）的诞生，便出现了互联网体系结构的雏形，整个计算机网络被划分为“通信子网”和“资源子网”。在随后的第 3 代计算机网络中，国际标准化组织 ISO 推出了第一个标准化的计算机网络体系结构参考模型——开放系统互联参考模型（Open System Interconnection Reference Model，OSI/RM）。在接下来的岁月中，又有一些国际组织（IEEE）或公司先后推出了局域网体系结构 IEEE 802.1、TCP/IP（Transmission Control Protocol/Internet Protocol）体系结构和无线局域网（WLAN）体系结构 IEEE 802.11 等。本节将以 Internet 为参照，介绍互联网的体系结构。

2.3.1　互联网的基本组成

前面简单介绍了互联网的起源和体系结构，接下来通过一个实例了解一下互联网（Internet）的组成部分。Internet 的拓扑结构非常复杂，并在地理上覆盖了全球，其基本组成结构如图 2-39 所示。

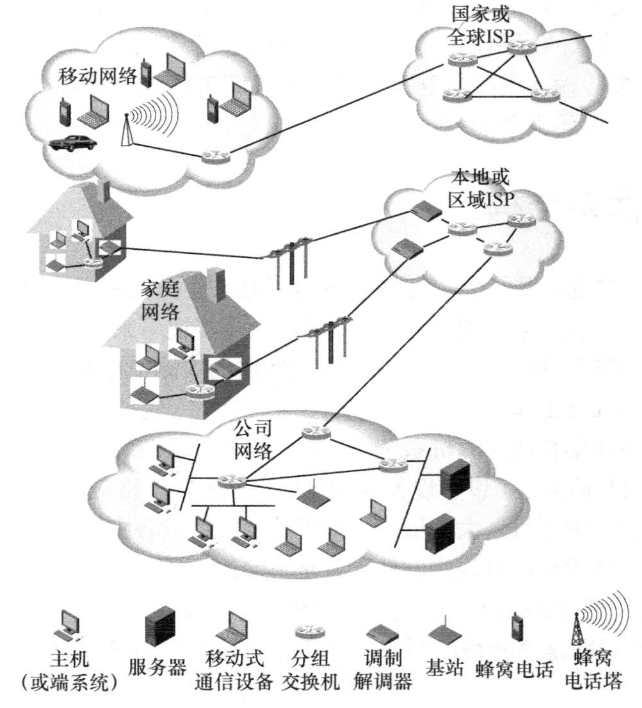

图 2-39　Internet 的组成

从工作方式上看，整个 Internet 可以划分为边缘（Edge）部分和核心（Core）部分。边缘部分由连接在 Internet 上的主机和接入网组成，由用户直接使用，进行通信和资源共享。核心部分由互联 Internet 端系统（End System）的分组交换机和链路的网络组成。图 2-40 给出了这两部分的示意。下面从网络边缘开始，介绍 Internet 的组成部分。

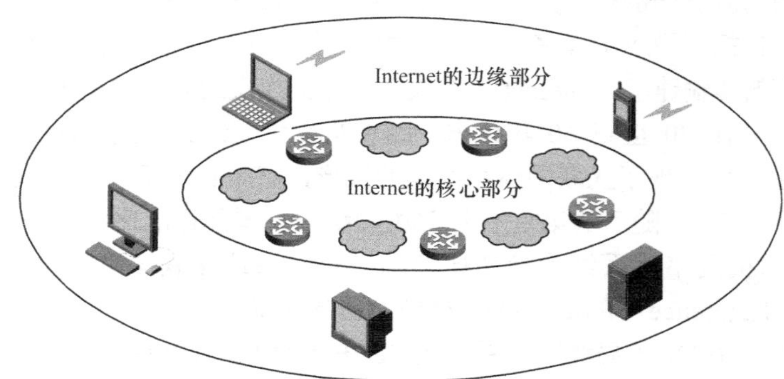

图 2-40　Internet 的边缘部分与核心部分

2.3.1.1　Internet 边缘

Internet 边缘由两部分组成：端系统以及运行在其上的应用程序；将端系统和边缘路由器相连的接入网。端系统是指与 Internet 相连的计算机等设备，它们位于 Internet 的边缘。端系统也称为主机（Host），在它们之上运行着各种各样的应用程序。边缘路由器是端系统到任何其他远程端系统路径上的第一台路由器；接入网是指将端系统连接到边缘路由器上的物理网络或链路。

（1）端系统和应用程序

Internet 的端系统包括早期的工作站、PC 和后期的瘦客户端、移动设备等。此外，越来越多不同类型的设备开始作为端系统与 Internet 相连。

端系统可以划分为两类：客户机（Client）和服务器（Server）。客户机非正式地等同于桌面 PC、笔记本电脑、平板电脑、智能手机、PDA（Personal Digital Assistant）等；而服务器非正式地等同于更为强大的计算机，用于存储和发布 Web 页面、流视频以及转发电子邮件等。

在网络软件的范畴中，客户机和服务器有另一种定义。客户机程序（Client Program）是运行在端系统上的一个程序，通过发出请求，从运行在另一个端系统上的服务器程序（Server Program）接收服务。这种客户机/服务器模式是 Internet 应用程序最为流行的结构，Web、电子邮件、文件传输、远程登录（如 Telnet）、新闻组等都采用这样的客户机/服务器模式。

然而，当今的 Internet 应用程序并非全部由与纯服务器程序交互的纯客户机程序组成。越来越多的应用程序是对等（Peer-to-Peer，P2P）应用程序，例如在 P2P 文件共享应用程序中，用户端系统中的程序起着客户机程序和服务器程序的双重作用。

（2）接入网

前面提到的接入网，即将端系统连接到边缘路由器（Edge Router）的物理链路或物理网络。其中，边缘路由器是端系统到任何其他远程端系统路径上的第一台路由器；边缘路由器负责为目的地不在本局域网的分组选择路径。图 2-41 显示了从端系统到边缘路由器的多种类型的接入链路。图 2-41 中的接入链路用粗线突出标识。

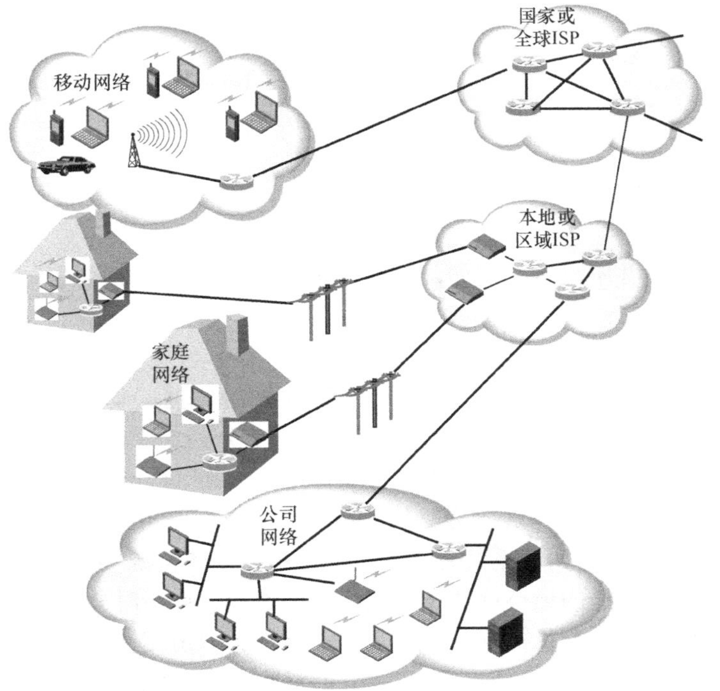

图 2-41 接入网的多种链路

网络接入大致分为以下 3 种类型。

住宅接入（Residential Access），将家庭端系统与网络相连。一种早期的住宅接入形式是通过普通模拟电话线用拨号调制解调器与住宅 ISP 相连，缺点是接入缓慢。新型宽带接入技术既能保证更高的比特速率，又能保证在用户上网的同时打电话。宽带住宅区接入有两种常见类型：数字用户线（Digital Subscriber Line，DSL）和混合光纤同轴电缆（HFC）。DSL 和 HFC 的服务总是在线，且 DSL 能够同时拨打和接收普通电话。

公司接入（Company Access），将商业或教育机构中的端系统与网络相连。在公司和大学校园，局域网（Local Area Network，LAN）通常被用于连接端用户与边缘路由器。以太网技术是当前公司网络中最为流行的接入技术，使用双绞铜线或同轴电缆将端系统彼此连接起来，并与边缘路由器连接。

无线接入（Wireless Access），将移动端系统与网络相连。目前，有两大类无线 Internet 接入方式，无线局域网（Wireless LAN）和广域无线接入网（Wide-area Wireless Access Network）。无线局域网中，无线用户与位于几十米半径内的基站（也称为无线接入点）之间传输分组。这些基站通常与有线的 Internet 相连接。在广域无线接入网中，分组经用于蜂窝电话的相同无线基础设施进行发送，基站由电信运营商管理，为数万米半径内的用户提供无线接入服务。基于电气和电子工程师协会（Institute of Electrical and Electronics Engineers，IEEE）802.11 技术的无线局域网（也被称为无线以太网和 Wi-Fi（Wireless-Fidelity））使用 IEEE 802.11 基站。许多家庭将宽带住宅接入与廉价的无线局域网技术结合起来。图 2-42 显示了典型的家庭网络示意。

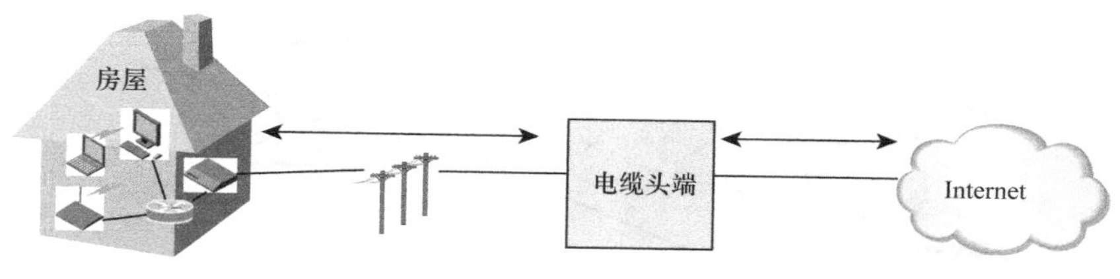

图 2-42 典型的家庭网络

当然，上述分类并不严格，例如，某些公司端系统也可能使用属于住宅接入的接入技术。

2.3.1.2 网络核心

在介绍了 Internet 的边缘之后，现在开始进入网络的核心，即互联了 Internet 端系统的网状网络。在图 2-43 中，粗线勾画出了网络核心部分。

在核心网络传递数据分组有两种基本方法：电路交换（Circuit Switching）和分组交换（Packet Switching）。以电路连接为目的的电路交换方式是电路交换，在电路交换网络中，沿着端系统通信路径，为端系统之间预留通信所需要的资源（缓存、链路传输速率）。其主要特点是：信息传送的最小单位是时隙；面向连接；同步时分复用；信息传送无差错控制；基于呼叫损失的流量控制；信息具有透明性。分组交换是以分组为单位进行传输和交换的，它是一种存储—转发交换方式，即将到达交换机的分组先送到存储器暂时存储和处理，等到相应的输出电路空闲时再送出。分组交换技术是在计算机发展到一定程度，为实现计算机或终端之间的通信，在传输线路质量不高、网络技术手段单一的情况下，应运而生的一种交换技术。在分组交换中，由于能够以分组的方式进行数据的暂存交换，经交换机处理后，很容易实现不同速率、不同规程的终端间的通信。

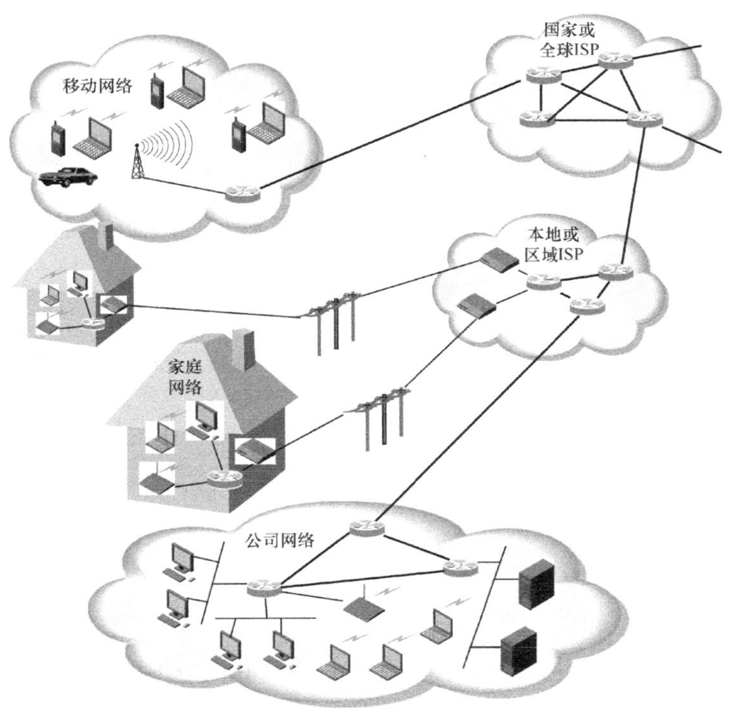

图 2-43 Internet 的网络核心

电话网络是电路交换网络的典型例子，Internet 则是分组交换网络的典范。然而，并非所有的电信网络都能够被明确地归类为电路交换网络或分组交换网络。

（1）传递分组的过程

Internet 具有一些特殊的选路协议，用于自动地设置转发表。那么，当路由器从与它相连的一条通信链路得到分组时，将分组转发到与它相连的另一条通信链路。在 Internet 中，每个分组在它的首部包含了其目的地址，该地址是有层次的。每台路由器具有一个转发表，用于将目的地址（或目的地址的一部分）映射到输出链路。当分组到达一台路由器时，该路由器检查目的地址，并用这个目的地址搜索转发表，以找到合适的输出链路。然后，路由器将该分组导向输出链路。

（2）ISP 和 Internet 主干

端系统通过接入网与 Internet 主干（Internet Backbone）相连，而 Internet 是由数以亿计的用户和几十万个网络构成的，如何管理庞大的 Internet 主干便成了一个大问题。

在公共 Internet 中，坐落在 Internet 边缘的接入网络通过分层的 ISP（Internet Service Provider）层次结构与 Internet 的其他部分相连，如图 2-44 所示。接入 ISP 位于该层次结构的底部。该层次结构的最顶层是数量相对较少的第一层 ISP。第一层 ISP 也被称为

Internet主干网络，它直接与其他每个第一层ISP相连，并可以与大量的第二层ISP和其他客户网络相连，以覆盖国际区域。其链路速率通常很高，相应地它的路由器也必须能够以高速率转发分组。

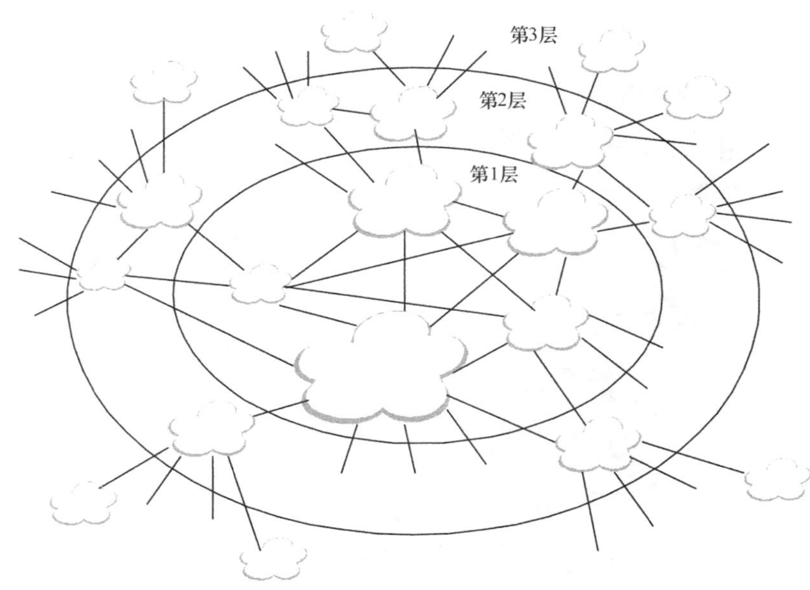

图 2-44　互联的 ISP

第二层ISP通常具有区域性或国家性覆盖规模，并仅与少数第一层ISP相连接。为了到达其没有覆盖的区域（全球Internet），第二层ISP需要引导流量通过它所连接的第一层ISP。第二层ISP是它所连接的第一层ISP的客户，第一层ISP相对客户是提供商。一个提供商ISP根据连接两者的带宽向它的客户收费。一个第二层网络也可以选择与其他第二层网络直接相连，流量能够在两个第二层网络之间流动，而不必流经第一层网络。某些第一层提供商也是第二层提供商，它们除了向较低层ISP出售Internet接入外，也直接向端用户和内容提供商（Internet Content Provider，ICP）出售Internet接入。

在第二层ISP之下是较低层的ISP，这些较低层ISP经过一个或多个第二层ISP与更大的Internet相连。在该层次结构的底部是接入ISP。

在一个ISP的网络中，某ISP与其他ISP的连接点被称为汇集点（Point of Presence，POP）。POP就是某ISP网络中的一台或多台路由器组，通过它们能够与其他ISP的路由器连接。一个第一层提供商通常具有许多POP，这些POP分散在其网络中不同的地理位置，每个POP与多个客户网络和其他ISP相连。

总之，Internet的拓扑是很复杂的，它由几十个第一层ISP和第二层ISP与数以千计的较低层ISP组成。ISP覆盖的区域不同，有些跨越多个大洲和大洋，有些限于世界的很小区域。较低层的ISP与较高层的ISP相连，较高层ISP彼此互联。

2.3.2　互联网体系结构和参考模型

若想让两台计算机进行通信，必须使它们采用相同的信息交换规则。这些规则明确规定了所交换的数据的格式以及有关的同步问题。把在计算机网络中用于规定信息格式以及如何发送和接收信息的一套规则称为网络协议或通信协议。

为了减少网络协议设计的复杂性，网络设计者并不是设计一个单一、巨大的协议为所有形式的通信规定完整的细节，而是采用把通信问题划分为许多个小问题（称为层次）的方式，每个小问题对应于一层，然后为每个小问题设计一个单独的协议的方法。这样做使得每个协议的设计、分析、编码和测试都比较容易。

互联网络的各层及其协议的集合，称为网络的体系结构。也就是说，互联网络的体系结构就是这个计算机网络及其构件所应完成的功能及如何实现功能的精确定义。互联网络体系结构中不同层次中的具体功能，就是通常所说的各层所提供的“服务”；各层具体功能的实现就是网络通信协议。

2.3.2.1　互联网体系结构的构成

由前所述，互联网络的体系结构由分层的协议和各层向上提供的服务构成。下面首先介绍协议分层。

（1）协议分层

为了减少网络设计的复杂性，绝大多数网络采用分层设计方法。所谓分层设计方法，就是按照信息的流动过程将网络的整体功能分解为一个个功能层，不同机器上的同等功能层之间采用相同的协议，同一机器上的相邻功能层之间通过接口进行信息传递。

分层设计方法将整个网络通信功能划分为垂直的层次集合，在通信过程中下层将向上层隐蔽下层的实现细节。但层次的划分应首先确定层次的集合及每层应完成的任务。划分时应按逻辑组合功能，并具有足够的层次，以使每层小到易于处理。同时层次也不能太多，以免产生难以负担的处理开销。

OSI 的 7 层协议体系结构（如图 2-45（a）所示）的概念清楚，理论也比较完整，但它既复杂又不实用。TCP/IP 体系结构对原来 OSI 的 7 层结构进行了进一步的简化，主要体现在以下两个方面：

- 把原来的“物理层”和“数据链路层”这两层结构合并为一层，即网络访问层，它提供局域网中的功能。
- 合并了原来 OSI 中的最高 3 层，成为新的应用层。因为事实上，在 OSI 中会话层和表示层的功能都非常单一，完全可以合并到应用层之中。

其他两层，“传输层”与 OSI 中的功能划分是一样的，而网际互联层也与 OSI 的网络层一样。需要注意的是，这里仅从功能划分上来说，实际上这两个体系结构存在相当大的差异。OSI 是开放型的标准，适用于为所有类型网络设计提供参考，而 TCP/IP 体系结构是专门针对 TCP/IP 网络的，各种通信协议和功能实现原理更加具体。

总体而言，TCP/IP 体系结构更加精简，更有利于网络系统设计。但其中网络访问层本身并不是实际的一层，把物理层和数据链路层合并也不尽合理，通常认为如图 2-45（c）所示的 5 层网络体系结构是最为科学、合理的[22]。它综合了 OSI 和 TCP/IP 两种体系结构的优点，同时克服了这两种体系结构的不足。本节也以这种目前广泛建议的 5 层体系结构为例进行介绍。

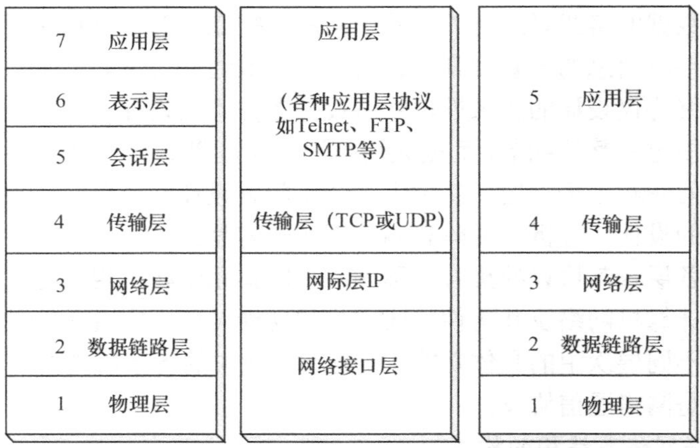

(a) OSI的7层协议结构 (b) TCP/IP的4层协议结构 (c) 5层协议结构

图 2-45　计算机网络体系结构

根据图 2-45（c），介绍一个主机之间进行通信的例子。

在图 2-46 中显示了这样一条物理路径：数据从发送端系统的协议栈向下，经过中间的链路层交换机和路由器的协议栈，进而向上到达接收端系统的协议栈。

在发送端的主机中，应用层报文被传送给传输层。在最简单的情况下，传输层收取报文并附上附加信息 H_t，该首部将被接收端的传输层使用。附加的信息可能包括下列信息：允许接收端传输层向上向应用程序交付报文的信息、差错检测比特信息等。利用这些信息，接收方能够判断报文中的比特是否在途中已被改变。于是，传输层报文段封装了应用层报文，应用层报文和传输层首部信息共同构成了传输层报文段。接下来，传输层向网络层传递该报文段，网络层增加了如源和目的端系统地址等网络层首部信息，形成了网络层数据报。该数据报接下来被传递给链路层，链路层也增加它自己的链路层首部信息并创建了链路层帧。于是，在每一层，分组具有两种类型的字段：首部字段和有效载荷字段。有效载荷通常来自上一层的分组。

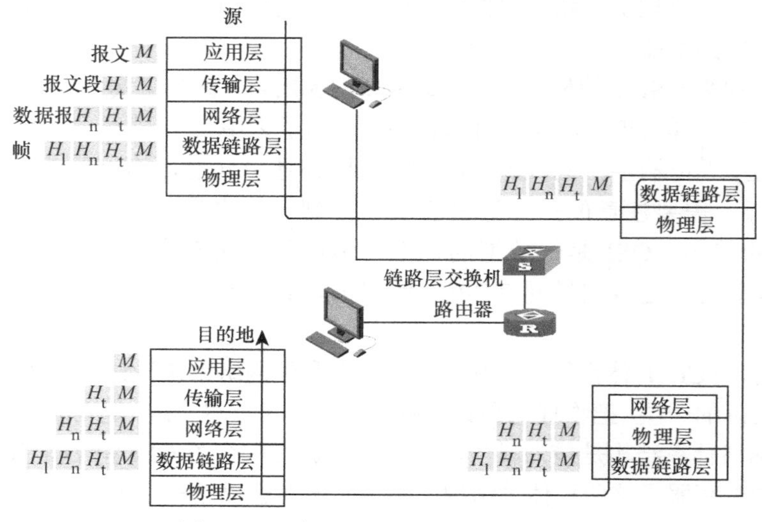

图 2-46　主机、路由器和链路层交换机

链路层交换机和路由器都用来交换分组。与端系统类似，路由器和链路层交换机以分层的方式组织它们的网络硬件和软件。而路由器和链路层交换机并没有实现协议栈中的所有层次。如图 2-46 所示，链路层交换机实现了第一层和第二层；路由器实现了第 1～3 层；主机实现了所有 5 个层次。据此可以看出，Internet 体系结构将它的复杂性放在了网络边缘。

一个协议层能够通过软件、硬件或两者的结合实现。一些应用层协议以及 Internet 传输层协议通常都是在端系统中用软件实现的。因为物理层和数据链路层负责处理跨特定链路的通信，它们通常在与给定链路相关的网络接口卡中实现。Internet 网络层经常是硬件和软件的混合体。第 *n* 层协议的不同部分常常位于这些网络组件的各部分中。

协议分层的优点主要表现在以下几个方面：

- 便于方案设计和维护。在进行网络系统设计时，程序开发者就可以根据体系结构理解计算机网络通信的流程，并可以看到在每一层中需要实现哪些类型的功能。维护方面，可以根据故障特点专门针对某一个或少数几个层次进行对应的故障分析和排除。
- 各层相互独立，技术升级和扩展灵活性好。每一层不需要知道它的上层或下层如何工作，功能如何实现，仅需要上层知道如何调用下层的服务，下层如何为上层提供服务，这样使得整个复杂的设计任务变得比较简单。
- 促进标准化。通过网络体系结构的标准化，可以统一各开发商的设计标准，实现协同开发，并允许不同厂商的产品互相通信。

协议分层的一个潜在缺点是某层可能重复其较低层的功能。第二个潜在的缺点是某层的功能可能需要仅在其他某层才出现的信息（如时间戳值），这违反了层次分离的目标。

（2）服务

为了更好地讨论网络服务，先解释如下几个术语：

- 实体（Entity）。表示任何可发送或接受信息的硬件或软件进程。
- 协议（Protocol）。是控制两个对等实体（或多个实体）进行通信的规则的集合。在协议的控制下，两个对等实体间的通信使得本层能够向上一层提供服务。要实现本层协议，还需要使用下面一层所提供的服务。

如前所述，为了给网络协议的设计提供一个结构，网络设计者以分层的方式组织协议以及实现这些协议的网络硬件和软件。每个协议属于一层，每层向其上层提供服务，即所谓的分层的服务模型，如图 2-47 所示（这里以 5 层协议模型为例）。每层通过在该层中执行某些动作或直接使用下层的服务，提供自己的服务。例如，层 *n* 提供的服务可能包括报文从网络的边缘到另一边缘的可靠传送。这可能是通过使用层 $n-1$ 的“边缘到边缘”的不可靠报文传送服务，加上层 *n* 的检测和重传丢失报文的功能实现的。

服务和协议常常被混淆，而实际上二者是迥然不同的两个概念。首先，协议的实现保证了能够向上一层提供服务，使用本层服务的实体只能看见服务而无法看见下面的协议，下面的协议对上面的实体是透明的。其次，协议是“水平”的，即协议是控制对等实体之间通信的规则。但服务是“垂直”的，即服务是由下层向上层通过服务访问点（Service Access Point，SAP）提供的。SAP 是指在同一个系统中相邻两层的实体交换信息的位置。另外，并非在一层内完成的全部功能都称为服务，只有那些能够被高一层实体“看得见”的功能才能被称为“服务”。由于网络分层结构中的单向依赖关系，使得网络中相邻层之间的界面也是单向性的：下层是服务提供者，上层是服务用户。上层使用下层提供的服务必须通过与下层交换一些命令，这些命令在 OSI 中被称为服务原语（Service Primitive），如库函数或系统调用。

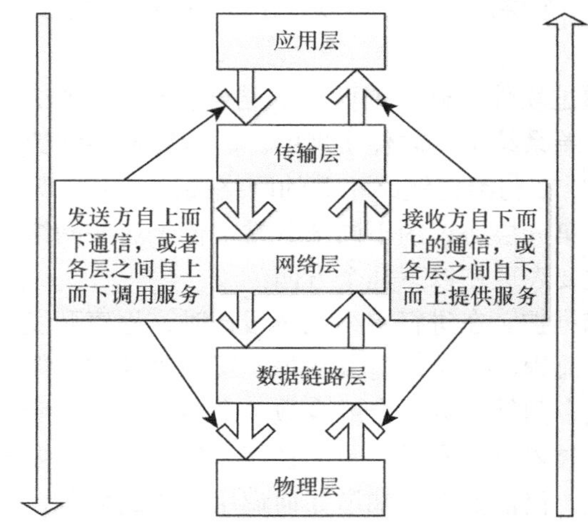

(a) 5层协议体系结构的服务模型

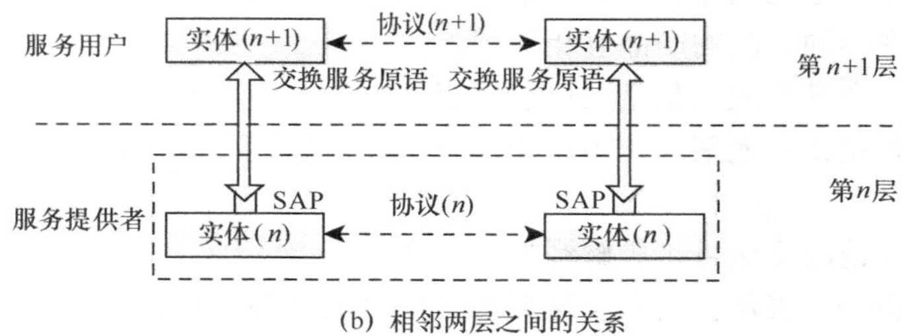

(b) 相邻两层之间的关系

图 2-47 分层的服务模型

在 OSI 参考模型之前的很多网络并没有把服务从协议中分离出来，造成网络设计的困难，现在业界已经普遍承认这样的设计是一种重大失策。

2.3.2.2 互联网 5 层体系结构模型

以上述 5 层协议结构为例，介绍互联网的体系结构。

（1）应用层

网络应用是计算机网络存在的理由。在过去的 40 年里，创造出无数有影响力而奇妙的网络应用，改变了人们的生活。

应用程序运行在端系统，而并非运行在网络核心设备上。这是由于网络核心设备用于数据通信，并不参与实际应用。这样一来，应用程序被限制在端系统中（如图 2-48 所示），新应用的出现并不影响除端系统以外的网络设备的结构和部署，从而促进大量 Internet 应用程序的研发和部署。

① 应用层的典型应用服务

应用层是 5 层体系结构的最高层，通过使用下面各层所提供的服务，直接向用户提供服务。应用层的网络应用服务非常多，本节仅介绍在 TCP/IP 网络中最常用的一些应用服务。

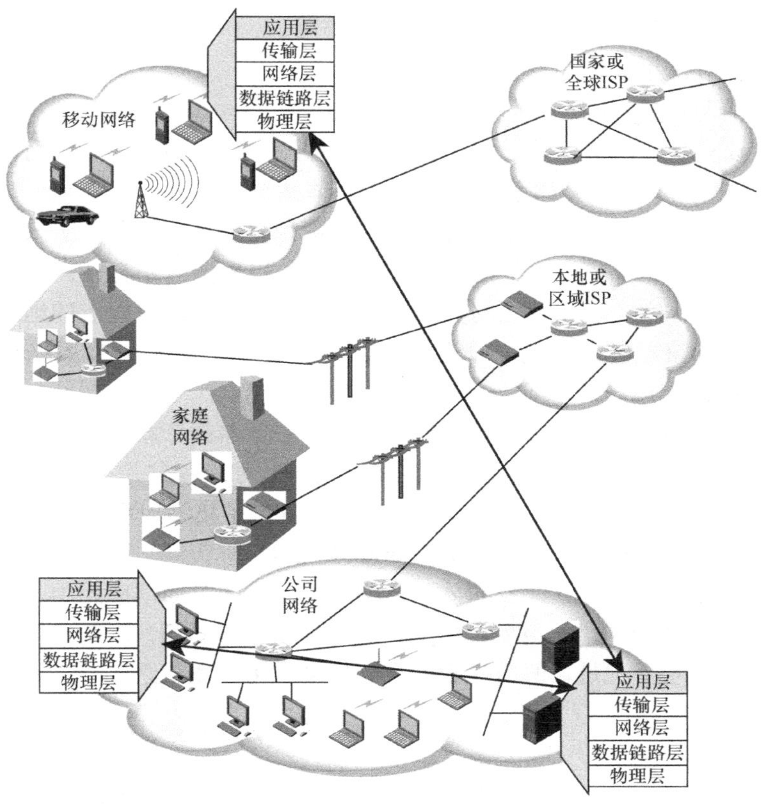

图 2-48　在应用层的端系统之间的网络应用的通信

为了向用户提供有效的网络应用服务，应用层需要确立相互通信的应用程序或进程的有效性并提供同步，需要提供应用程序或进程所需要的信息交换和远程操作，需要建立错误恢复的机制，以保证应用层数据的一致性。应用层为各种实际网络应用所提供的通信支持服务统称为应用服务组件。不同的应用服务组件可以方便地让各种实际的网络应用与下层进行通信。

应用层拥有许多主流的应用层协议和基于这些协议实现的 TCP/IP 应用。应用层解决了 TCP/IP 网络应用存在的共性问题，包括与网络应用相关的支撑协议和应用服务两大部分。其中的支撑协议包括域名服务系统（Domain Name System，DNS）、动态主机配置协议（Dynamic Host Configuration Protocol，DHCP）、简单网络管理协议（Simple Network Management Protocol，SNMP）等；典型的应用服务包括 Web 浏览服务、E-mail 服务、文件传输访问服务、远程登录服务等。另外，还有一系列与这些典型网络应用服务相关的协议，包括超文本传输协议（Hypertext Transfer Protocol，HTTP）、简单邮件传输协议（Simple Mail Transfer Protocol，SMTP）、文件传输协议（File Transfer Protocol，FTP）、简单文件传输协议（Trivial File Transfer Protocol，TFTP）和远程登录（Telnet）等。

② 应用层的协议

就像其他各层所提供的服务一样，应用层的各种服务功能也是通过具体的通信协议实现的。应用层协议定义了运行在不同端系统上的应用程序进程如何相互传递报文，包括：

- 报文的语法和语义；

- 客户或服务器是否发生交互；
- 发生差错时所采取的动作；
- 网络通信两端怎样知道何时终止通信。

应用层协议只是网络应用的一部分。从应用程序的设计结构上，应用程序可以设计成采用客户机/服务器（C/S）体系结构或者 P2P 体系结构。

在 C/S 体系结构中，有一个总是打开的主机称为服务器，它服务于来自许多其他称为客户机的主机请求。客户机主机既可能有时打开，也可能总是打开。需要注意的是，在 C/S 体系结构中，客户机相互之间并不直接通信。服务器具有固定的地址，所以客户机总是能够通过向该服务器的地址发送分组与其联系。具有 C/S 体系结构的应用包括 Web、FTP、Telnet 和电子邮件等。

在 P2P 体系结构中，对于总是打开的基础设施服务器的依赖最小。任意间断连接的对等主机之间直接相互通信，不必通过专门的服务器。对等双方并不为服务提供商所有，而是为用户控制的主机所有。目前，大多数流行的流量密集型应用程序都基于 P2P 体系结构，包括文件分发、文件搜索/共享、Internet 电话等。

某些应用具有 C/S 和 P2P 混合的体系结构。例如，即时通信应用中，服务器场（在客户机/服务器体系结构中，常用主机群集，有时称为服务器场，以创建强大的虚拟服务器）用于跟踪用户的 IP 地址，但用户到用户的报文在用户主机之间直接发送，而无需通过中间服务器。

（2）传输层

传输层位于应用层和网络层之间，是分层网络体系结构的重要组成部分。

传输层协议为运行在不同主机上的应用进程之间提供逻辑通信功能。从应用程序的角度看，通过逻辑通信，运行不同进程的主机好像直接相连；实际上，这些主机也许位于地球的两侧，通过若干路由器及多种不同类型的链路相连。应用进程使用传输层提供的逻辑通信功能彼此发送报文，而无需考虑承载这些报文的物理基础设施的细节，如图 2-49 所示。

在协议栈中，传输层刚好位于网络层之上。传输层为运行在不同主机上的进程之间提供了逻辑通信，而网络层则提供了主机之间的逻辑通信。

① 传输层提供的服务

传输层可以向应用层的进程提供有效、可靠的服务，完成这项工作的硬件或软件定义为传输实体。传输层提供的服务包括以下几个部分：

- 端到端的传输。将网络层提供的主机到主机交付服务扩展到为运行在主机上的应用程序提供进程到进程的交付服务。
- 服务点寻址。把网络层的数据交付给正确的应用程序。
- 可靠数据传输。包括差错控制（基于差错检测和重传）和顺序控制（分段/连接、序列号、丢失控制、重复控制）。
- 流量控制。数据传输更加有效，控制数据的流量使得接收端不致产生拥堵。
- 拥塞控制。通过限制拥塞扩散和持续时间减轻网络拥塞的一组操作，是一种提供给整个 Internet 的服务。
- 安全性。机密性、完整性和端点鉴别。

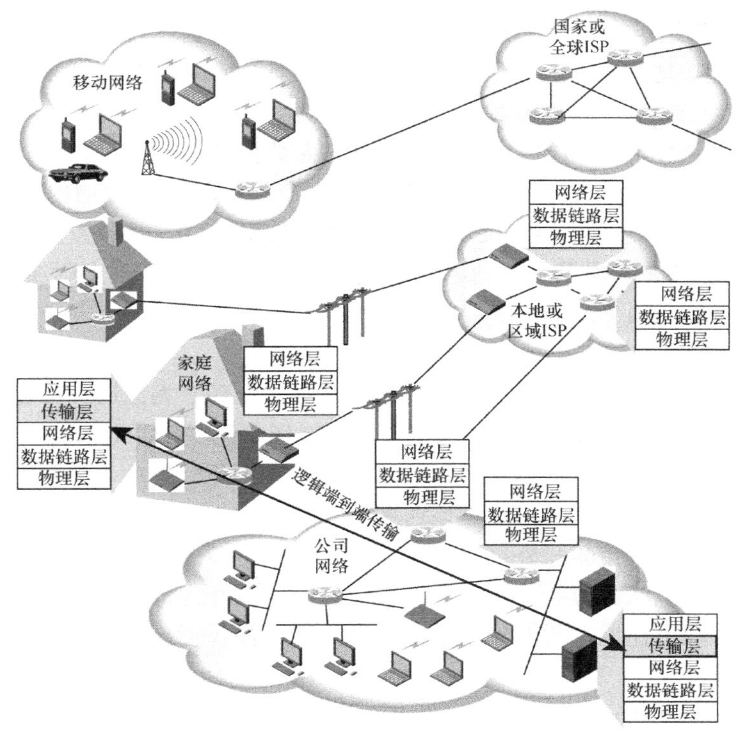

图 2-49 传输层在应用程序进程间提供的逻辑通信

网络应用程序可以使用多种传输层协议。例如，Internet 有两种协议，即传输控制协议（Transmission Control Protocol，TCP）和用户数据报协议（User Datagram Protocol，UDP），这两种协议都能为调用它的应用程序提供一组不同的传输层服务。

UDP 和 TCP 最基本的任务是，将两个端系统间 IP 的交付服务扩展为运行在两个端系统上进程间的交付服务。

UDP 向它的应用程序提供无连接服务。这是一种不提供不必要服务的服务，不提供可靠性，没有流量控制，也没有拥塞控制。进程间数据交付和差错检测是两种最低限度的传输层服务，也是 UDP 所能提供的仅有的两种服务。

TCP 向它的应用程序提供的是面向连接的服务，并且为应用程序提供了几种附加服务。首先，它提供可靠数据传输。通过使用流量控制、序号、确认和定时器等技术，TCP 确保正确、按序地将数据从发送进程交付给接收进程。这样，TCP 就将两个端系统间不可靠的 IP 服务转换成了一种可靠的进程间的数据传输服务。

② 传输层的协议

从前文已知，Internet 的传输层主要有两个协议，即 TCP 和 UDP，利用其中的任何一个都能够传输应用层报文。这里，将传输层的分组称为报文段（Segment）。

（a）UDP——无连接的数据报传输协议

UDP 是 Internet 中面向无连接和不可靠的传输层协议，仅包含进程间数据交付和差错检测，不向应用程序提供不必要的服务。

UDP 提供与 IP 一样的尽力传递语义，这就意味着报文会出现丢失、重复或乱序等现象。UDP 的无连接通信方式具有一些优点，这主要体现在它拥有能在多个应用程序间实现“一对一”、“一对多”和“多对一”交互的能力。

为了保持对底层操作系统的独立性，UDP 采用短整数型协议端口号区分应用程序。在运行 UDP 软件的计算机上，必须将每个协议端口号映射到该计算机所采用的相应标识机制上。

UDP 的校验和是可选的——如果发送方将校验和域填为 0，接收方就不必验证校验和。为了能够验证 UDP 数据报是否到达正确的位置，在数据报基础上附加一个伪头部，再计算得到 UDP 校验和。

（b）TCP——可靠的传输协议

传输控制协议 TCP 是 TCP/IP 簇中重要的传输协议。TCP 为应用程序提供可靠的、可流控的、全双工的流传输服务。在请求 TCP 建立一个连接之后，应用程序即可利用这一连接发送和接收数据，TCP 能确保数据按序传递而无重复。最后，当两个应用进程完成对一个连接的使用时，需要请求终止该连接。

除了在每个段中提供校验和外，TCP 会重传任何被丢失的报文。为了适应 Internet 中随时间变化的时延，TCP 的重传超时是自适应的——TCP 为每个连接分别测量它当前的往返时间，然后利用往返时间的加权平均值为重传选择一个合适的超时值。

（c）其他传输协议

UDP 和 TCP 是 Internet 传输层的主要协议，使用这两个协议 20 多年以来，人们已经认识到这两个协议都不是完美无缺的。因此，研究人员忙于研制其他传输层协议，其中几种现在已经成为 IETF（Internet Engineering Task Force）推荐的标准。

数据报拥塞控制协议（Datagram Congestion Control Protocol，DCCP）[RFC 4340]提供了一种低开销、面向报文、类似于 UDP 的不可靠服务，但是它具有应用程序选择形式的拥塞控制，这种形式与 TCP 相兼容。如果某应用程序需要可靠或半可靠的数据传送，则将在该应用程序本身中执行。DCCP 被设想用于诸如流媒体等应用程序中，DCCP 能够在数据交付的预定时间和可靠性之间进行折中，但要对网络拥塞做出响应。

流控制传输协议（Stream Control Transmission Protocol，SCTP）[RFC 2960，RFC 3286]是一种可靠的、面向报文的协议，该协议允许将几个不同的应用层次的“流”多路复用到单个 SCTP 连接上（一种称为“多流”的方法）。从可靠性方面看，对该连接中的不同流分别进行处理，因此一个流中的分组丢失不会影响其他流中的数据交付。当一台主机与两个或更多个网络连接时，SCTP 也允许数据经两条出去的路径传输，失序数据可选地交付等。SCTP 的流控制和拥塞控制算法基本上与 TCP 中的相同。

TCP 友好速率控制（TCP-Friendly Rate Control，TFRC）协议[RFC 2448]是一种拥塞控制协议，而不是一种功能齐全的传输层协议。它定义了一种拥塞控制机制，该机制可用于诸如 DCCP 等另一种运输协议。TFRC 的目标是使 TCP 拥塞控制中的“锯齿”行为平滑，同时维护一种长期的发送速率，该速率是“合理的”接近 TCP 的速率。使用比 TCP 更为平滑的发送速率，TFRC 非常适合 IP 电话或流媒体等多媒体应用，这种平滑的速率对于这些应用是非常重要的。TFRC 是一种“基于方程”的协议，使用测量到的分组丢失率作为方程的输入，如果一个 TCP 会话历经了该分组丢失率，该方程估计 TCP 的吞吐量将是多大。该速率被取名为 TFRC 的目标发送速率。

虽然这些协议明确地提供了超过 TCP 和 UDP 的增强能力，但是多年来已经证明了 TCP 和 UDP 是“足够好”的。“更好”是否会胜出“足够好”，将取决于技术、社会和商业多方面的考虑。

（3）网络层

网络层实现主机到主机的通信服务，是协议栈中较复杂的一个层次。与传输层不同的是，网络中的每一台主机和路由器都有一个网络层部分，如图 2-50 所示。

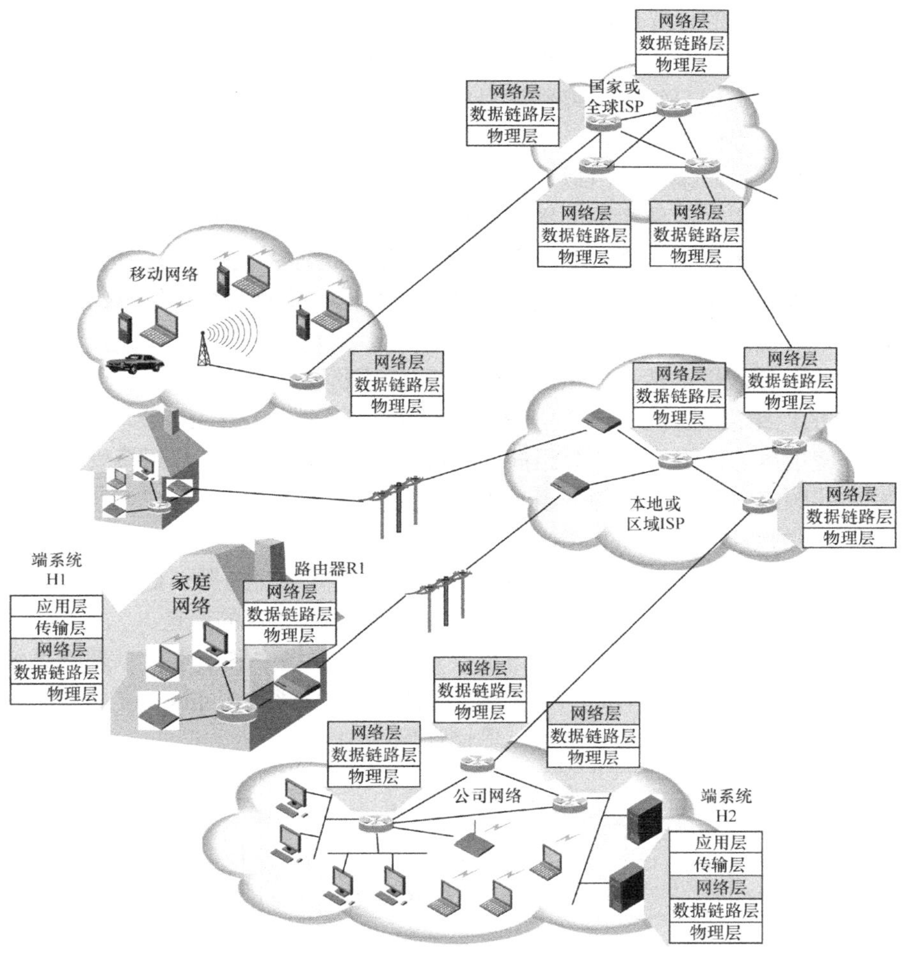

图 2-50　主机和路由器中的网络层

图 2-50 中给出了一个具有 H1 和 H2 两台主机且在 H1 与 H2 之间的路径上有若干路由器的简单网络。假设 H1 正在向 H2 发送信息，H1 中的网络层接收来自 H1 传输层的每个报文段，将其封装成数据报（即网络层分组），然后将数据报向相邻路由器 R1 发送。在接收方主机 H2，其网络层接收来自相邻路由器 R2 的数据报，提取出传输层报文段，并将其向上交付给 H2 的传输层。路由器的主要作用便是将数据报从入链路转发到出链路。

① 网络层提供的服务

网络层能够提供无连接服务或面向连接的服务。传输层虽然也能够提供类似服务，但有本质的不同：在网络层中，这些服务是由网络层向传输层提供的主机到主机的服务；

而在传输层中，这些服务则是传输层向应用层提供的进程到进程的服务；传输层面向连接服务是在位于网络边缘的端系统中实现的；网络层连接服务除了在端系统中实现外，也在位于网络核心的路由器中实现。

在迄今为止的所有主要的计算机网络体系结构（如 Internet、ATM、帧中继等）中，网络层或者提供了主机到主机的无连接服务，或者提供了主机到主机的面向连接的服务，而不同时提供两种。仅在网络层提供连接服务的计算机网络被称为虚电路网络，仅在网络层提供无连接服务的计算机网络被称为数据报网络。

在发送端主机中，能由网络层提供的特定服务包括：

- 确保交付，确保分组将最终到达目的地；
- 具有时延上界的确保交付，不仅确保交付，还在特定时间内交付；
- 有序分组交付，确保分组以发送顺序到达目的地；
- 确保最小带宽，即使实际的端到端路径可能跨越几条物理链路，该服务也能确保传输链路上以特定比特率传输，只要发送端以低于特定速率发送分组，分组就不会丢失；
- 确保最大的时延抖动，确保端到端之间，发送和接收两个相继分组的时间间隔变化不超过特定的值；
- 安全性服务，机密性、数据完整性或源鉴别服务。

Internet 的网络层提供了单一的服务，称为尽力而为（Best Effort）服务，也可理解为无服务。使用尽力而为服务，分组间的定时是得不到保证的，分组接受的顺序也不能保证与发送的顺序一致，传送的分组也不能保证最终交付。

② 网络层的协议

网络层负责将称为数据报的网络层分组从一台主机移动到另一台主机。源主机中的传输层协议（TCP 或 UDP）向网络层递交传输层报文段和目的地址。

Internet 的网络层包括著名的 IP，该协议定义了数据报中各个字段以及端系统和路由器如何作用于这些字段，所有具有网络层的组件都必须运行 IP。Internet 的网络层还包括确定路由的选路协议及若干支持协议，详情如图 2-51 所示。

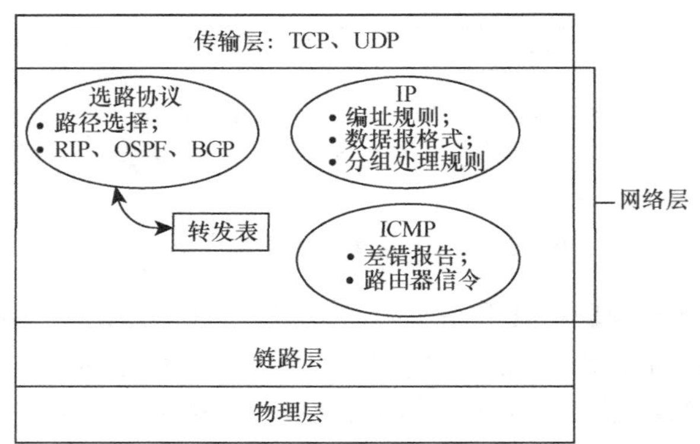

图 2-51　Internet 的网络层协议

下面完整地了解一下网络层的主要协议。

（a）IP 及编址

为对外呈现一个大型无缝的网络，Internet 使用统一的编址方案。给每台计算机分配一个协议地址，用户、应用程序及大多数协议在通信时都要使用该协议地址。

IP 规定了编址方案，把每个 Internet 地址划分成两层：地址的前缀表示计算机连接的网络，后缀表示这个网络中一台特定的计算机。为了确保这一地址在整个特定 Internet 中的唯一性，必须由一个中心组织分配网络前缀。一旦分配了一个前缀，本地网络管理员便能给该网络中的每个主机分配一个唯一的后缀。

IP 地址是一个 32 bit 长的二进制数。原编址方案将 IP 地址分成 5 类，其中多播类仍在使用中。无类和子网编址可以实现在任何位置上划分前缀与后缀的分界。为实现这种子网和无类编址（Classless Inter-Domain Routing，CIDR）方案，随同每个地址还必须保存一个 32 bit 的掩码。掩码的前缀部分为全 1，后缀部分为全 0。

IP 标准定义了一系列有特殊意义的保留地址。特殊地址可被用于回送测试、在本地网络内广播和在远地网络内广播。

虽然认为用一个 IP 地址指定一台计算机很方便，但要清楚，每个 IP 地址所标识的应该是一台计算机与一个网络的连接。路由器和多台主机连接到多个物理网络上，一定要有多个 IP 地址。

（b）IP 数据报转发

网络层协议定义了 Internet 上传输的基本单元——IP 数据报。每个数据报类似于一个硬件帧，由头部与其后的数据区构成。就像硬件帧那样，其头部包含了将数据报传输到特定目的地所需的信息；与硬件帧不同的是，数据报头部所含的地址是 IP 地址而不是 MAC（Media Access Control）地址。

路由器中的 IP 软件利用转发表决定数据报发送的下一站。转发表中的每一项对应于一个目的地网络，这就使得转发表的规模与 Internet 中的网络数目成正比。要选择一条路径时，IP 软件只要将目的地址的网络前缀与表中的每一项进行比较即可。为了避免歧义，IP 规定：如果转发表中存在两个匹配指定目的地的表项，则应该根据最长前缀匹配规则原则进行转发。

虽然 IP 软件要为数据报选择发往的下一站，但这个下一站地址并不出现在数据报头部中。相反，头部中总是放着最终目的地的地址。

IP 数据报封装在帧中传送。每一种网络技术都定义了一个分组所能携带的最大数据量——最大传输单元（Maximum Transmission Unit，MTU）。当数据报超过网络规定的 MTU 时，IP 将数据报分割成片。在必要情况下，片可能还会进行再分片。最终目的是使用一个计时器重装这些片。如果一个或多个片在计时器超时之前还未到齐，接收方丢弃已经到达的片。

（c）支持协议

IP 利用地址解析协议（Address Resolution Protocol，ARP）将下一站 IP 地址绑定到一个等效的 MAC 地址中。ARP 定义了计算机在解析地址时交换的报文格式、数据封装方法和处理规则。由于各种网络的硬件编址方案各不相同，因此 ARP 只规定了报文格式的通用模式，但允许根据具体的硬件编址方案确定其中的细节。ARP 规定计算机发送请求报文时应该采用广播方式，发送响应报文时则采用直接应答方式。此外，ARP 还利用高速缓存技术避免为每个分组都发送一个请求。

网络层协议包含一种辅助的差错报告机制，即 Internet 控制报文协议（Internet Control

Message Protocol，ICMP）。从体系结构上讲，它位于 IP 之上，ICMP 报文被封装在 IP 数据报中传输。到达路由器的数据报头部域中，如果有不正确的值或数据报无法投递，路由器会利用 ICMP 发送差错报告。ICMP 报文总是发回给数据报的源发端，从不发送给中间路由器。除了差错报告报文，ICMP 还包括诸如在 ping 程序中使用的"回应请求"和""回应应答"之类的信息报文。

（d）Internet 路由与路由协议

用于连接异构网络的基本硬件设备是路由器。在物理上，路由器是一种专门用来完成网络互联任务的专用硬件系统。路由器含有处理器和内存以及用于连接每个网络的单独的输入/输出接口。网络对待路由器的连接与对待任何其他计算机的连接一样，一个路由器可以连接两个局域网、局域网与广域网或者两个广域网。而且，当路由器连接同一基本类型的两个网络时，这两个网络不必使用同样的技术。例如，一个路由器可将一个以太网连接到一个 Wi-Fi 网中。

综上所述，路由器是一台专门完成网络互联任务的专用硬件系统。路由器可以将多个使用不同技术（包括不同的传输介质、物理编址方案或帧格式）的网络互相连接起来。

大多数主机采用静态路由，在系统启动时就对转发表进行初始化；路由器则采用动态路由，路径传播软件不断地更新转发表。根据使用的路由技术，Internet 被划分成一个个自治系统（Autonomous System，AS）。用于在自治系统之间传递路径信息的协议叫做外部网关协议（Exterior Gateway Protocol，EGP）。边界网关协议（Border Gateway Protocol，BGP）是 Internet 上主要的 EGP，第一层 ISP 利用 BGP 彼此告知其用户的信息；用于在自治系统内部传递路径信息的协议叫做内部网关协议（International Group Protocol，IGP），IGP 包括 RIP（Routing Information Protocol）、OSPF（Open Shortest Path First）和 IS-IS（Intermediate System to Intermediate System Routing Protocol）。

（e）IPv6

虽然当前版本的 IP 多年以来工作得都很好，但 Internet 规模的指数增长意味着 32 bit 的地址空间最终会被耗尽。IETF 已经设计了 IP 的一个新版本，使用 128 bit 表示每一个地址。为了区别 IP 的新版本与当前版本，两个协议的命名都使用了它们的版本号：当前版本的 IP 是 IPv4（Internet Protocol Version 4），新版本的 IP 是 IPv6（Internet Protocol Version 6）。

IPv6 保留了 IPv4 中的很多概念，但在所有的具体细节上都做了改变。例如，像 IPv4 一样，IPv6 提供无连接服务，两台计算机交换的报文叫数据报。然而，不像 IPv4 数据报那样在头部中为每一种功能提供相应的域，IPv6 为每一种功能定义了单独的（扩展）头部。每个 IPv6 数据报的构成为：先是基本头部，然后是零个或多个扩展头部，最后是数据。

像 IPv4 那样，IPv6 为每个网络连接定义了一个地址，因此连接到多个物理网络的一台计算机（如路由器）拥有多个地址。然而，在 IPv6 中重新定义了特殊地址。它定义了多播和任意播（簇）地址取代 IPv4 的网络广播表示，这两种地址表示都对应于一组计算机。多播地址对应处在不同地点的一组计算机，把这些计算机当作单个实体对待——组内的每台计算机都将收到发往该组任何数据报的一个副本。任意播地址支持提供重复型服务——发往一个任意播地址的数据报只会传递给任意播组中的一个成员（例如，离发送方最近的成员）。

（4）数据链路层

网络层的任务是将传输层报文段从源主机端到端地传送到目的主机，而数据链路层协议的任务是将网络层的数据报通过路径中的单段链路进行节点到节点的传送。

本节中将主机和路由器均称为节点（Node），因为这里不关心一个节点是一台路由器还是一台主机；把沿着通信路径连接相邻节点的通信信道称为链路（Link）。为了将一个数据报从源主机传输到目的主机，数据报必须通过沿端到端路径上的每段链路传输。在通过特定的链路时，传输节点将此数据封装在链路层帧中，并将该帧发送到链路上；然后接收节点接收该帧并提取出数据报。

① 数据链路层提供的服务

链路层协议能够提供的服务包括以下几种：

- 成帧。几乎所有的数据链路层协议都在经过链路传送之前，将每个网络层数据报用链路层帧封装起来。一个帧由一个数据字段和若干首部字段组成，其中网络层数据报就插在数据字段中。帧的结构由数据链路层协议规定。
- 链路接入。媒体访问控制（MAC）协议规定了帧在链路上的传输规则。
- 可靠交付。当数据链路层协议提供可靠交付服务时，它保证无差错地经过链路层移动每个网络层数据报。
- 流量控制。链路每一端的节点都具有有限容量的帧缓存能力。没有流量控制，接收方的缓存区就会溢出。
- 差错检测。比特差错是由信号衰减和电磁噪声导致的。
- 差错纠正。接收方不仅能检测帧中是否引入了差错，而且能够准确地判决帧中的差错出现在哪里。
- 半双工和全双工。全双工传输时，链路两端的节点可以同时传输分组；半双工传输时，一个节点不能同时进行传输和接收。

② 数据链路层协议

数据链路层协议用来在独立的链路上移动数据报。数据链路层协议定义了在链路两端的节点之间交互的分组格式以及当发送和接收分组时这些节点采取的动作。

在数据链路层中，有如下两种截然不同类型的数据链路层信道。

第一种类型由广播信道组成，这种信道常用在局域网、无线局域网等接入网中，有线局域网常用以太网技术，它采用以太网的载波监听多路访问（Carrier Sense Multiple Access/Collision Detect，CSMA/CD）协议协调传输和避免“碰撞”。

第二种类型的链路层信道是点对点通信链路，常用点对点协议（Point to Point Protocol，PPP），这是一个运行于点对点链路之上的链路层协议，即一条直接连接两个节点的链路，链路的每一端有一个节点。PPP 运行的点对点链路可能是一条串行的拨号电话线、一条 SONET/SDH 链路、一条 X.25 连接或者一条综合数字服务网（Integrated Services Digital Network，ISDN）线路。如上所述，PPP 是家庭用户与 ISP 通过拨号建立连接所选用的协议。

（5）物理层

物理层位于 Internet 体系结构的最底层，负责在物理传输介质之上为“数据链路层”提供一个原始比特流的物理连接。但物理层并不特指某种传输介质，而是指通过传输介质以及相关的通信协议、标准建立起来的物理线路。

① 物理层提供的服务

尽管传输介质类型、物理接口以及它们的通信协议类型非常多，即技术和规程很多，但是物理层的主要功能相对来说还是比较单一的。其向上层提供的服务包括以下几种：

- 构建数据通路。“数据通路”就是完整的数据传输通道，可以是一段物理介质，也可以是由多段物理介质连接而成。一次完整的数据传输，包括激活物理连接、传送数据、终止物理连接 3 个主要阶段。
- 透明传输。可用的传输介质类型非常多，各自又有相应的通信协议和标准支持，物理层确保将一条传输路径连成通路，最终实现把比特流传输到对端物理层，并向数据链路层提交。
- 传输数据。这是物理层的基本作用，即在发送端通过物理层接口和传输介质将数据按比特流的顺序传送到接收端的物理层。
- 数据编码。要使数据在物理层上有效、可靠地传输，关键要确保数据比特流能在对应的“信道”中正常通过。而不同传输介质支持的数据编码类型不一样，这就需要对数据进行编码。
- 数据传输管理。具有一定的数据传输管理功能，比如基于比特流的数据传输流量控制、差错控制、物理线路的激活和释放等。

② 物理层所定义的特性

物理层的主要任务是定义与传输介质、连接器以及接口相关的机械特性、电气特性、功能特性和规程（即协议）特性 4 个方面：

- 机械特性。物理层的机械特性定义了传输介质接线器、物理接口的形状和尺寸、引线数目和排列顺序，以及接线器与接口之间的固定和锁定装置。
- 电气特性。电气特性规定了在物理连接上传输二进制比特流时线路上信号电压的高低、阻抗匹配情况以及传输速率和传输距离限制等参数属性。目前所使用的新的物理层接口电气特性主要分为非平衡型、差分接收器的非平衡型和平衡型 3 类。
- 功能特性。功能特性是指明传输介质中各条线上所出现的某一电平的含义以及物理接口各条信号线的用途，包括接口信号线的功能规定和功能分类。国际电报电话咨询委员会（International Consultative Committee on Telecommunications and Telegraph，CCITT）建议在物理层使用的规程有 V.24、V.25、V.54 等 V 系列标准以及 X.20、X.20 bis、X.21、X.21 bis 等 X 系列标准它们分别适用于各种不同的交换电路。例如 V.24 标准，建议采用一根接口信号线定义一个功能的方法，这个方法是规定接口信号线功能的主要标准之一。而 X.24 则建议采用每根接口信号线定义多个功能的方法。接口信号线按功能分为数据信号线、控制信号线、定时信号线和接地线 4 类。
- 规程特性。规程特性指明利用接口传输比特流的全过程及各项用于传输的事件发生的合法顺序，包括事件的执行顺序和数据传输方式，即在物理连接建立、维持和交换信息时，数据终端设备/数据通信设备（Data Terminal Equipment/Data Communications Equipment，DTE/DCE）双方在各自电路上的动作序列。

以太网对应的物理层规程是 IEEE 802.3 系列标准，而在 WLAN 中，对应的物理层规程是 IEEE 802.11 系列接入规程。广域网中，物理层使用的规程参见上面的“功能特性”。

（6）Internet 的沙漏模型

综上所述，Internet 的协议栈如图 2-52 所示，位于中部的只有 IPv4、TCP 和 UDP，而位于上下两端的协议有很多，整个协议栈的形状类似一个沙漏。

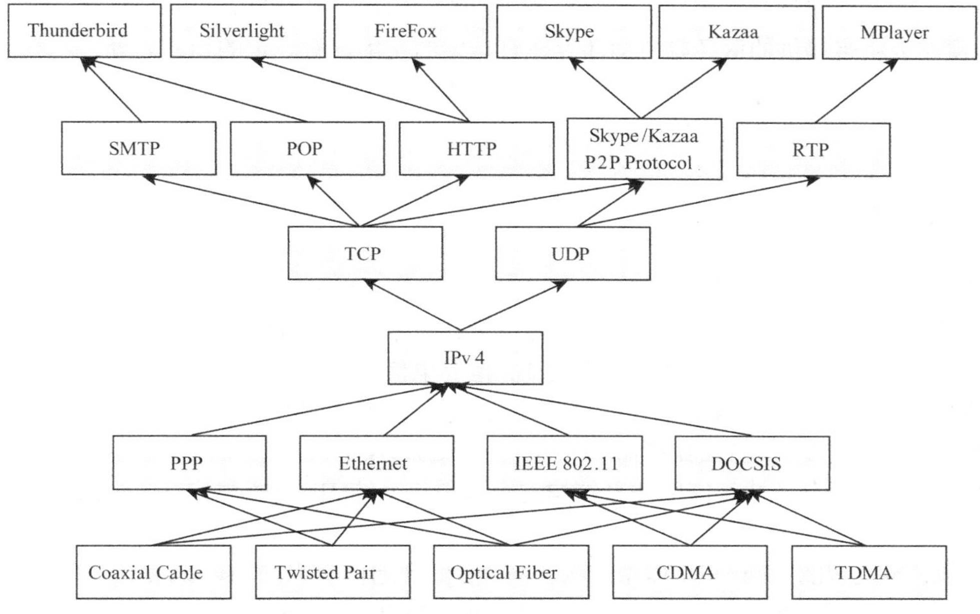

图 2-52　Internet 的沙漏模型

纵观 Internet 的发展历程，在过去的 30～40 年里，新的链路层协议、应用层协议和各种应用层出不穷，而位于中部的 IPv4、TCP 和 UDP 却极其稳定。这个过程中有新的协议出现，也就是说协议栈发生过变化。比如，在 20 世纪 90 年代初期有多个网络层的协议，像 Novell 的 IPX（Internet Work Packet Exchange Protocol），在 Frame Relay 中使用的 X.25，还有 ATM 网络层的 Signaling 协议。但经过漫长的竞争，网络层的协议中只有 IPv4 被留下来，并形成了当前 Internet 协议栈的沙漏形状。

当前 Internet 的 IP 是极为成功的，它使得 Internet 能够适应硬件技术、异构网络以及网络规模等方面的变化。但是，由于用户的应用需求不停地变化，对网络的要求越来越苛刻，使得以 IP 为核心的 Internet 的缺点日趋显著，如下所列：

- 由于当前的 Internet 只提供“尽力而为”的服务，而不能为用户量身定制服务，不能保证有些应用（例如实时音频和视频的应用）的传输质量[23]；
- 新的应用总是不断出现，为了应对新的应用需求，将出现新的网络层协议，而当前 Internet 很难部署新的网络层协议；
- Internet 的命名和地址是有关联的，这样就带来了很大的安全隐患[23]；
- Internet 服务提供商（ISP）间的利益竞争关系，使得它们很难相互合作提供端到端的服务[24]。

由于 IP 恰处在 Internet 沙漏模型的细腰位置，因此 IP 的改变势必会影响到整个沙漏的结构，从而给 Internet 革新工作带来巨大的挑战。

2.4　小结

电信网、广电网和互联网作为现有的三大典型网络，它们分属 3 个不同的领域。虽然出身不同，体系结构各异，应用领域各有所长，但是在基础设施、底层技术、通信协议、现在或将来提供的服务等方面还存在有一定的交集，有一定的相通之处。本章通过基本概念、组成元素、体系结构、关键技术、历史发展和演变过程等方面完整地展现了电信网、广电网以及互联网的体系结构。

参考文献

[1] 邓忠礼. 电信网结构研究概述[J]. 邮电商情, 2000. 6(11): 13-15.

[2] 杨震中. 电信网的传输体系结构[J]. 邮电设计技术, 1995. 5(5): 21-23.

[3] 李超. 江苏省本地电话网结构与发展[J]. 世界电信, 1994. 8(4): 19-20.

[4] 铁伟. 电话网与互联网融合业务的探讨[J]. 电信技术, 2008. 12(12): 85-87.

[5] 叶华. 电话网发展趋势的思考[J]. 电信网技术, 2004. 11(11): 15-16.

[6] 朱于军. 基于分布式智能网体系结构的个人通信系统[J]. 电子与信息学报, 2001. 3(3): 221-223.

[7] 李磊. 传统智能网向 OSA 体系结构的演进[J]. 光通信研究, 2004, 2(1): 10-12.

[8] 吴婵. 智能网发展趋势的研究[C]. 北京：北京邮电大学学报. 2011. 6-8.

[9] 王晖. 基于移动代理的无线智能网体系结构和关键技术研究[J]. 通信学报, 2003, 1(1): 2-3.

[10] 丁少兰. 日本的新智能网结构[J]. 电信快报, 1994, 6(6): 27-28.

[11] 李文耀. 下一代网络 NGN 功能结构模型的研究[J]. 中国数据通信, 2003, 3(3): 92-94.

[12] 曾华燊. 论下一代网络与下一代 Internet 及其体系结构[J]. 计算机应用, 2007, 11(11): 1616-2617.

[13] 谢绿禹. 下一代网络 NGN 的基本结构与发展趋势[J]. 通信世界, 2001, 1(1): 48-49.

[14] 蔡瑜. 浅析有线电视通信网络的架构与建设[J].信息通信, 2012,(4): 154-155.

[15] 国家新闻出版广电总局发展研究中心.中国广播电影电视发展报告（2013 版）[M]. 北京：社会科学文献出版社，2013. 92-95.

[16] 史萍. 广播电视技术概论[M]. 北京：中国广播电视出版社，2003. 265-278.

[17] 朱云怡, 江澄. 卫星广播电视业务应用现状和发展趋势[J]. 卫星与网络, 2010,(7): 14-19.

[18] 韩普，周北望. 陕西广电省干 OTN 光传输网的设计与建设[J]. 有线电视技术, 2013,(3): 8-13.

[19] 陈翔. 三网融合时代广电光传输网络发展趋势分析[J]. 宽带网络, 2011, 35(4): 49-51.

[20] 王新洲. 河南广播电视传输网的建设与业务开发[J]. 有线电视技术, 2004(24): 16-21.

[21] 刘颖悟. 三网融合与政府规制[M]. 北京：中国经济出版社，2005. 26-31.

[22] 谢希仁. 计算机网络(第五版)[M]. 北京：电子工业出版社，2008.

[23] BARACHI M E, KARA N, DSSOULI R. Open virtual playground: initial architecture and results[J]. IEEE Consumer Communications and Networking Conference (CCNC), 2012,(1): 576-581.

[24] WANG N, ZHANG Y, SERRATE J, *et al.* A two-dimensional architecture for end-to-end resource management in virtual network environments[J]. IEEE Network, 2012, 5 (26): 8-14.

第3章　国外新型网络体系结构

过去多年对新型网络技术的研究探索过程大体可以分为两个技术流派：一派可称为围绕提高网络速度及改善交换技术为主的“带宽”派，另一派则为力求改变网络体系以获得新网络功能的“改制”派。

网络“改制”派把如何提高网络的适应性、灵活性，以满足并开发各种新型网络业务应用为研究方向，所以从一开始，“改制”派就提出以构建一个新型开放的网络体系架构为其基本目标。OpenSig（1996 年）、Active Networks（1996 年）、IEEE 1520（1998 年）、ForCES（2002 年）均是这方面研究的最早开拓者；国际上也出现了大量对后 IP 时代的新型网络基本体系结构及关键技术的研究，比较典型的如美国 NSF 资助的 GENI（Global Environment for Network Innovation）计划[1]、FIND（Future Internet Network Design）计划[2]、欧盟 FP7 中下一代网络计划[3]、ITU-T 的 NGN 计划[4]、日本的 AKARI 计划[5]、韩国的下一代网络 BCN（Broadband Convergence Network）计划[6]、中国科技部“863”计划“新一代高可信网络”[7]等。这些研究计划试图以革新或演变方式改变已有网络系统设计，以期望实现对新一代网络的各种新的需求。

“改制”派一度被网络设备界认为只是作为将来网络技术研究的学术派，因而一直未被企业界充分重视。但近年随着大量新型网络应用需求的出现，这种观点正在不断变化，新需求面前“带宽”派显得力不从心、文不对题。业界开始意识到，网络“改制”派所倡导的一个高度灵活的开放可编程网络是满足新型网络需求的主要技术方向。例如，云计算网络对虚拟化的需求就成为该技术需求的典范。在一个基于云架构的数据中心网络中，用户期望运营商提供一个完全虚拟化并可实现动态迁移的诸如虚拟数据存储、虚拟服务器等虚拟机（VM）功能，单纯提高网络速度等性能无法达到这样的目标，而事实证明“改制”过的一个高度灵活的开放可编程通信网络却可很好地支持实现这个目的。

本章将对国外“改制”派的新型网络体系结构研究现状进行简要介绍，包括开放可编程网络、面向服务网络、内容中心网络、面向移动性网络以及典型的网络试验床等，以使读者了解新型网络体系结构的整体研究趋势。

3.1　开放可编程网络

开放架构网络的研究开始于 1996 年。开拓性的研究基于 3 种不同的开放架构的实现思想进行，具体介绍如下。

（1）基于开放信令（OpenSig）[8]的思想

称为“OpenSig“的学术组织提出给交换机和路由器提供开放可编程的接口，以便实现网络设备的模块化和快速更新。其实后续的 IEEE P1520、MSF（Multiservice Switching Forum）[9]、国际互联网组织（IETF）下面的 GSMP[10]和转发件与控制件分离 ForCES 工作组[11]以及 NPF（Network Processing Forum）[12]都是基于这种思想思路，设法把开放可编程接口标准化。该思想也是当前开放架构网络的主流思想。

（2）基于动态代码的主动网络（Active Network）[13]思想

主动网络把实现新功能的可执行代码通过数据分组的形式传递到网络设备中，从而实现网络功能的扩展，即网络传输的数据分组中同时包含了对网络设备的控制程序。主动网络的出现使得扩展模块不需要事先存入网络设备中。主动网络和 OpenSig 的关键区别是前者是完全的程序级开放编程，而后者主要是命令级开放编程，虽然可能有部分小程序可动态载入，但大部分程序代码是预先驻留在被控体内的。主动网络思想的问题是，它被许多研究者评论为过于理想化而脱离当前硬件技术及成本现实，难以广泛使用。

（3）通过资源预留的 Virtual Nework[14]思想

Virtual Networks 是通过分配或预存网络资源而创建的，其目的是给用户动态提供新的网络功能。该思想其实是 QoS 技术（如 Diffserv、RSVP 等的 QoS 资源控制方法）向全面资源可控制的开放架构网络的一个扩展。

上述 3 方面思想对开放架构网络研究具有一定的互补性，其共同目标都是实现网络的开放可编程性。然而，几乎所有开放可编程网络都基本采用了控制面（Control Plane）和数据面（Data Plane）分离的基本体系结构。但后续所介绍的 ForCES 体系与 SDN 体系在体系结构、开放接口等具体实现上各有差别。

3.1.1 ForCES 体系

在上述众多与开放可编程网络有关的研究中，由于得到 IETF、ITU、NPF 等多家标准制订组织的推动以及 Intel、IBM、朗讯、Ericsson、Zynx 多家网络大公司的支持，ForCES 的技术结构成为目前国际上备受关注的实现开放可编程网络设计目标的体系架构。因此，转发与控制分离（ForCES）技术是实现开放架构网络的重要技术手段，IETF 在 2002 年专门成立 ForCES 工作组，开始有关 ForCES 技术和相关协议标准的研究制订工作。IETF 组织的 ForCES 工作组于 2003 年和 2004 年针对一般网络设备提出了控制面－转发面分离的基本结构（ForCES 的需求文档 RFC 3654，框架文档 RFC 3746），而后，一直专注于 ForCES 协议、FE 模型、LFB 定义库、ForCES TML、ForCES MIB 等标准草案文件的制订。转发面由包含各类标准化的逻辑功能块（Logical Functional Block，LFB）[15]组成，并可由控制面按需要构造数据分组处理拓扑结构。转发面的编程性具体表现为模块间的拓扑构造和模块的属性（Attributes）控制（如 configure/query/report）。典型的 LFB 如 IPv4/IPv6 Forwarder、Classifier、Scheduler 等。LFB 的格式由“FE 模型”（RFC 5812）定义，而各种 LFB 的内容由“LFB 定义库”文件制订。控制面和转发面间的信息交换按照“ForCES 协议”（RFC 5810）实现。该体系能充分体现开放可编程网络的优点，即简洁的积木式开发以及不同控制面和转发面设备商间的可互操作性。

一个满足 ForCES 规范的网络件 ForCES 网络设备，其基本结构如图 3-1 所示，RFC 3654（ForCES 需求分析）和 RFC 3746（ForCES 框架）对其进行了基本定义。

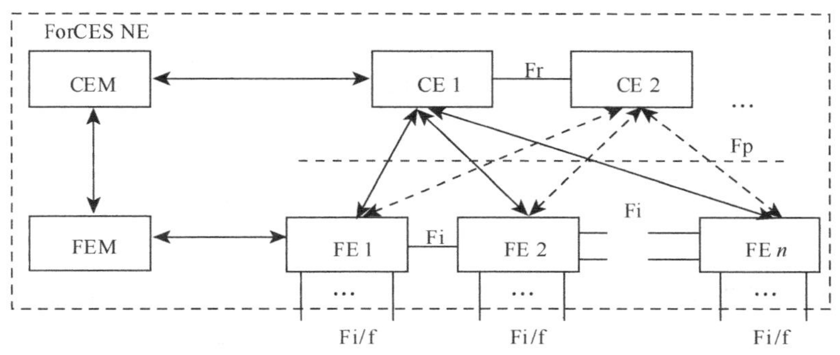

图 3-1 ForCES 网络件基本结构

如图 3-1 所示，一个满足 ForCES 标准的网络设备内有至少一个（或多个，用于冗余备份）控制件（Control Element，CE）和多达几百个转发件（Forwarding Element，FE）。CE 和 FE 间的通信通过称为“ForCES 协议”的标准协议完成，这个连接面称为 Fp 参考点（ForCES 控制接口），Fp 参考点可以经由一跳（Single Hop）或多跳（Multi-Hops）网络实现。2010 年 3 月，在经过 7 年多的努力后，IETF 完成了对 ForCES 协议的制订工作，成为 RFC 5810（ForCES 协议规范）。

ForCES 协议规定了 Fp 参考点上传递的两种消息的格式。这两种消息是控制消息和重定向消息。控制消息是包含 CE 对 FE 控制管理内容的消息，例如属性的配置和查询消息、能力和事件的上报消息。重定向消息是包含 CE 上所处理重定向数据分组的消息。从字面上理解，“重定向”数据分组不是指 FE 产生的数据分组，而是从外部到达 FE，需要由 FE“重新定向”到 CE 进行处理的数据分组；或者 CE 产生的，需要经 FE“重新定向”到网络设备外部的数据分组。可能需要 CE 处理的数据分组主要有路由协议数据分组和网络管理数据分组等。

Fi/f 为各个 FE 对网络设备外的网络接口参考点，网络数据由此进出，并被该网络设备转发处理；Fi 为同一网络设备内各个 FE 间的相互联接接口协议，多个 FE 可以构成一个分布式的转发件网络，以完成复杂的转发功能。

Fr 为同一 ForCES 网络设备内各个 CE 间的连接协议。所有 CE 通过一个 CE 管理器（CE Manager，CEM）管理，所有 FE 通过 FE 管理器（FE Manager，FEM）管理，CEM 和 FEM 也互相交换管理信息。但要注意的是，CEM 和 FEM 的管理只是一些最基本的设置管理，如给各个 CE 和 FE 分配 ID 等，而对 FE 的全面管理是通过 CE 上面的软件经由 ForCES 协议完成。CEM 和 FEM 可以被理解成 CE 或 FE 管理用的人机接口。图 3-1 所示为 CEM/FEM 实体在 CE/FE 外部，但是在物理上 CEM/FEM 很可能是嵌入 CE/FE 内部的。

转发件 FE 内的体系结构主要由 ForCES FE 模型协议 RFC 5812 定义，FE 内基本结构如图 3-2 所示。

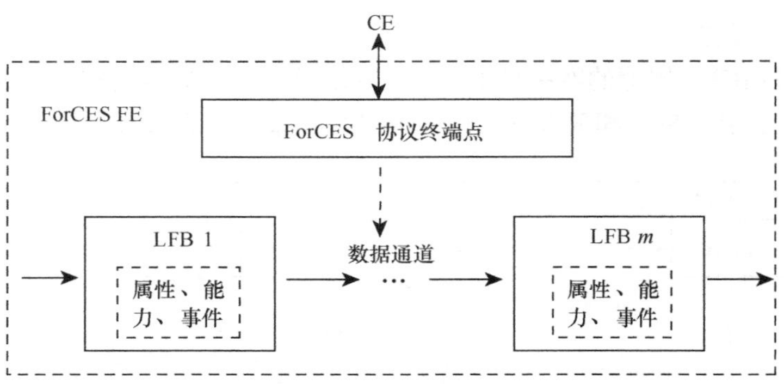

图 3-2 ForCES 转发件基本结构

FE 内的资源被表示成各种不同的逻辑功能块（Logical Functional Block，LFB，）LFB 及它的属性都是可以由 CE 通过 ForCES 协议进行控制的，各个 LFB 之间相互联接，该连接关系也是由 CE 经过 ForCES 协议进行控制的，以形成不同的 LFB 拓扑结构、进而实现动态资源配置，这提供了对 IP 数据分组进行各种不同处理的数据通道。典型的 LFB 如分类器、调度器、最长前缀 IPv4 或 IPv6 转发器等。

ForCES 技术使得网络设备具有很强的模块化积木式特性。例如，主要是软件的 CE 和主要是硬件的 FE 可以在产品级分离，同一个网络设备内可以有不同厂商生产的 CE 和 FE。更进一步地说，在一个 FE 内，标准化的 LFB 也可以在产品级被分离、由不同厂商生产。同时，CE 具有灵活配置 FE 内各 LFB 的功能，通过构造不同的 LFB 拓扑结构，使网络设备能完成各种不同的服务业务，例如，当把网络设备从 IPv4 升级到 IPv6 时，只要通过 CE 加载相应的 IPv6 的 LFB 即可完成。

考虑到连接 CE-FE 链路的多样性和复杂性，传递 ForCES 协议消息的 ForCES 控制接口被进一步分层为协议层（Protocol Layer，PL）和传输映射层（Transport Mapping Layer，TML），其结构如图 3-3 所示。这样做的目的是使 ForCES 协议的设计能独立于其所用的传输层。传输层可以是多样化的，如使用基于 SCTP、基于 TCP/UDP 甚至基于 ATM 网络的传输层等。

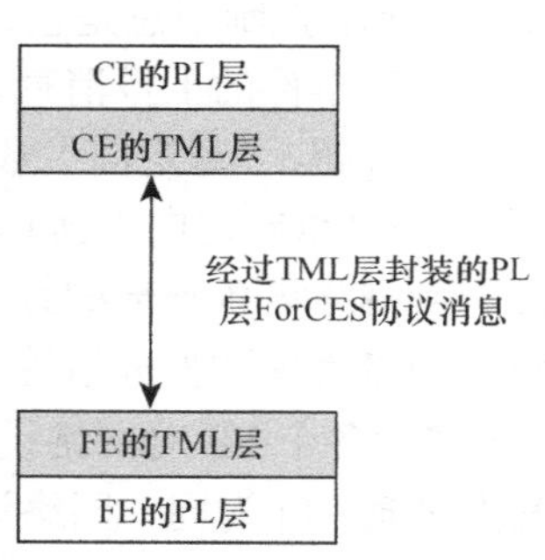

图 3-3 PL-TML 层分离结构

在传输时，协议层将 ForCES 协议消息传给传输映射层。本地的传输映射层再将该消息发送到对方的传输映射层。在接收端，传输映射层将此消息传递给对应的协议层。

控制件通过 CE 协议层发送各种控制命令到转发件，实现对转发件中各 LFB 的控制、对 LFB 可操作参数的配置和查询、对 LFB 中各类事件的订阅等功能。转发件使用 FE 协议层来传输各种被订阅的事件到控制件，也用它来回应来自控制件中各种协议层的查询和配置请求。传输映射层传送协议层消息，主要解决在传输层面上的可靠性、拥塞控制、多播、排序等问题。

传输映射层的存在不仅使得 ForCES 协议软件相对于传输层协议和传输媒介（如 TCP、IP、ATM、以太网等）保持自己的独立性，不会随着传输层协议和传输媒介的改变而发生显著改变，而且保证了协议层的实现可移植到所有传输映射层。因此，传输映射层对于控制件和转发件上两个协议层的通信是非常必需的。不同的传输层协议和传输媒介，意味着传输映射层应该具备“映射”不同传输层的能力。不管传输层如何变化，传输映射层总是提供（基本）相同的接口给协议层。在通信时，只有支持同样传输映射层的两端才能保证互操作。

ForCES 标准的制订经历了 10 多年（2002 年以来）的时间，IETF 标准文件大致分成工作组文件和个人提交草案，表 3-1 中显示的是已经被接受的工作组文件，其中大部分已经成为 RFC 标准，剩余的工作组文件也都已经制订完成，不久将成为 RFC 标准。整体而言，围绕 ForCES 技术的标准制订工作已经基本结束，IETF ForCES 工作组正在考虑扩展研究范围到 SDN 领域。

表 3-1　ForCES 工作组标准文件汇总（截至 2013 年 6 月）

文件类别	文件内容	最新文件名称	标准状态
总体类	ForCES 需求	draft-ietf-forces-requirements-10.txt	RFC 3654
	ForCES 框架	draft-ietf-forces-framework-13.txt	RFC 3746
核心类	ForCES 协议	draft-ietf-forces-protocol-22.txt	RFC 5810
	ForCES FE 模型	draft-ietf-forces-model-16.txt	RFC 5812
	ForCES MIB 库	draft-ietf-forces-mib-10.txt	RFC 5813
	ForCES 协议的传输	draft-ietf-forces-tcptml-04.txt draft-ietf-forces-tmlsp-01.txt draft-ietf-forces-sctptml-08.txt	RFC 5811 （draft-ietf-forces-sctptml-08） 其他为工作组文件
	ForCES LFB 库	draft-ietf-forces-lfb-lib-12.txt	RFC 6956
辅助类	ForCES 的应用	draft-ietf-forces-applicability-09.txt	RFC 6041
	CE 高可用性	draft-ietf-forces-ceha-06.txt	工作组文件
	FE 拓扑发现	draft-ietf-forces-discovery-02.txt	工作组文件
	ForCES 的实现	draft-ietf-forces-implementation-report-02.txt	RFC 6053 （draft-ietf-forces-implementation-report-02）
	ForCES 的互操作测试	draft-ietf-forces-interop-09	工作组文件
	Netlink 作为 CE 和 FE 通道的方案	draft-ietf-forces-netlink-04.txt	RFC 3549
	ForCES 候选协议的评估	draft-ietf-forces-evaluation-00.txt	工作组文件

在 ForCES 系统实现方面，为配合 ForCES 标准草案的制订，浙江工商大学的 ForCES 课题组从 2003 年底开始围绕标准草案内容进行技术实现和验证，2005~2006 年，在 Intel IXP2851/2400 网络处理器开发板上，以 Intel IXA-SDK4.1 为基础，基于系统集成方式开发实现了 ForCES 路由器原型系统——ForTER。该实现成为 IETF 规定必须有的帮助工作组协议草案成为 RFC 标准的几个 ForCES 实现实例之一。2007~2008 年，开发出基于 ForCES 架构设计的安全网关系列产品（包括基于 ForCES 架构的 IPSec/GRE VPN 和状态分组检测型防火墙）。IBM 的 FlexiNET 项目采用 ForCES 结构设计分布式的路由器，通过节点模块的动态增减来实现转发功能的动态加载和卸载。该项目的转发器基于网络

处理器，而控制端采用 Web Services 的方式来实现服务的动态部署。SUN 公司的 Neon 项目研究了可编程网络设备的体系结构和具体实现，其在基本体系架构上遵循控制面和数据面分离以及 ForCES 协议接口，在 FE 模型架构内使用私有规范以实现集成网络服务的处理工作。AT&T（Lucent）网络研究部的路由器研究开发组研究转发与控制分离结构的路由器，研究了从转发面分离出路由协议模块的方法以及其分离路由控制平台（RCP）在 ForCES 框架下实现的问题。法国通信研究所的 DHCR 项目开发的 ForCES 架构软件路由器基于软件组件技术来实现网络服务的动态部署，并用 CORBA 中间件技术来支持 DHCR 内部通信。意大利热那亚大学的 DROP 项目实现的 ForCES 架构软件路由器主要关注了 CE 和 FE 控制器的设计，并对性能进行了试验测试。国内，国防科技大学计算机学院研究小组在国家“863”、“973”项目和国家自然科学基金资助下对基于 ForCES 思想的路由器体系结构开展了深入研究，尤其对基于 ForCES 体系结构的 IPv6 路由器进行研究，采用 ForCES 思想开发了新一代路由器，其中控制器和转发器分别基于通用机和网络处理器，并采用了自主开发设计的接口协议。北京交通大学的研究小组针对基于 IXP2400 和通用 CPU 的 IPv4 和 IPv6 路由器控制平面的实现展开了研究，在控制面和转发面间采用了 ForCES 协议进行通信，并实现了原型系统。

随着新一代网络研究的发展，原本 ForCES 技术只是针对的网络件作为基础设施层的网络设备，目前 ForCES 中虚拟化技术扩展应用到控制层中的服务虚拟化，ForCES 中的开放接口技术扩展应用到控制层和基础设施层中的接口；针对转发面抽象与建模技术来说，ForCES 网络件中的数据层功能是以 LFB 为载体，对外呈现了一个有关数据面处理功能的逻辑视图，外部用户可以通过对 LFB 的逻辑操作来控制数据面的全部功能，而无需关心其内部实现或地理位置等因素。然而，扩展后的 LFB 也可以成为基础设施层的网络设备（也就是整个 ForCES 网络件）中的载体；另外，通过对 ForCES 协议扩展应用于控制层与基础设施层之间的交互也是 ForCES 架构下新一代网络研究的关键问题之一。

目前，ONF 提供的 SDN 技术白皮书[16]中对 SDN 划分的 3 层基本结构分别是：应用层（Application Layer）、控制层（Control Layer）和基础资源层（Infrastructure Layer），其实现实体都是网络节点，分别是应用节点、控制节点、基础资源节点。因此，浙江工商大学的 ForCES 课题组提出了基于 ForCES 的 SDN 体系结构，如图 3-4 所示，其中考虑将 SDN 架构分为应用层、控制层和基础资源层。

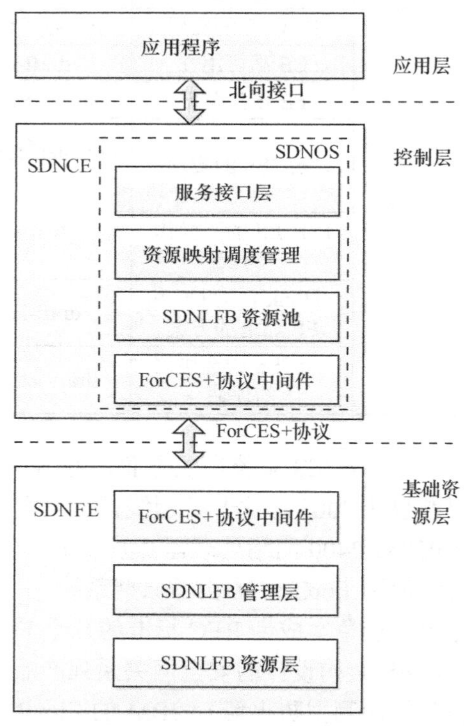

图 3-4 基于 ForCES 的 SDN 体系结构

SDNCE：SDN 控制件（SDN Control Element），一个逻辑体，根据应用层中软件实体的请求，通过软件定义机制完成对 SDN 中基础资源的控制。

SDNOS：SDN 操作系统（SDN Operating System），SDNCE 中的关键组成部分，负责管理与配置 SDN 中的基础资源、决定 SDN 中基础资源供需的优先次序，并为应用层用户提供交互操作接口的系统软件的集合。

SDNFE：SDN 转发件（SDN Forwarding Element），一个逻辑体，根据事先定义的 SDN 转发件模型，对自身基础资源进行抽象，完成对其基础资源的描述，从而和 SDNCE 进行信息交互，实现自身资源的上报，并接受 SDNCE 的控制。

SDNLFB：SDN 逻辑功能块（SDN Logical Functional Block），一个逻辑体，SDNFE 内的基础资源被表示成各种不同的逻辑功能块，SDNLFB 及它的属性都是可以由 SDNCE 通过 ForCES+协议进行控制的，各个 SDNLFB 之间相互联接，该连接关系也是由 SDNCE 经过 ForCES+协议进行控制，以形成不同的 SDNLFB 拓扑结构，进而实现软件定义资源。

ForCES+：ForCES（Forwarding and Control Element Separation+）扩展协议，ForCES+协议是用于 SDN 体系架构中实现 SDNCE 和 SDNFE 之间信息交换的协议规范，它是支撑 SDN 实现转发和控制分离的核心协议，需要完成协议的运行机制、消息封装和消息定义。

SDNNIP：SDN 北向接口协议（SDN Northbound Interface Protocol），用于 SDN 体系架构中实现 SDNCE 和应用层中软件实体之间信息交换的协议规范，需要完成协议的运行机制、消息封装和消息定义。

SDN 控制层由 SDNCE 实现，包含北向接口、SDNOS 和 ForCES+协议。SDN 基础资源层由 SDNFE 实现，包含 ForCES+协议、SDNLFB 管理层和 SDNLFB 资源层。

图 3-5 所示为使用 ForCES 实现的 SDNFE 的系统框架，ForCES 中间件主要完成 ForCES 协议的交互过程。为了将 ForCES NE 改造为 SDNFE，最关键的是需要解决 ForCES 网络设备中控制面和转发面两层资源到 SDNFE 间的映射问题，可采用重新定义 LFB 模型或者利用 ForCES 的 CE 直接控制 FE 中的 LFB。为此通过在 CE 中增加 SDNLFB 管理层和 ForCES+协议中间件完成上述功能。

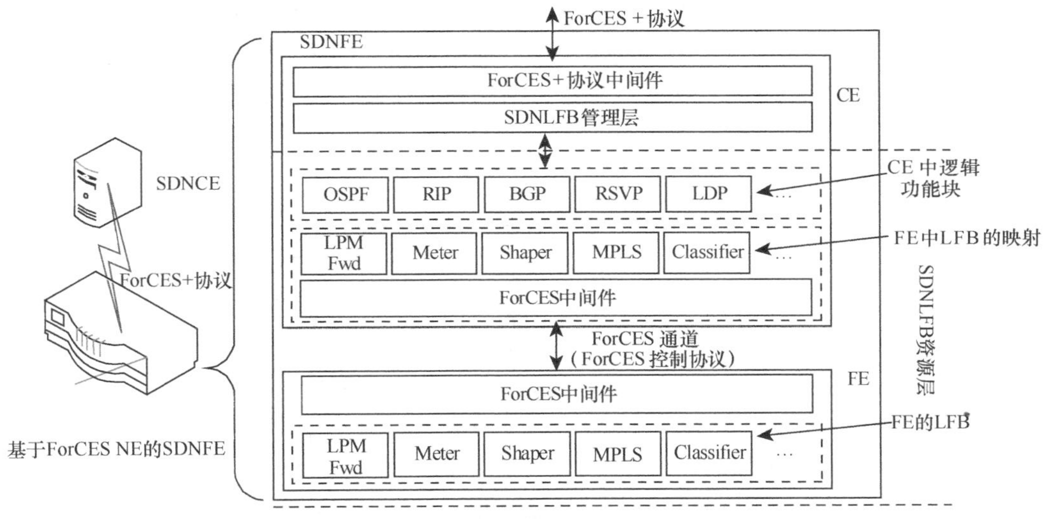

图 3-5　基于 ForCES 网络设备实现 SDNFE 的架构

综上所述，ForCES 架构系统具有实现底层资源功能模块化以及控制面与转发面分离的特点，为新一代网络提供了较好的功能灵活性。IETF ForCES 目前从一个网络设备内向面向全网多节点控制的方向拓展，向着全网灵活高效的控制目标不断推进和延伸。

3.1.2 SDN 体系

在 Internet 中，互联网体系结构为“瘦腰”模型，通过 IP 层建立端到端的报文传输路由，从而能够扩展、支撑上层网络业务。然而，随着时间的发展，网络业务 QoS、网络拓扑、资源预留、寻址空间、安全等需求不断变化，这些都要求 IP 层具备可演进能力，即通过网络体系结构增量式地对网络体系结构进行静态式或动态式的编程，以满足业务和运营商的需求变化。

在现有 Internet 基础上，软件定义网络（Software-Defined Network，SDN）引入可编程网络（Programmable Network）概念，区别于主动网络等早期研究性的工作，SDN 同时在协议和设备两方面提出新型架构，具备更好的灵活性、可伸缩性和可管理性。新的体系结构具有如下创新点：在网络管控方面采用分层管控模型，该模型将传统 OSPF、BGP 等链路状态和距离矢量协议中的状态扩散和状态一致化分离开来，分别形成状态扩散层和网络范围的视图（Network-Wide View）层，在网络视图层之上允许多种网络控制目标存在，从而带来更好的灵活性；控制面和数据转发面之间采用标准化的数据面编程协议，即 OpenFlow 协议，使得上层网络控制逻辑能够对底层数据面的转发行为进行动态编程，即定义流级别的转发行为，区别于传统路由器体系结构，分离模式的网络体系结构具有廉价可扩展、水平可伸缩和开放式的优势；域内集中式网络控制，区别于现有 BGP、OSPF 等动态路由协议，域内网络协议得到简化，使得控制协议无需关心 Byzantine、Poisoning 等分布式系统问题，进而多数网络业务的可编程性得到激活。

本节首先综述现有典型 SDN 体系结构，再分层叙述各层的技术发展、问题挑战、解决方案和应用情况。

3.1.2.1 典型体系结构

SDN 体系结构（如图 3-6 所示），即应用层（或称为业务层）、控制层（或称为服务层）和基本设施层（或称为转发层）的分离结构[16]，以解决网络控制目标的多样性和路由的灵活性为出发点，引入可编程网络概念，从而解决控制面和数据面的僵化问题，具体表现出的问题有新型体系结构难以部署、路由策略重新定义复杂度高、域内路由收敛速度慢、边界路由可伸缩性差等。

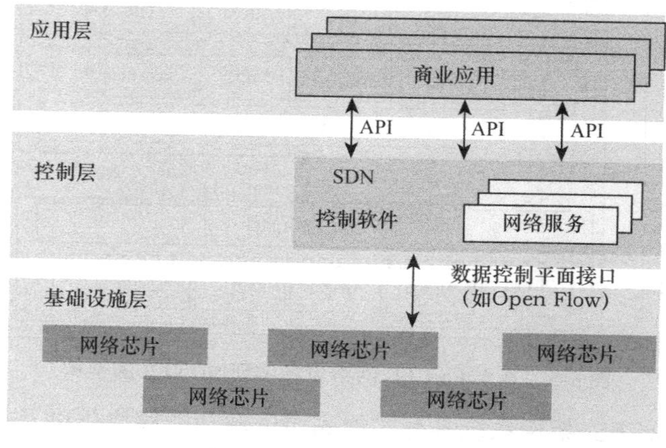

图 3-6 SDN 体系结构

最早 SDN 体系结构为 1998 年所提出的 Tempest 架构，问题起源于如何在单个网络中支撑多个异构的网络业务，集中解决控制面的灵活性和可编程问题。在该架构中，首先引入控制面和转发面松耦合架构来支撑多业务，进一步引入业务特定（Service-Specific）控制架构来实现具体应用架构，从而使得网络可引入新的控制架构。而引入过程需要处理两类冲突：与现有业务在数据转发调度、策略和整形等方面发生冲突时，该类冲突往往在单个节点上完成，称为带内控制（In-Band Control）；与现有业务控制数据面的具体转发行为上出现差异，如路由信息扩散、资源预留、转发策略等方面的冲突，称为带外控制（Out-Band Control）。

如图 3-7 所示，Tempest 构架于 ATM 网络控制层，控制器支撑多个业务。为了业务逻辑控制底层转发行为，ATM 交换机通过 Divider 分割为多个 Switch（let），从而业务通过开放式的 Ariel 接口控制 Switch（let）的交换机端口、VPI/VCI 空间、带宽和缓存空间，通过对网络虚拟化，消除上述数据面冲突和差异。在控制面基础上，通过集中式的管理分配符合 ATM UNI/NNI 标准的虚拟网，从而新型网络控制能够通过构建在控制器上的标准化 API 得到实现。这样，通过带内和带外控制以及开放化数据面控制接口，允许网络有多个控制架构。该工作的重要意义在于提出的网络基础结构可编程，从而能够为主动网络、可编程网络等新型体系结构提供控制面的支撑环境。

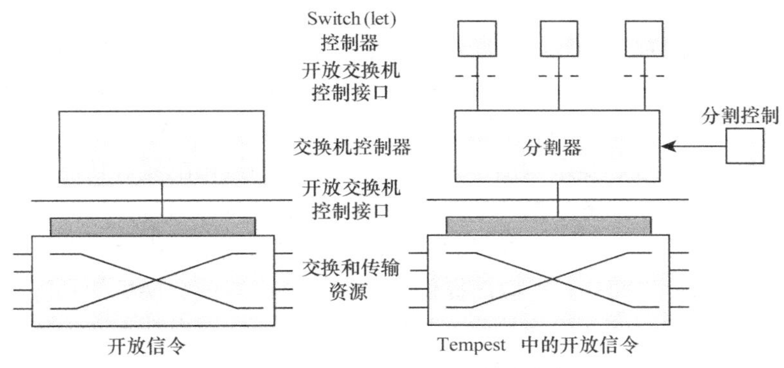

图 3-7 Tempest 开放信令与 ATM 开放信令对比

不仅限于对多控制系统的支撑，增强网络自身的路由控制灵活性可进一步提高路由的可伸缩性。在现有 Internet 中，边界网关协议（BGP）在全网范围内首先通过交换各个自治域系统（AS）的路径可达性来使得每个自治域边界节点计算边界路由信息，然后基于域内路由协议（OSPF、RIP 和 IS-IS）将该路由信息扩散到 AS 各个域内的路由节点中，从而边界节点上获知到达某个网络所需的下一跳 AS，而每个域内节点得知到达该网络需转发至 eBGP 节点的下一跳路由节点。这样，每个边界路由器基于下一跳 AS 根据具体路由策略来决策和转发报文，以保证全网路由信息的正确性。然而，一方面，当网络拓扑状态发生变化或收敛周期到达时，都会引起路由的重新收敛，进一步新路由状态扩散和转发表更新的过程将会引起转发环路、黑洞等问题，这是由于必要的收敛时间存在新老路由之间引入临时状态，老的状态将诱导报文转发仍然沿着原有路径转发，而已更新路由的节点收到报文之后将可能转发到老的节点上，从而形成环路或者没有该路由，最终形成黑洞。另一方面，当运营商对某个 AS 边界路由策略调整时，多个 AS 内边界路由器的 BGP 配置将存在不一致性，配置不一致性将会导致路由“热土豆”效应，报文将在AS间震荡直至报文TTL值到达上限从而丢弃。

因此，域内的状态扩散和路由收敛应以集中式控制方式实现，eBGP节点间路由可达性的学习过程可通过集中式的路由控制平台（RCP）[17]来统一控制，通过iBGP感知底层路由器状态并在RCP上形成一致性的网络拓扑，根据拓扑结构来集中式计算域内路由，各个RCP之间仍然基于eBGP交换路由信息，从而实现路由路径的可达性。图3-8给出RCP平台架构，通过在单个节点上计算路由降低路由收敛过程中所造成的环路、黑洞问题，通过集中AS内各个路由器的配置，避免“热土豆”问题。RCP长期在AT&T网络中运行，改进了路由收敛速度、灵活性和可伸缩性，提高了运营商的带宽利用率。

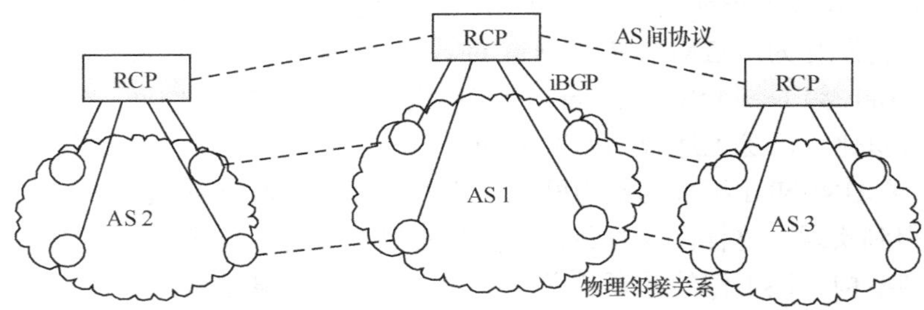

图3-8　RCP平台的架构

因此，路由、配置策略等如何增量化地根据用户的需求使网络体系整体发生改变（即Clean-Slate方法），从而分层的网络控制和管理能够在路由控制的灵活性和可编程性上取得折中。鉴于此，4D网络[18]将网络划分为自上而下4层（如图3-9所示）：决策面用于处理网络控制诸如可达性、复杂均衡、访问控制、安全和接口配置等功能，决策过程基于全网网络视图进行，各个业务根据各自算法得到网络层的优化目标，如可达性矩阵、负载均衡目标和可生存性目标，将得到的优化结果配置到数据面中，决策层由若干决策单元服务器构成，直接连接到网络中；扩散面提供一个连接路由器或交换机的顽健、高效的通信基础结构，从而能够将决策面生成的状态扩散到数据面上，而自身不产生任何状态；发现面用于在网络中发现物理网元并创建逻辑标识符识别它们，决策面定义了标识符的范围和持久化，并执行彼此间的自动发现和管理；数据面基于决策面产生的状态来处理报文，这些状态包括转发表、报文过滤器、链路调度权值、队列管理参数、隧道和网络地址转换等，与此同时，该层能够向发现层提供数据面状态感知功能，从而带来如下技术优势：

- 将分布式系统问题从网络逻辑中分离出来，从而能够降低传统封闭式的路由协议设计复杂性；
- 更高的顽健性，新的网络决策可不依赖于每个路由器的分布式配置过程，使得运营商能够从该过程中解放出来；
- 更优的安全性，减少路由器配置出错的概率；
- 能够适应异构的网络环境，网络运营环境能够满足更多的应用需求；
- 激活创新和网络演进，决策面能够在不需要报文格式或控制协议改变的情况下，引入新的算法和抽象来计算数据面资源，从而满足网络层的决策目标。

Emulab试验床上的实现表明该架构在1 000个节点以内时具备良好的可伸缩性（与Fast-OSPF相似），路由重新收敛时间为网络直径的数量级，验证说明4D在提高灵活性的同时仍然确保性能。

解决决策面和数据面间直接控制的可伸缩性问题为后续架构研究的方向（即南北向接口）。2008 年斯坦福提出的 OpenFlow/SDN 技术范例（简称 OF/SDN），将体系结构分为控制面和数据面，分别由 OpenFlow 控制器和交换机构成，之间通过标准化 OpenFlow（OF）协议通信（如图 3-10 所示）。其中，控制器以集中方式控制由多个交换机所构成的域，其所属控制器通过一致性网络视图控制域间网络系统，控制器通过提供操作系统运行环境来支撑多种网络业务，实现诸如流量控制、路由控制、安全控制等功能。现有 OF/SDN 多纳入虚拟化技术，如以 OpenStack[19]为首的云计算平台也已广泛采用了 SDN 技术为业务提供网络支撑环境，Nicira 以虚拟化技术为基础构建了第一个 SDN 操作系统。

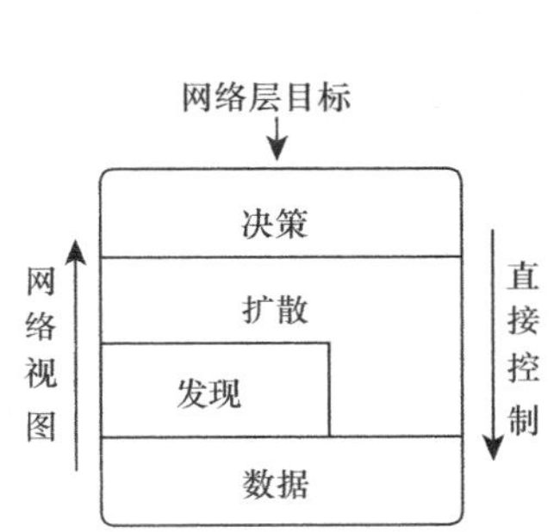

图 3-9 新型 4D 网络 4 层体系结构

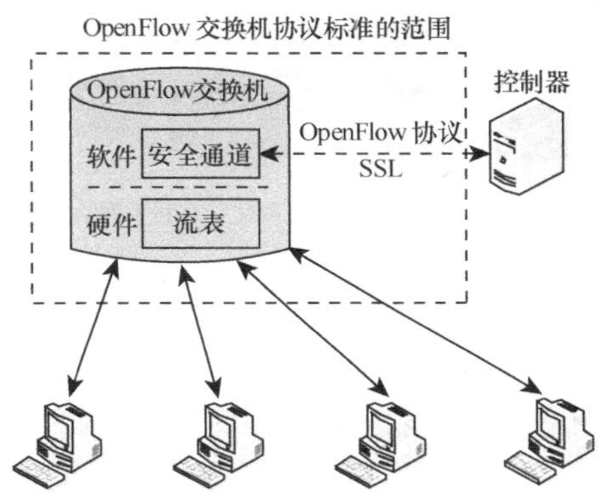

图 3-10 OpenFlow 体系结构及其基本组成

上述 SDN 体系结构通过解决基础性的网络问题，从而能够带来如下 6 点技术优势：

• 更好的网络整体创新能力。SDN 强调控制面与数据面分离，同时开放平面间标准化的数据面配置协议（即 OpenFlow/OF 协议），从而形成廉价、水平可伸缩和开放网络体系结构（如图 3-11 所示），替代传统昂贵、垂直集成和封闭的路由器体系结构。

• 更好的网络控制可伸缩性、灵活性和可编程能力。OF/SDN 域内数据面节点和域间节点分别通过集中方式以及一致性网络视图控制，通过全局控制避免传统动态路由控制系统所带来的局部性问题，如自治域“热土豆”问题、域内路由震荡、路由环路、路由黑洞、流量控制局部最优以及路由收敛过程路由节点上控制状态不一致等问题。

• 更好的网络控制安全性。OF/SDN 对实施网络控制策略实时检测全局正确性（从而避免数据面配置环路、黑洞问题）、实时检测多业务间资源冲突（从而避免数据面流表项间冲突）、通过网络操作系统管控底层网络资源（从而避免现有网络中出现的 Sybil、RIB Poisoning 和 DoS 攻击等）；而现有 BGP、OSPF、IS-IS 和 RIP 等协议控制的稳定过程难以确保安全性。

• 更好的控制面可扩展性。SDN 通过提供编程语言来激活控制面的可编程能力，避免底层网络的复杂性，使得新的网络业务能够快速构建和测试。

• 更好的数据面可扩展性。OF/SDN 允许控制面通过对流表动态编程实现交换机转发行为的动态控制，现有相关研究表明，在 OF/SDN 上扩展 IP 或新的非 IP 更容易。

- 更好的网络测量能力。OpenFlow 交换机流表项能够快速响应数据面流的高度动态性（通过在交换机中优化其中的 Heavy-Hitters 项），通过准确测量，快速响应网络的异常问题和动态变化，提高网络控制系统实时性。目前，OF/SDN 技术已引入诸多 ISP 内部网络中，如 Google 和 Microsoft 通过该技术优化分散的数据中心网络间的流量调度，将 10Gbit/s 级数据中心间链路的带宽利用率提升 2～3 倍。

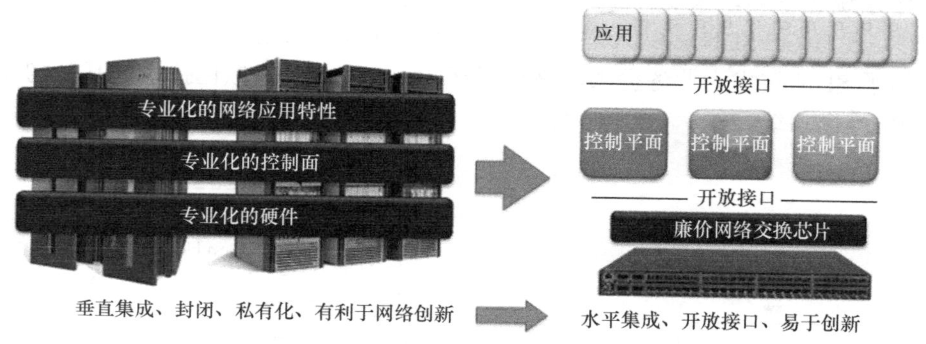

图 3-11　传统网络与 SDN 在提升网络整体创新能力方面的对比

然而，引入数据面流表动态编程和集中式控制之后，控制面需要通过抽象简化流表操作的复杂性（如表项冲突、流表更新等），从而简化网络编程；而数据面需要考虑流表的可伸缩性和转发性能以及数据协议可编程能力，适应高性能业务转发需求。本节余下部分分别讨论它们的具体技术问题、挑战和现有解决方案。

3.1.2.2　控制面技术

与现有动态路由控制不同，路由状态扩散和路由计算从路由交换设备中分离到独立的控制平面中，而路由器简化为能够控制和重新定义流转发行为的 OF 可编程交换机。在控制面中，每个控制节点上运行网络操作系统（NOS）对底层数据面资源进行抽象。这样，NOS 之上运行的网络业务通过标准化南向接口来直接控制交换机，从而消除多业务间诸如转发行为、队列缓存、物理端口等冲突，以确保各个业务的调度公平性，并优化转发资源配置。NOS 和业务之间通过北向接口连接，该接口通过网络编程语言对网络进行抽象，从而资源的分配不再直接依赖于南向接口，而是通过语言来消除数据面资源分配的不安全性，从而易于实现灵活、可控的网络功能。南北向接口的开放化增强了网络的创新能力，从而网络运营商可以动态地配置、管理和优化底层的网络资源，实现灵活、可控的网络功能。然而，控制平面仍面临如下技术挑战：

- 流的细粒度处理造成控制器 Heavy-Hitter 数据分组处理与通信负载。虽然控制器可以通过主动决策机制提前将控制逻辑部署到数据转发单元以减少数据平面和控制器之间的处理开销，在 OpenFlow 网络中，提前安装流表项也会使大量流表空间无法释放造成资源浪费，但是实际上大部分流的持续时间都很短暂。

- SDN 中控制平面需要维护全局的网络状态信息，网络状态获取的实时性与一致性需求将进一步加重控制器的负载，特别是当网络存在移动节点或拓扑改变时。随着网络规模的不断增大、数据平面转发设备数量的不断增多，单控制器设备已难以满足性能的需求。多控制器存在协同与安全性等问题。

• 网络新型应用需求快速增加，需要将这些新型应用增加到控制平面当中，导致控制器需要对日趋复杂的管控功能进行有效的整合，使得控制平面的处理开销进一步增加。

为了达到较好的响应能力和可伸缩性，一方面，单个 NOS 需要通过优化流水线结构和编程语言来改进对交换机的控制吞吐量和所能控制的交换机数量；另一方面，由于网络自身的分布式特性和单个 NOS 的不可靠性，NOS 需能够通过分布式来减少控制交换机的时延和故障问题。在分布式 NOS 中，为了抽象出分散在不同域和不同控制器的各个交换机的状态，多个 NOS 节点首先获取各自所辖域的域间拓扑，然后通过具有分布式一致性算法对各自域内所感知的拓扑存储到网络视图中来，从而基于视图，上层网络业务能够实现域间的路由控制等，满足不同的优化目标。以下分别阐述两种类型的 NOS。

（1）集中式 NOS 技术

集中 SDN 控制器研究工作以集中式控制为范例，以增强网络的可编程性为研究目的。先后有如下工作解决或改进控制器的可编程和可伸缩性：应用虚拟化技术并与云平台集成以及通过网络编程语言降低业务编程的复杂度。

① 集中式控制架构

2008 年，加州大学伯克利分校和斯坦福大学共同研制首个集中式 SDN 网络控制平台 NOX。NOX[20]对底层物理网络资源进行抽象并支撑上层网络控制应用程序，应用程序能够通过 NOX 所提供的 OpenFlow 协议、异步 I/O、拓扑发现、数据面资源等支撑环境来改进网络可编程能力，以促进网络创新。如图 3-12（a）所示，NOX 和交换机通过 OF 协议交互，在 NOX 中，网络视图（Network View）存储了整个网络的基本信息，如拓扑、网络单元和提供的服务等，从而应用程序通过调用网络视图中的全局数据实现对交换机的管理和控制。综合而论，NOX 的模型主要包括两个部分：集中式编程模型，开发者不需要关心网络的实际架构，在开发者看来整个网络就好像一台单独的机器一样，有统一的资源管理和接口；网络功能抽象，应用程序开发需要面向的是 NOX 提供的高层接口，而不是底层物理网络。

尽管 NOX 实现了基本的网络管控功能，并为 OF 网络提供了通用 API 的基础控制平台，但其并未提供充分的可靠性和灵活性，以满足控制可扩展的需求。但是，总的来说，NOX 在控制器设计方面实现得最早，目前已成为 OF 网络控制器平台实现的基础和模板。

此后，在 NOX 基础上，Jaxon[21]和 POX[22]分别扩展实现面向 Java 和 Python 语言的 SDN 控制器系统。Jaxon 通过使用 Java Native Access 将 NOX API 转换到 Java API 实现与 NOX 系统接口的封装。POX 通过对控制器的关键功能进行抽象并封装为 Python 类，同时进行了技术方面的改进：通过 PyPy 技术实现控制组件的可重用性；更好的平台可移植性； POX 在性能方面优于 NOX。

② 控制流并行处理

为了达到更好的性能，通过多核体系结构，基于事件和多线程的转发能够提高控制流处理效率，从而改进控制器的性能。相关工作有 Beacon[23]和 NOX-MT[24]。

2010 年，Erickson D 研制 Beacon SDN 控制器，是一种高效、跨平台、模块化的 SDN 控制器，同时支持基于事件和线程运行。在该控制器中，服务通过基本构建模型（Bundle）

来支撑，该模型包括元数据、实现类、资源描述及其依赖组件，使得多个服务间能够重用、协同和扩展各个服务内的功能，允许由第三方提供。Beacon 的核心是由 Bundle 模型构建的，具体包括 OpenFlowJ、分组编码/解码 Bundle、核心 Bundle 等，各个 Bundle 之间通过 Service Registry 相互作用。核心 Bundle 连接交换机，发布 IBeaconPrivder 给其他 Bundle 使用。该控制器具有如下技术特点：稳定性，Beacon 自 2010 年年初以来一直在发展，并已用于多项研究项目、网络课程和试用部署，现已支持的有 100 个 vSwitch，20 个物理交换机的试验数据中心已经在不停机的情况下运行了几个月；跨平台性，支持高端多核心的 Linux 服务器到 Android 手机，已运行在许多平台；开源，Beacon 是由 GPL v2 License 和 Stanford University FOSS License Exception v1.0 共同授权的；动态性，各个功能模块在 Beacon 上运行时进行动态重构，其重构过程不会中断其他非依赖的模块组件；良好的开发环境易于应用程序的开发与调试，系统构建于成熟的 Spring 和 Equinox（OSGi）等框架基础之上；多线程，性能基准测试；嵌入 Web 服务器和自定义可扩展的 UI 框架。

此外，流建立时控制器要将路由状态转发给交换机，并控制流表在交换机中的缓存时间，这是造成吞吐量瓶颈的重要原因。鉴于此，NOX-MT 改进了 NOX，使其具有多线程功能。NOX-MT 通过对控制器数据链路请求的快速响应以及控制器每秒可以处理的请求数目，有效地提高 NOX 的吞吐量和响应时间。通过实现，NOX-MT（如图 3-12（b）所示）在 8 核机器上处理的请求数目每秒可以达到 160 万个，平均响应时间为 0.2 ms。

③ 控制器虚拟化和云计算

NOS 虚拟化以及与云平台的集成研究工作也得到广泛重视。例如，OpenStack 云操作系统中集成了 Nova 和 Quantum 组件，用于实现可编程的云计算平台网络。Nova 是一个面向云计算数据交换的控制器系统，是 IaaS 系统的主要部分，存在着如下局限性：计算服务与网络服务强耦合，与 OpenStack 的本意不符；支持的网络服务十分有限，而且可扩展性很差；缺乏对域内网络的控制；对多厂商、不同技术的支持有限。Quantum 在此基础上做了进一步的改进，旨在向有其他 OpenStack（包括 Nova 在内）控制的设备接口（例如 vNICs）间提供“像服务一样的网络连接”。通过虚拟化，网络资源利用率能够得到提高，在 SDN 领域，现有工作主要有 Ryu 和 Floodlight 两种。

Ryu 项目由 NTT Laboratories OSRG Group 研发，其目的是提供一个逻辑上的集中控制和良好定义的 API，使得运营商能够创造新的网络管理和控制应用。目前，Ryu 管理网络设备使用 OpenFlow，支持 OpenFlow 1.0、1.2、1.3 和 Nicira Extensions。该控制器能够与 Nova 和 Quantum 整合，在不需要任何交换机功能/设定（例如 VLAN）的情况下提供多空间的 L2 隔离。Ryu 可以在 OpenStack 之上构建出与底层网络硬件异构性无关的 Flat L2 网络，通过可伸缩的多区域隔离，大幅度地提高和改进其可伸缩性。

此外，Floodlight[25]是一个企业级开源控制器，底层数据面实现了虚拟化，同时向上为业务提供标准化的北向接口（如图 3-12（c）所示），该架构能够通过 RESTful API 与现有 OpenStack 云计算平台中的 Quantum 无缝整合，支持交换机虚拟化技术。该架构更贴近于交换机硬件设备，而虚拟化技术能够使得基础结构能够得到重用，从而改进网络资源的利用率。

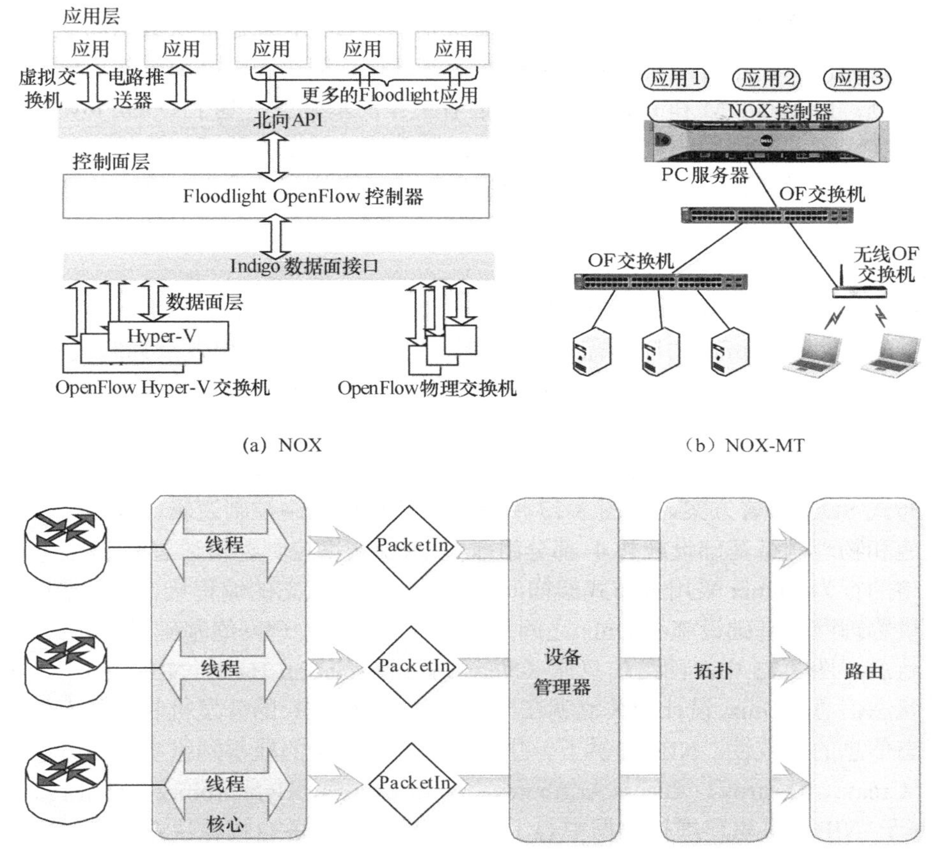

(a) NOX (b) NOX-MT

(c) Floodlight

图 3-12　3 种 SDN 控制器结构

④ 网络编程语言

针对 SDN 编程语言及其验证技术，研究由于网络上层接口缺乏网络底层网络资源的抽象而造成不能为模块化编程提供基础支撑的问题，进一步使网络程序变得复杂、容易出错且难以维护等。2011 年，Foster N 和 Harrison R 等提出 Frenetic[26]面向分布式网络交换机的高层编程语言，为描述高层报文转发策略提供网络流量聚合和分类以及面向功能响应编程（FRP）模型的组合器设计模式提供声明查询语言，并实现模块化推理和模块重用。Frenetic 采用声明式和模块化设计准则，并提供单层编程模型、无竞争语义和代价控制机制，提供 FRP 组合器库管理网络报文转发策略。2012 年，在 Frenetic 基础上，Monsanto C 和 Foster N 等提出新的 NetCore[27]编程语言，用于表达 SDN 转发策略，该语言采用表达性和聚合语法，并提供编译算法和新的运行环境。同年，Kim H 和 Voellmy A 等提出 Lithium 基于事件的网络控制框架，允许网络运营商通过基于事件的高级策略模型对全网策略进行定义，并实现了基于 NOX 和 OpenFlow 的原型系统。

另一方面，2012 年，Foster N 和 Freedman M 等指出 SDN 网络编程语言需要在网络策略、网络查询和一致性更新功能上进行抽象。2011 年，Reitblatt M 和 Foster N 等提出

SDN 中一致性更新机制，提出报文级别和流级别的一致性，通过提供数据面更新机制使得报文转发路由在任意时刻只按同一数据面配置进行，解决因网络配置变更出现的网络不稳定问题。Reitblatt M 和 Foster N 等在前者工作的基础上，基于 OpenFlow 实现和优化保证报文级别和流级别一致性的机制及其原型系统，提出并验证一致性更新所满足的特性，并提供一种通过利用一致性更新方法来降低网络控制软件正确性、验证复杂性的工具。

（2）分布式 NOS 技术

分布式 SDN 控制器解决集中式控制器在大规模网络控制需求情况下难以满足其可伸缩性、可靠性和响应能力应用需求的问题。早期研究工作的出发点为解决实际 BGP 自治域间控制的可伸缩性和灵活性到网络控制面的可编程性问题，如 RCP 和 4D，近期工作如 Onix[28]解决广域网范围内的网络控制问题。

针对控制平面在可扩展性和通用性等方面的不足，Onix 提出了一整套面向大规模网络的分布式 SDN 部署方案，如图 3-13 所示，其架构由网络控制逻辑、Onix、网络连接基础设施和物理网络基础设施共 4 部分组成。其中，网络控制逻辑通过 Onix 提供的 API 决策网络的行为；Onix 采用分布式架构向上层提供网络状态的编程接口；网络连接基础设施提供物理网络基础设施和 Onix 之间的通信连接；而物理网络基础设施允许 Onix 读写网络状态。图 3-13 中，网络信息库（Network Information Base，NIB）用于维护网络全局的状态信息，Onix 设计的关键就在于实现并维护 NIB 的分发机制，从而保证整个网络状态信息的一致性。NIB 提供了一些供控制逻辑使用的获得网络实体的方法，包括 Query、Create、Destroy、Access Attributes、Notifications、Synchronize、Configuration、Pull。基于 NIB，多租户虚拟数据中心、路由等业务能够各自构建决策目标，并将结果通过 NIB 写入底层网络数据面上，从而改变网络转发行为。

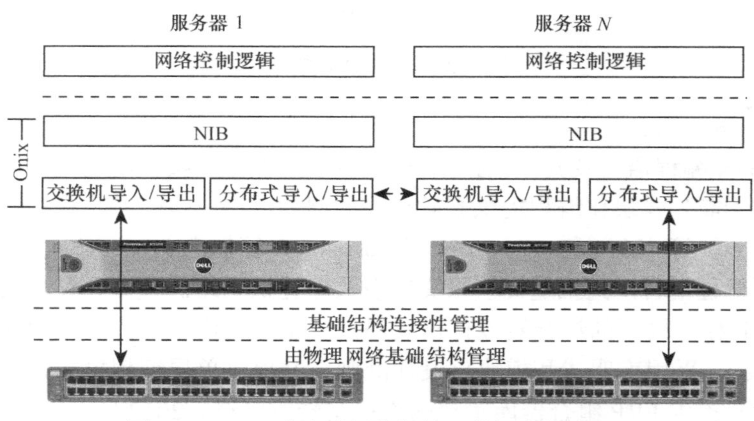

图 3-13 Onix 分布式网络架构及其组成部分

Onix 运行在一个集群或者一台或多台服务器的分布式环境中，Onix 向控制逻辑提供读取和设置网络状态的 API。在集群内部，Onix 实例还负责向其他 Onix 实例传播网络状态。在业务运行中，数据面状态在各个实例上的同步过程考虑到了可伸缩性、性能和可靠性因素，具体采取以下 3 种措施：分块化（Partitioning），网络控制逻辑配置 Onix，使得每一个控制器实例仅包含一部分的工作集，这样可以使一个控制器实例只需连接一部分网络组件，从而处理更少的事物；聚合（Aggregation），在多个 Onix 集群中，一个 Onix 实例可以只公开其 NIB 内组件的一部分，即作为一个聚合组件；一致性和持久性（Consistency and Durability），Onix 提供两种数据存储方式，分别为复制的支持事物处理的数据库和基于内存的一步到位的 DHT。

其中，数据库推荐用来存储同步那些变化缓慢的网络状态，Onix 需要对应的 Import 和 Export 模块来实现数据库与 NIB 之间的通信，实际上任何拓展出来的类都可以在配置 Import 和 Export 模块之后再实现与数据库的通信。这两个部件装载和存储实体类的声明和它们的属性。应用程序可以很简单地将 NIB 改动聚集起来通过 Export 模块向数据库转发；当 Import 模块收到数据库触发器发来的数据库内容改变的消息时，它将更改 NIB。

对于那些需要很高的更新速率和可获得性的网络状态，Onix 提供了一步到位的、最终一致的、内存里的 DHT。除了正常的 Get/Put API 之外，这个 DHT 还提供了 Soft-State 触发器：当某一个特定的值发生改变时，应用程序可以注册来收到一个反馈，但是更新 DHT 可能会带来不一致问题。Onix 不提供出现不一致时的解决方案，期待控制逻辑或者应用程序提供相应的算法或者锁机制。

对于网络设备的管理，Onix 设计并没有明确说明使用什么协议来管理网络组件。对于应用程序来说，最重要的接口是 NIB。所以任何合适的对应组件支持的协议都可以通过保持 NIB 网络实体和真实网络状态的一致来实现。例如对于 OpenFlow 而言，它将 OpenFlow 事件和操作变成 NIB 中的实体。对于管理和获得更加一般的交换机配置和状态信息，Onix 实例会选择通过一个配置数据库协议连接一个交换机。现在，Onix 已经成为许多组织机构构建商业应用的基础平台。

在可靠性方面，Onix 处理网元、链路、实例以及基础结构 4 类故障，当故障发生时，多个 Onix 实例间通过 Paxos 算法采用多级 Quorums 结构获取一致性的状态。

从 Onix 的应用场景来看，每一个 Onix 实例能够管理多达 64 台 OpenFlow 交换机，由 5 个 Onix 实例组成的集群也已经通过了测试。以每台 OpenFlow 交换机能够连接 48 台服务器来计算，Onix 能够应用于具有数万量级主机的较大规模网络。

3.1.2.3　数据面技术

高速可编程交换机为 SDN 提供数据面可编程转发交换能力，这部分的研究集中在采用 FPGA 或 ASIC 实现 Ethane[29]和 OpenFlow 交换机及其优化问题上。早期的 OF 交换机原型系统为 2007 年提出的 Ethane 系统。在 Ethane 中，数据通路设计为受监管的流表，每个流表记录包含头部、动作和流数据，实现基于流水线的报文处理流程，能够达到针对 64～1 518 Byte 的报文线速转发性能。此后，在 2008 年，Naous J 和 Erickson D 等提出基于 NetFPGA 实现具有线速转发能力的 OpenFlow 1.0 交换机原型系统，成果部署在斯坦福校园网和 Internet 2 骨干网之上。然而，随着业务数量的增多以及对性能和可扩展需求的变化，高性能和可编程仍然是需要解决的问题。

在性能改进方面，主要是提高流的转发吞吐量，主要有如下两种方式。

一种方式是对硬件体系结构及其相关算法进行改进，主要有如下方法。

- 通过互联多个 OpenFlow 交换机。例如，2010 年，Gibb G 和 McKeown N 等提出 OpenPipes[30]，允许在物理资源之上通过分布式方式对 FPGA 原型系统模块通过 OpenFlow 网络互联，从而简化传统 FPGA 芯片内部模块之间的互联机制，同时 OpenFlow

能够完全控制互联网络内的数据流。

- 通过改进流匹配算法。例如，2011 年，Jiang W 和 Prasanna V 等提出 Decision Forest 灵活流匹配并行体系结构，使得在决策树构建时减少流表项的重复率，减少内容消耗，通过避免采用 TCAM 而采用 RAM 来降低功耗，可应用于实现 OpenFlow 流表匹配，在 Virtex-5 XC5VFX200 芯片平台上、流表大小为 1 kB 的情况下针对 40 Byte 的报文，转发速率能够达到 40 Gbit/s。同年，Ferkouss O 和 Snaiki I 等提出通过应用 SRAM 和 TCAM 来实现递归流分类（RFC）机制，从而增强 OpenFlow 1.1 交换机的性能，原型系统搭建在 EZchip NP4 网络处理器上，同时嵌入 32 个并行引擎实现报文处理。Attig M 和 Brebner G 提出基于 Virtex-7 FPGA 芯片的 400 Gbit/s 的报文解析速率。Jiang W 和 Prasanna V 提出利用决策树和 2-D 多队列体系结构在 FPGA 上优化 OpenFlow 查找性能，在 Xilinx Virtex-5 XC5VFX200T 芯片上能够存储 10 000 个五元规则组以及 1 000 个 12 元规则组，在转发 40 Byte 报文时的吞吐量分别达到 80 Gbit/s 和 40 Gbit/s。
- 通过改进 OpenFlow 协议。例如，2011 年，Curtis A 和 Mogul J 等指出现有的 OpenFlow 体系结构无法满足高性能网络的需求，提出 DevoFlow[31]解耦控制和全局的可见性，发现能够实现数据中心网络流量负载均衡且冗余代价较小，通过优化使得流表项减少到未优化的 10～53 倍，控制消息交互减少到 10～42 倍。

另一种方式是采用硬件加速方法辅助改进可编程交换的性能。例如，2011 年，Tanyingyong V 和 Hidell M 等在基于 PC 的 OpenFlow 软件交换机和 Intel 82599 网卡设备的基础上，在网卡设备上引入缓存流表项的快速数据通道来提高性能，性能改进 40%。

在可编程方面，现有 OF 流表从版本 1.0～1.3，将单级流表转变为多级流表，从而使得 IP 层以内的隧道等报文头部能够在流水线中得到匹配，增强了流表结构的表达性。然而，当新型网络协议引入之后，转发表自身也需要可扩展，数据面自身需具备演进能力，从而适应网络业务需求。目前主要有 3 种技术趋势：Google OpenFlow 2.0，提出通过模块化以及上层软件抽象方式架构交换机，使得业务需求能够通过逻辑定义抽象来动态地对交换机的各个已有模块进行组合或定义新的模块功能，通过动态组织模块间的数据传输路径，实现所需的特定转发行为；交换机部分可重构，交换机运行于 FPGA 之上，在运行时交换机能够通过对 FPGA 上特定区域的逻辑进行动态编程来改变片上的转发逻辑，该方法需要上层提供复杂化的 FPGA 编程环境；交换机内的报文头部字段可重新编程，即允许用户定义新的协议头部字段模板，使得报文匹配时，可以根据模板来获取各个字段，进而匹配流表，该方法将会干扰交换机的交换性能。

综上所述，可伸缩性和可编程是交换机设计过程中的权衡点，随着 CLOS 等大型网络交换结构和 ASIC 的引入，OF 交换机正在逐步迈入实际应用，并不断地在性能方面取得突破。如 NEC 的 OF 交换机性能已达到 40 Gbit/s，Google 已部署了大量的 OF 交换机在数据中心间传输大规模数据，美国 GENI 计划也已部署大量 OF 交换机节点来构建未来网络试验环境。

3.1.2.4 小结

本节详细介绍了 SDN 体系结构以及控制面和数据面技术，典型的 4D 和 OpenFlow 研究工作已分别确立了 SDN 体系结构和网络设备基本模型。目前，一方面，在产业界，SDN 技术已部署在 Google 等 ISP 运营商内部数据中心或集群中，通过灵活路由提高网络利用率，从而降低网络运营成本；另一方面，在未来网络研究领域，该技术还被应用在未来网络试验床 GENI 项目、欧盟 FP7 项目和日本 JGN-X 项目中，使得网络试验环境能够搭建在现有覆盖网的基础上。然而，SDN 技术仍然处于研究中，应用于大规模互联网中，还需要提高控制面的性能和顽健性，并提高数据面的转发性能和可编程能力，以适应业务种类的多样性和业务的性能需求。

3.2 面向服务的新型网络体系

随着技术和应用的不断发展，互联网目前已经发展成为重要的信息基础设施，其相关的应用也不断增加并渗透到经济社会生活的方方面面，比如即时通信、微博、云计算、云存储等新兴互联网应用，它们正深刻地影响和改变着人们的沟通和生活。当前互联网的规模惊人，应用广泛，用户量巨大，已经远远超出了其当初的设计目标，互联网自身体系结构的局限性也变得日益突出，传统网络体系结构主要以实现主机的互联互通为理念，类似“智能终端+尽力而为传输的网络”、“端到端通信”等互联网设计思想已经不能满足未来互联网可扩展、可动态更新、可管理控制等的需求，这就迫使人们开始思考互联网设计的新理念和新目标，研究未来互联网络的体系结构和机理。

未来互联网体系结构的研究有两种思路：一种是全新革命式（Clean-Slate Revolution），另一种是增量演进式（Increamental Evolution）。前者认为，现有的互联网体系结构已经不能满足未来互联网发展的需求，需要构建一个全新的网络结构；后者认为，目前的互联网已成规模，主张在现有网络体系结构的基础上进行改进和整合。目前，这两种思路都以面向服务的新型网络体系作为未来互联网体系结构的研究重点。这是由于以服务为中心构建未来互联网络能够改变传统网络面向不同业务需求时只完成“傻瓜式”传输的窘境，实现传统互联网向商务基础设施、社会文化交流基础架构等新角色的转型，因此它得到了业界的广泛认同。服务（Service）在互联网中的概念涵盖了传输和应用等概念，通过数据资源、计算资源、存储资源、传输资源，完成对信息高效率、安全的计算、存储，传输任务的活动就称为服务。面向服务的新型网络体系结构（Service Oriented Architecture，SOA）借鉴了软件设计中面向服务的架构设计、面向对象的模块化编程思想，将服务作为基本单元设计未来网络的各种功能，包含了对服务进行命名、注册、发布、订阅、查找、传输等各种功能的设计，以此满足未来新型网络的管理、传输、计算等需求。

3.2.1 SOI

SOI（Service Oriented Internet）[32]是由美国明尼苏达大学的 Chandrashekar J 等提出的。顾名思义，就是采用面向服务的方式来描述未来互联网的结构。随着互联网应用的快速增长，人们每天越来越依赖于通过各种网络应用来获取所需的资讯信息，因此庞大的用户量和应用业务的出现，对网络提出了“服务可用、可靠、高质量和安全”等新需求，SOI 的出现正是为了满足这样的需求。它是通过在现有网络层和传输层之间添加服务层（Service Layer）来建立一个面向服务的网络功能平台，属于演进式的研究思路，SOI 这种面向服务分发的网络设计思想具有灵活性强、统一性好、通用性优和可扩展的特点。它的基本体系结构如图 3-14 所示。

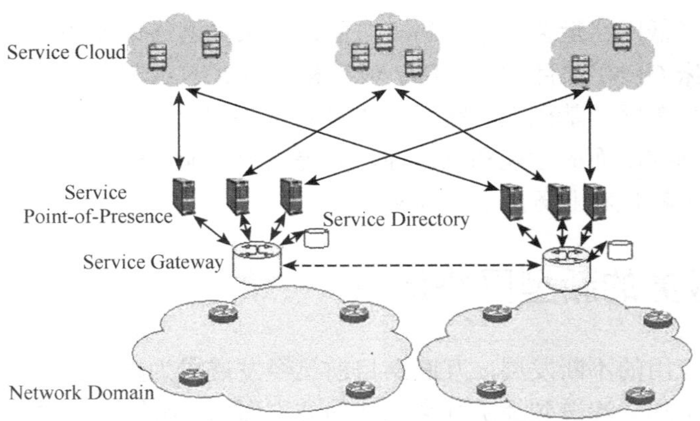

图 3-14　SOI 体系结构图

（1）在 SOI 体系结构中，它将提供一类服务信息的各种服务实体（Service Entity），比如内容服务器、代理服务器、缓存服务器、内容分发服务器等相关设备抽象到 SC（Service Cloud）中，Service Cloud 可能是一类服务（Service）数据的来源，也可能是转发一类服务相关数据的中间路由，并且这个中间路由可能直接连接着被服务的用户。这种设计主要将一类服务数据的提供者抽象到一起，同时也将服务抽象出来，其最大的优点是能够实现服务数据在核心网络中传输时仅发送一份数据，而不会因为需求用户的数量多而出现重复多次传输的情况，服务数据最终分发到同一个 IP 网络域（Network Domain）中的多个用户，这是利用 SC 中的对应转发设备通过复制服务数据进行转发完成的。Cloud 在 SOI 体系中属于虚拟网的概念，其中的服务实体可能来自于不同的 IP 网络域，分布于不同的地理位置。SC 中负责提供服务的具体设备称为 SC 对应的 Object。

（2）有了服务和数据对象的概念，在网络传输中自然需要首先对服务数据的来源和目的 SC、Object 等信息进行标记。SOI 对每个 SC 都采用长度固定（32 bit）的 Service ID 来标记服务的来源 SC 和目标 SC，这个标识由一个集中管理机构给定，和 IP 地址的划分机制类似，同时使用长度变化的 Object ID 来标记源 SC 中负责发送数据的源设备对象以及目的 SC 中实行最终数据分发的目标设备对象，Object ID 的长度之所以是变化的，是因为其实现语法和语义是由 SC 内部提供的，从而标记每个 Object 的 ID 长度也就是动态变化的，这就为 SC 的可扩展能力提供了基础，能够有效地防止攻击，保证了相应服务提供者的安全。图 3-15 是具体的服务数据的分组头格式。

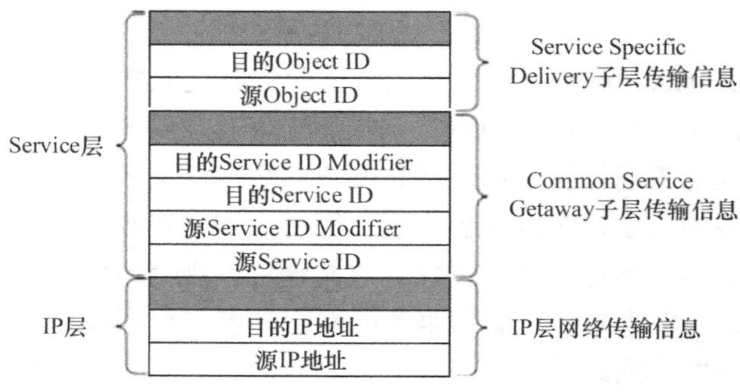

图 3-15　服务数据分组头格式

（3）由（1）已知 SC 中的各种设备在现实中往往来自不同的 IP 网络域，并且数据的传输还需要在网络域内部和域之间进行传输，因此在转发服务数据的时候除了明确 SC 和 Object 信息，还需要确认这些信息对应的具体网络域信息，才能实现数据在 IP 网络中的传输。S-PoP（Service Point-of-Presences）起到的作用正是处理从 SC 信息到具体 IP 网络域信息的映射，实现的是 SC 与实际网络域之间的接口，对于域间移动的用户，S-PoP 还能提供动态更新 Object ID 与具体物理转发设备之间映射关系的功能，满足了网络移动性的需求。

（4）虽然明确了源 SC、目的 SC 中对应的源 Object 和目的 Object 以及它们各自对应的 IP 网络域。但是服务数据尚缺少具体的传输起始路由器、具体的传输路径、中间需要经过的 IP 网络域、需要走的路由等信息。这样的信息存储在 Service Gateway 中，Service Gateway 主要记录的是到达某个 SC 所需要经过的具体 IP 网络路由信息，相关的信息则是 Service Gateway 通过 SGRP（Service Gateway Routing Protocol）建立的。服务数据的层次结构以及数据在不同设备中传输时的分组头分析层次如图 3-16 所示。

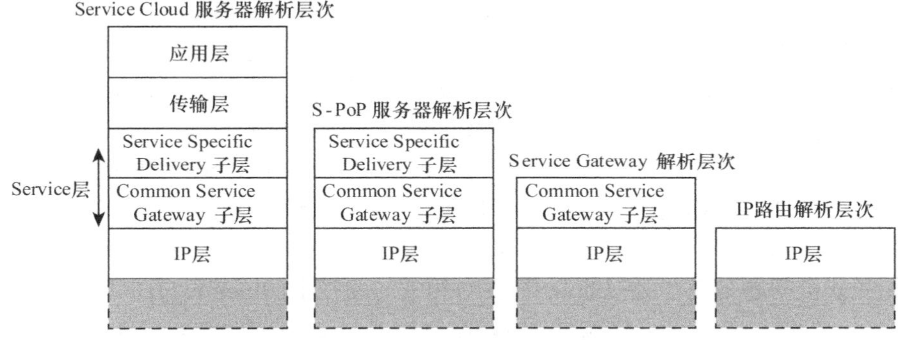

图 3-16　服务层和 SOI 协议栈

（5）SOI 建立了一个较为完整的面向服务的体系架构，但依然存在相关的问题还需要进一步研究。比如服务和具体的 Service ID 如何建立映射关系，服务数据的路由转发需要包含哪些信息，如何确保数据传输的安全，数据实际传输的基本流程应该是怎样的，SGRP 如何建立起相关的路由信息？这些基本问题都涉及整个 SOI 的可行性和对未来网络需求的满足程度，因此将针对上述问题按照逻辑排序之后，进行进一步的解析。

数据分组在原有 TCP/IP 结构的基础上添加了 CSGS（Common Service Gateway Sub-Layer）和 SSDS（Service Specific Delivery Sub-Layer），CSGS 主要用于处理 Service ID 信息，明确如何经过 Service ID 的传递到达最终 Object 所在的 Service ID，图 3-16 的端到端 Service Delivery 结构就是属于 CSGS 的信息；而 SSDS 则用于处理 Object ID 信息，决定一个服务数据如何在一个 SC 中的 Object 之间进行传递，图 3-16 的 Service Cloud 结构就是属于 SSDS 层的信息。

如何建立具体的服务与 Service ID、Object ID 之间的关系呢？这个过程类似于如何建立具体应用的域名与 IP 地址之间的关系。因此需要建立一个与 DNS 有类似功能的服务名称解析系统（Service Name Resolution），将具体的某项服务，能够为人所理解的基本信息名称，通过服务名称解析系统建立与 Service ID 和 Object ID 之间的映射关系。这也就是说，需要在原有的 DNS 中，额外添加域名解析系统来完成这样的事情，这样才能满足获取服务在不同SC的内部Object之间进行转发的基本逻辑拓扑信息。至于Service ID和Object ID的由来，可以参考（2）中的内容。

CSGS中的Service ID部分还有SM（Service Modifier）域，其具体的结构是一个32 bit固定长度的字信息，如图3-17所示。

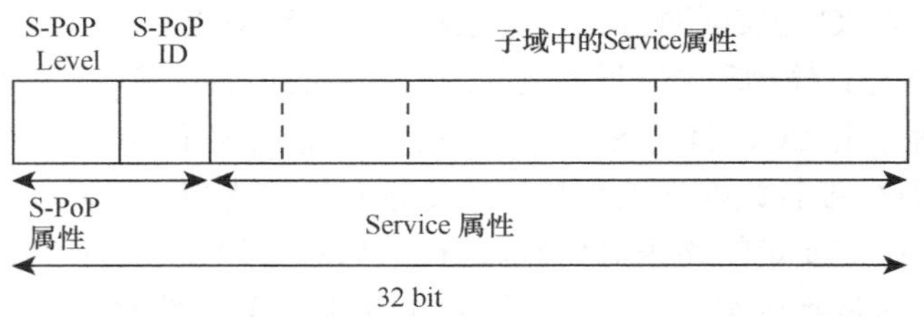

图3-17　服务配置字段的报文格式

它的信息会影响在相应的SC中，在哪些Object之间传输服务数据。SM包含两个部分，分别是S-PoP属性和Service属性，其中S-PoP包含S-PoP Level和S-PoP ID两个属性信息，每个SC会将提供SC与IP网络域之间接口的S-PoP进行层级划分，以计算出满足该SC当前转发服务的最佳需求S-PoP，而Service属性则主要用于存放服务数据转发所偏向的SC的程度、下一条信息等。具体都是逻辑抽象层次的信息，具体的物理传输路径会在S-PoP设备和SG设备中的相关Service ID、Object ID与物理IP网络路由途径映射表中查找。

当一个服务获取了相关的Service ID和Object ID信息时，便可以开始进行转发，转发还需要考虑安全的需要，防止地址欺骗等攻击的出现（这种想法和IP网络层设计时需要考虑的相关安全问题是完全类似的），需要对相关的路径上的Service ID和Object ID信息进行隐藏，一种做法是在进行传输时，可以将目标Service ID和Object ID等信息在SG中进行信息隐藏计算，建立映射关系，然后再将隐藏好的Service ID和Object ID填入服务数据分组中，进行转发，这种做法可以实现动态的路径隐藏，保障传输地址的安全。

从前面的分析已经了解到服务数据在之前还需要S-PoP和SG建立起相关的逻辑路径以及逻辑到物理路径的映射表，这样才能使SC对服务数据如何转发进行计算，同时才能让服务数据进入相应的IP网络域中进行传输，这里主要介绍SG和S-PoP的相关职能：

Service Geteway的主要职能是将Service ID映射到具体的下一跳S-PoP或者SG对应的IP地址，然后转入物理网络进行转发，映射表的建立已经形成了相应的SGRP。

S-PoP的职能有两个方面：第一是与SG配合计算出服务数据的转发路径上相关的SC的Object信息，第二是与其他的S-PoP合作计算出在某个SC中转发服务数据到某个Object的具体抽象层次的路径信息，已经形成了相应的协议Service-Specific Routing Protocol和转发机制。

3.2.2 NetServ

NetServ[33]是一个可编程的路由器体系结构，用于动态地部署网络服务。建立一种网络服务可动态部署的网络体系结构，主要是基于当前互联网体系结构几乎不能添加新的应用服务和功能模块，比如已有的多播路由应用协议（Multicast Routing Protocol）以及服务质量协议（Quality of Service Protocol）等，它们在互联网的应用中有着广泛的需求，但是却难以应用和部署到当前的互联网体系结构中，虽然许多新的互联网服务被放在了应用层领域，但是由于需要主机之间建立通信以提供服务保障，并且多数的服务内容与核心网络自身的已有功能是重复的，因此这种做法的效率很低。许多新出现的网络服务需求实质上更适合于放在传输网络中进行实现。NetServ 正是为了改变已有网络服务需求不能得到满足的现状，其设计的核心思想是服务模块化（Service Modularization）。NetServ 首先将网络路由节点中的可用功能和资源服务进行了模块化，当需要在网络中建立一种相关的新服务的时候，NetServ 就会通过使用互联网络中的可用服务模块进行组合，最终形成相应的服务，构成服务的模块和多个模块构成的服务组件在 NetServ 中被统称为 Service Module。NetServ 中的服务模块是用 Java 中的 OSGi（Open Service Gateway Initiative）框架编写的，并通过发送 NSIS 信令消息实现部署管理。NetServ 还提供了虚拟服务架构（Virtual Services Framework），主要是为面向服务的网络体系结构中的路由节点提供相关安全保障、可控可管理、动态添加删除服务模块等功能。NetServ 需要使用的首要关键技术有两项：遥控模块路由器（Click Modular Router）[35]和 Java 的 OSGi 框架。

Click 路由器是由加利福尼亚大学洛杉矶分校（UCLA）的 Kohler E 等人设计的，Click 是一种 Linux 中的软件体系结构，此处它被用于建立灵活的和可配置的路由器。Click 路由器集成了被称为 Element 的多个分组处理模块，每个 Element 实现一个简单的路由功能，例如对分组分类、排队、调度以及与网络设备实现连接等。一个路由器的配置就是一张 Element 位于顶点处的直连图，数据分组沿着图中的边进行传送。一些特性使 Element 的功能更加强大，并且更容易编写复杂的配置，包括 Pull 连接和基于流的路由关系（Flow-Based Router Context），Pull 连接是指由传输硬件设备驱动分组流为模型，基于流的路由关系可以帮助一个 Element 定位到它所感兴趣的其他 Element。

OSGi 框架则是 Java 的一个组成部分，一个应用在 OSGi 中被分成了众多的模块，被划分出来的模块之间的耦合度很低，从而使得一个应用在运行的过程中能够动态地添加或者删除相关的模块，实现动态组合的理念。NetServ 使用 Click Modular Router 作为基础平台，结合 OSGi 框架实现了对网络服务的动态组合和动态拆卸，不仅灵活而且使得网络面向的服务具有更好的可扩展性。

图 3-18 是 NetServ 的体系结构以及数据传输过程中获取服务的过程。这个体系结构中的阴影部分就是 Click Moduler Router 和 OSGi 框架的组成部分。Click Router 的相关 Element 是通过 C++类对 Element 进行描述和详细的功能定义，NetServ 则采用 Java 虚拟机中的 JNI 本地接口，实现对 Java 代码和 C++代码的相互调用。NetServ 中的 OSGi 启动器则有两个功能，第一是启动 OSGi 框架，将 Click 路由中的 Element 进行模块化，并形成 Building Block；第二是提供了一个 Java 类 PktConduit，PktCounduit 使用 JNI 实现 OSGi 框架对 Click 路由器中 Element 服务的转换，从而形成路由器动态可扩展的功能模块集合。

NetServ 实现的第 3 个关键技术是节点的自我管理功能，网络中的相关服务功能模块的注册、注销、更新、添加、删除、组合等功能的实现，需要网络中多个路由器的参与，这就说明对于 NetServ 而言，管理控制模块显得尤为重要，并且相关的出错恢复、安全问题在自动管理功能中也显得尤为重要。总的来说，NetServ 的管理内容需要满足出错管理（Fault Management）、配置管理（Configuration Management）、计费管理（Accounting Management）、性能管理（Performance Management）、安全管理（Security Management）5 个需求（FCAPS），整个 NetServ 节点的内部详细逻辑结构以及相关的信令分组和数据分组的处理过程如图 3-19 所示，NetServ 实现的是自动的部署管理功能，而不是集中式的管理，这是由于服务本身在形成的时候，其网络边界和服务边界是不确定的。NetServ 依靠 NSIS 信令协议来实现，相关的信令能够用于 NetServ 节点的动态发现，内部服务模块的部署、NetServ 控制器则与信令进程、服务容器和节点的传输层等功能模块配合完成触发服务的动态添加/删除网络服务相关的功能模块，在网络中部署好的功能模块本身有自己的生命周期，需要在网络中通过信令确认自己的存在意义，否则网络服务中的各个功能模块会在超时之后直接被自动删除。最后，NetServ 控制器还有认证用户、建立/拆卸服务容器、提取或者分解功能模块等管理服务的策略。

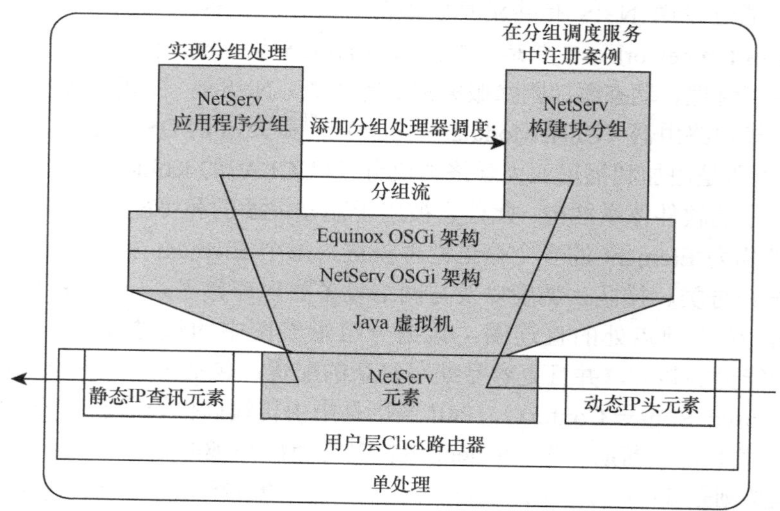

图 3-18　NetServ 原型系统体系结构

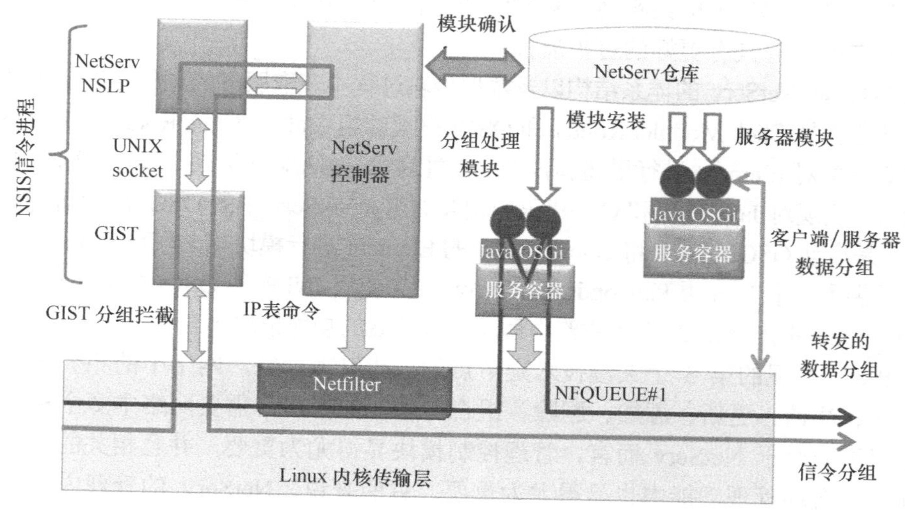

图 3-19　NetServ 节点内部体系结构

3.2.3 COMBO

COMBO[35]是欧盟 FP7 框架中关于网络体系架构的项目，主要研究固定和移动宽带接入/聚合网络收敛特性（Convergence of Fixed and Mobile Broadband Access/Aggregation Network），如图 3-20 所示。它已有 17 家合作伙伴参与，为期 3 年，从 2013 年 1 月 1 日开始，已经有超过 1 100 万欧元的资金投入，其中超过 700 万欧元由欧盟资助。COMBO 的目标是调查研究未来不同的网络场景（人口密集的城市、城市、农村）下，新的固定/移动融合（FMC）的宽带接入/汇聚网络体系结构在服务功能上的收敛特性。虽然过去固定和移动接入网络自身都已经有了很多的优化和改进，但是它们演变的趋势却与网络自身现状有着显著的矛盾，换言之，当前网络的体系结构已经无法很好地适应未来的网络体系结构需求，比如在第 3.2.2 节中提到的面向网络服务的可控可管理需求，当前网络体系结构就无法满足，因此，COMBO 试图在研究靠近边缘网络的相关收敛性质的基础上，得到网络的相关规律，并提出一个新的、面向服务的、可持续发展的网络演进策略，达到提高网络性能、降低网络传输中每比特的成本和能源消耗的目的。

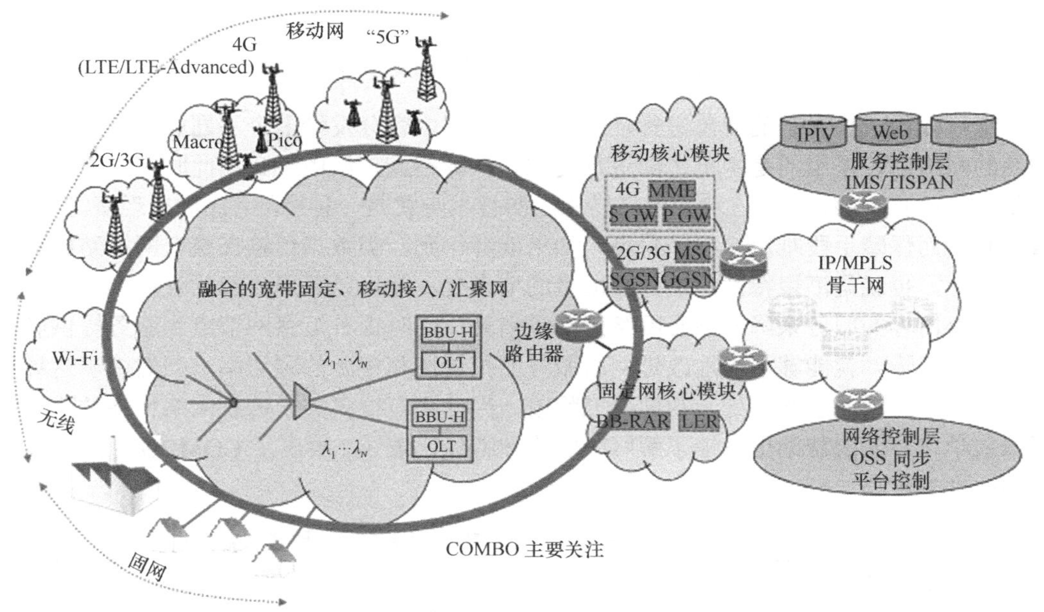

图 3-20 COMBO 关注于新的 FMC 宽带接入/汇聚网络体系结构的服务功能收敛性

COMBO 需要考虑网络体系结构中的收敛特性，包括两个基本方面：一个是功能性的收敛，核心网络提供的服务在靠近边缘网络时会呈现发散的特点，比如移动网络中存在用户所接收的服务，与固网中的用户所接收的服务相同，如果能够得出这些靠近边缘网络的服务的收敛特性，那么 COMBO 就可以得到边缘网络与核心网络之间在网络服务上的差异性，从而为核心网络服务的分发提供策略依据，并对于得到更为长远的网络演进策略具有重大的理论意义；另一个是核心网络结构上的收敛特性，这对于网络资源的合理调度与配置以及网络的集中管理有指导意义，而对应着功能性的收敛，COMBO 能够更进一步地实现有效的资源分配策略和管理策略。下一代固定/移动融合的宽带接入点如图 3-21 所示。

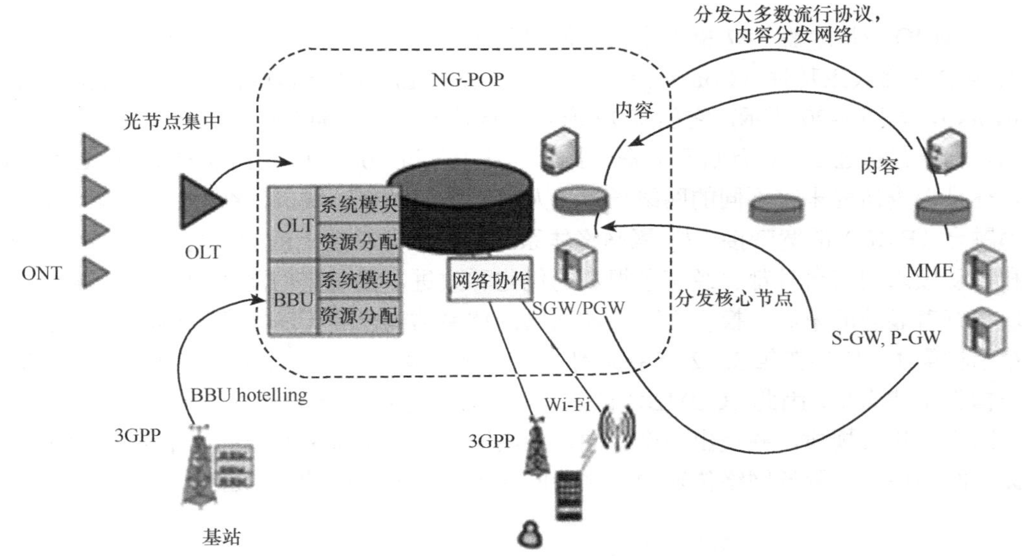

图 3-21　下一代固定/移动融合的宽带接入点

这可以用一种直观的现象进行描述，一个数据内容分发给多个不同的用户，在当前传统的网络中，采用的是主机之间进行的相关保障措施，而由于数据此时在网络传输中是带有多份复制的，所以这对于保障措施的实行本身就是一种挑战，比如出现资源有限、数据冗余而保障手段难以实行的窘境。如果能够得到一类数据传输在整个网络结构中的收敛特性，也就是汇聚特性，那么在汇聚的节点处，就可以采用合理的管理方式，比如提供缓存内容的服务来降低核心网络的资源消耗，同时提升汇聚网节点到服务提供者之间的质量保障，就能够更高地改进网络服务的扩展性和资源的利用率。当然由于这种基于测量收敛特性的思路还处于初期研究阶段，因此还有很多关于传统网络特性的研究需要深入学习，才能帮助更好地了解网络的收敛特性。表 3-2 给出了 COMBO 对网络体系结构改进的优势。

表 3-2　客户端设备场景与 COMBO 解决方案的比较

客户端设备情况	网络需求	COMBO 解决方案
有高宽带需求的移动客户端设备和应用	增加接入网和城域网的容量	增加更多波长和每波长容量有很好扩展性 自组织网络易于管理 可对等连接
云中的程序和数据，终端只有 I/O 功能	接入网容量由视频流（高清和 3D 高清电视）决定	集中式能处理靠近边缘用户的数据存储的流量需求 本地数据存储在云中的流量管理可扩展、简单、成本效益高
增加经常连接的智能手机、个人区域网，M2M 设备的数量	单设备的低数据容量需求和高控制流量	由于光节点集中，网络中的 NG-POPs 比传统的集中式办公室要高，将能操作高级的控制功能，具有好的动态分布式控制功能的联合控制机制

3.2.4　SONA

SONA[36]是以服务为导向的网络架构，全称是 Service-Oriented Network Architecture，是 Cisco 专为设计高级网络功能而提出的一种互联网体系结构，SONA 的理念是思科在 2005 年提出的，它的目标是改进网络的体系结构，提升网络的智能程度，通过面向网络服务为用户提供更为高效、便利的信息服务。SONA 描述了智能网络中的 3 个层次，分别介绍如下（如图 3-22 所示）：

- 基础设施互联层。表述 IT 资源在融合网络平台上的互联，如园区网、分支机构、数据中心、WAN、MAN 和远程办公地点。在这一层中，客户的目标就是能够随时随地连接网络。
- 交互服务层。为利用网络基础设施的应用和业务流程而有效分配资源，如移动服务、存储服务、计算服务、身份识别服务、语言协作服务、安全服务等。
- 应用层。包含商业应用和协作应用。这一层中的客户目标是满足业务需求，并充分利用交互服务的效率，如即时消息、电话、视频通信。

SONA 这 3 层的关联关系是：SONA 将智能应用嵌入网络基础设备中，使网络可以识别不同的应用和服务，并能够设计相应的网络服务功能模块，更好地为用户提供支持。目前思科已经和 Accenture、BearingPoint、Capgemini、EDS、EMC、Hewlett-Packard、IBM、Microsoft 和 SAP 等公司合作使用并推广 SONA 的相关解决方案。

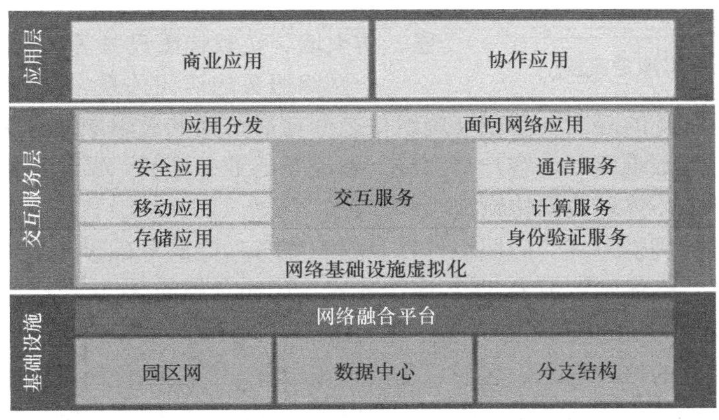

图 3-22　面向服务的网络体系结构

基于服务组合的设计思想，重点解决如何将应用层软件设计思想应用到网络结构中、如何描述不同的服务以及在不同的服务之间定义相应的接口，提供可管、可控、高质量的服务。该架构通过交互服务层提供应用层与网络基础设施之间的链接，提供基本服务（Based Service）、组合服务（Composed Service）和处理服务（Process Service）。基本服务是指数据链路层所采用的机制，如无线链路、错误校验和流量控制、排序等；组合服务是指由基础服务在控制机制下经过一定的排列组合实现的通信功能，如 TCP、IP 等协议；处理服务是指应用层为了满足用户或某种应用的要求而提供的服务，如音视频的编解码等。通过这些不同粒度的服务在网络控制策略的管理下组合为用户所需要的通信功能，这种方式可以彻底解决网络处理信息的灵活性问题，从而使网络可以动态地调整运行状态并达到最优化。

同时，思科的基本理念是将网络看成一个服务池（Service Pool），以服务标识为核心进行路由，增加网络侧的智能使得互联网成为集传输、存储和计算为一体的服务体系，同时将云计算作为重要的组成部分。对服务的基本操作包括服务注册、服务请求和服务更新等。在这个体系下，针对网络的可扩展性、移动性和安全性，提出了相应的解决方案，比如，采用智能网络、上下文敏感的路由迁移策略以及身份和位置分离的方案解决可扩展性问题；采用服务标志和位置分开，将网络作为服务资源池的方式解决移动性问题；采用虚拟化、监控和认证模块解决安全性问题。

思科以服务为导向的产品站在更高的层次，提供以服务为导向的监测指标数据，同时这些指标数据按照服务导向的形式组织在一起，把业务有关联的应用组件、网络组件串连起来，形成统一、整体的视图。网络服务流程如图 3-23 所示。

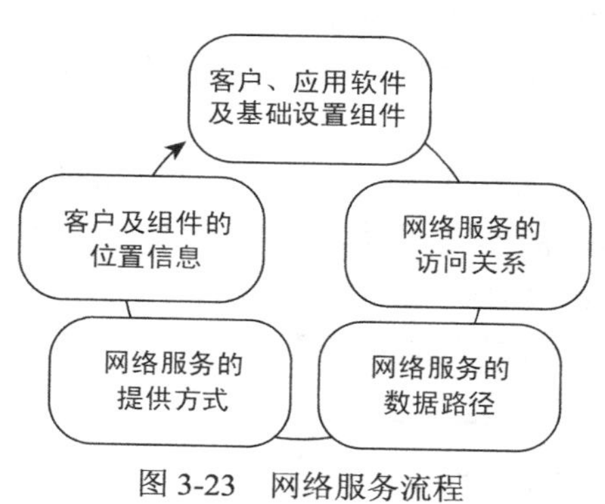

图 3-23　网络服务流程

视图本身即呈现了网络服务的访问关系以及数据路径，而提供网络服务的基础设施按照服务流程有序地组织在一起，用最直观的方式让管理人员获得网络服务的监测视角。在视图中，围绕着具体的应用应该体现的网络服务的关键因素介绍如下：

- 客户、应用软件及基础设施组件。这些组件是构成服务的基础元素，是完成业务的关键环节，包括客户端、Web 服务器、中间件、数据库、路由器、防火墙、负载均衡设备等。
- 网络服务的访问关系。客户每完成一笔完整的业务交易，所涉及的应用、基础设施组件之间前后访问的逻辑顺序和关系。
- 网络服务的数据路径。客户每完成一笔完整的业务交易，所经过的基础设施环节以及应用组件环节，体现数据传输流程和路径。
- 网络服务的提供方式。应用组件以及带有服务功能的基础设施组件，每一层向前提供服务的方式，具体则体现为 TCP 连接方式，比如常规的 TCP 连接方式、TCP 长连接、异步双工模式的长连接等。
- 客户及组件的位置信息。客户、基础设施组件、应用组件所在的位置，不同的位置对于网络服务产生不同的影响，需要区别对待，比如广域网和局域网就会有传输时延上的差异。

以上 5 个关键因素是构成网络服务的核心，把这些因素有序地组织在一起，才能够用最直接有效的数据呈现网络服务的运行状态，建立以服务为导向的视图。同时这种网络性能管理的视图与 SONA 理念能够相互吻合，在视角上达成了统一，把系统、网络和性能管理有机结合在一起。

以服务为导向的网络性能管理则应具备在众多有关联性的组件中捕捉其复杂关系的能力，能够最大化利用自动化的故障诊断系统分析问题，从而最小化各种系统专家的人工工作量。过去通常的场景是，很少有复合型的技术专家能够运用多种技术知识综合判断问题，而是各组件的管理人员运用不同专业方法和资源分析问题，导致各持己见而无法统一观点。

当把原本独立的客户、基础设施组件、应用软件以服务导向组织在一起时，问题分析和定位的方式就会变得与以往不同。首先，这些组件与具体的应用是直接对应的，一旦该应用出现问题，直接可以获得所有组件和数据路径的信息，这直接缩小了问题排查的范围。其次，网络服务的提供方式是通用的网络传输协议，虽然一连串应用和基础设施组件采用不同技术实现，但是它们之间的连接和通信采用的是通用网络传输协议，一旦出现问题，在相关组件环节的网络传输行为上就会出现变化特征。即为管理人员在技术上提供了统一的问题分析接口，在问题的层次定位和位置定位环节就没有必要再引入各组件的技术专家，问题定位后，再由问题所在的具体组件，比如 Web 服务器、中间件、数据库、防火墙或者负载均衡器的专业管理人员进行深入解析和解决；以服务为导向的网络性能管理还应具备即时发现问题并且预警的能力，在问题发生之初即捕捉到异常现象，快速进行分析和定位，在第一时间通知管理人员故障、异常的发生，并指出问题所在。即时追踪和发现问题的能力尤为重要，达成这个目标的基础有两点：首先，要把网络服务与具体应用对应起来，只有这样才能在网络服务层面上获得有效的告警信息，传统的网络性能管理系统由于视角不能与具体应用对应，往往无法提供有效的告警信息；其次，基于上一点，具备捕捉网络服务动态变化的能力，也就是需要实时的数据分析和统计，一旦发生问题，所带来的网络服务指标变化即会产生波动，这些波动的指标可以直接指示问题是什么以及问题在哪里。与被支撑的应用对应之后，网络基础设施所提供的服务质量，包括可用性、性能、负载量都可以垂直提供，最终实现网络服务质量的可评测、可追踪。

最后，不管是应用建设还是网络建设，SONA 都给网络性能管理带来了巨大挑战，未来网络管理人员如何应对这种局面是运维保障工作思考的一个重点。网络运维管理人员的视角应不再局限于网络基础设施，而是基于以服务为导向的视角重新构建网络性能管理方法，从而帮助企业达成高效、敏捷并且统一的网络性能管理和保障目标，同时降低运维时间及人力资源成本。

3.2.5　小结

面向服务，实际上是将更多的与网络有关的服务（比如 QoS、QoE 等），通过设计新型的网络体系结构，将它们由当前应用层进行实现，改进为通过网络体系结构的相关协议、设备资源和软件管理进行实现。单个服务功能有限，往往难以满足应用需求，在面向服务的未来互联网研究中，服务组合成为网络提供服务的重要技术路线。基于服务组合的面向服务网络体系结构在服务组合思想的基础上，通过定义、约束服务间的交互行为，使网络为用户提供可定制的服务。比如，通过服务组合方式构建数据分组的分组头，使数据分组的构建不受严格的分层限制，在网络运行的任何节点可以根据应用需求在分组头中添加控制模块，提供可定制的网络功能。因此，面向服务的互联网体系结构设计的相关研究，其最基本的内容包括：如何定义网络中的服务，如何让网络服务具有可扩展性，如何管理网络的服务内容，如何提升网络服务的安全性。目前，美国、日本、欧洲等信息发达国家和地区在这方面的研究开展得如火如荼，这正说明了面向服务的网络体系结构有着迫切的现实需求。提升网络服务效率和网络的体系结构，改变当前“智能终端+尽力而为传输网络”的现状，是未来网络发展的一个必然趋势。

3.3 内容中心网络

互联网发展的 50 年中，为满足网络用户不断变化的使用需求，各种改良型方案源源不断，但大都由于缺乏认知的紧迫性、利益相关方的竞争和技术自身的缺陷等以失败告终。业内人士越来越意识到，改良型方案不能从根本上改变互联网具有历史的核心体系架构，革命性和创新型的改变才是行之有效的解决方法。在众多革命性解决方案中，面向内容的网络体系架构是其中重要的研究方向之一，典型代表有 NDN、DONA、PSIRP 和 NetInf。

3.3.1 NDN 体系结构

NDN（Named Data Networking）[37]是由美国加州大学洛杉矶分校 Lixia Zhang 团队为首开展的研究项目，该项目由 FIA（NSF Future Internet Architecture）资助，开始于 2010 年。NDN 的提出是为了改变当前互联网主机—主机通信范例，使用数据名字而不是 IP 地址进行数据传递，让数据本身成为互联网架构中的核心要素。而由 PARC 的 Jacobson V 在 2009 年提出的 CCN（Content-Centric Networking）只是与 NDN 叫法不同，无本质上的区别。

NDN 中的通信是由数据消费者接收端驱动的。为了接收数据，消费者发出一个兴趣（Interest）分组，携带了和期望数据一致的名字。路由器记下这条请求进入的接口并通过查找它的转发信息库（FIB）转发这个兴趣分组。一旦兴趣分组到达一个拥有请求数据的节点，一个携带数据名字和内容的数据分组就被发回，同时发回的还有一个数据生产者的密钥信号。数据分组沿着兴趣分组创建的相反的路径回到数据消费者。NDN 路由器会保留兴趣分组和数据分组一段时间。当从下游接收到多个要求相同数据的兴趣分组时，只有第一个兴趣分组被发送至上游数据源。在 NDN 中有两种分组类型：兴趣分组和数据分组。请求者发送名字标识的兴趣分组，收到请求的路由器记录请求来自的接口，查找 FIB 表转发兴趣分组。兴趣分组到达有请求资源的节点后，包含名字和内容以及发布者签名的数据分组沿着兴趣分组的反向路径传送给请求者。通信过程中，兴趣分组和数据分组都不带任何主机或接口地址。兴趣分组是基于分组中的名字路由到数据提供者的，而数据分组是根据兴趣分组在每一跳建立的状态信息传递回来的，两者的格式如图 3-24 所示。

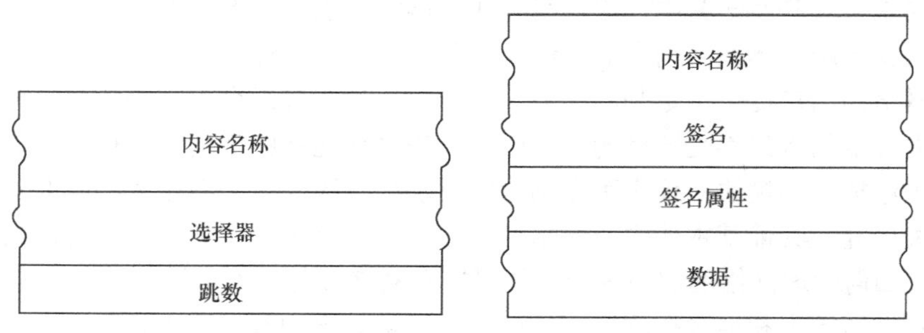

(a) 兴趣分组　　(b) 数据分组

图 3-24　NDN 中的兴趣分组与数据分组格式

NDN 中引入了网内缓存的设计理念，与 CDN 代理服务器、P2P 缓存等边缘缓存相比，NDN 网内缓存在部署方式、缓存内容及获取方式等方面都有着本质的不同，见表 3-3。

表 3-3 缓存网络体系对比分析

网络体系	CDN	P2P	NDN
缓存部署目的	热点内容推进用户	缓解 P2P 带宽冲击	减少重复流量；缩短跳数
缓存部署者	内容提供商	网络提供商	网络提供商
缓存组织结构	层级式	扁平式	层级式+扁平式
针对业务类型	内容获取类业务	P2P 业务	所有业务
缓存内容粒度	文件	片断	片断
缓存内容来源	提供商向下推送	经节点转发的数据	经节点转发的数据
缓存部署位置	覆盖网方式	网络边缘路由器	所有路由节点内部
内容定位方式	DNS 重路由	通过协议分析	内容与名字的直接映射
内容获取方式	本地或上游服务器	P2P 缓存或者节点	逐跳式询问上游节点
内容更新方式	上游向下推送	节点替换策略	节点和路径缓存替换

以 CDN 为代表的增量式互联网内容传输优化方案考虑的重心是内容的就近访问，这种方式的重点是从应用的角度适应网络，只是一种单向的优化，缺乏网络对应用的主动调整，要达到端到端优化的目的十分困难。而内容中心网络的内容缓存（Content Store）相当于路由器中的缓冲存储器，在网内的每个路由节点都部署了内容缓存。IP 路由器和 NDN 路由器都缓存数据分组，不同的是，IP 路由器在完成数据转发后就会将存储的数据清空，而 NDN 路由器能够重复使用数据，方便请求相同数据的用户。

NDN 的缓存在网络中广泛部署，对于转发的内容全部缓存在节点，由于未考虑节点之间内容缓存的协调性，使得缓存的内容存在大量的冗余，不能有效利用缓存资源。另一方面，路由操作也由此引发了流量冗余，缓存节点的资源得不到感知和利用，路由时仍采用传统网络的模式，将请求路由到永久存储的服务器，路径过长造成了流量冗余和用户的内容访问时延增加。

NDN 体系包括命名系统、路由转发、缓存和 PIT 表等关键技术，其各自特点如下。

（1）命名系统

命名系统是 NDN 体系结构中最重要的部分，NDN 采用了分级结构的命名方式，例如，一个 PARC 产生的视频可能具有名字/parc/videos/WidgetA.mpg，其中“/”表示名字组成部分之间的边界（它并不是名字的一部分）。这种分级结构对代表数据块间关系的应用来说非常有用。例如，视频的版本 1 的第 3 段可能命名为/parc/videos/WidgetA.mpg/1/3。同时，分级允许大规模的路由。依据平坦式名字转发在理论上是可能的，IP 地址的分级结构使现今路由系统成规模路由必不可少的聚集成为可能。尽管全局地检索数据要求全局的唯一性，但名字不需要全局唯一。专为局部通信的名字可能主要基于局部的内容，并仅要求局部路由（或局部广播）来找到对应请求的数据。

（2）路由和转发

NDN 基于名字的路由和转发解决了 IP 网络中地址空间耗尽、NAT 穿越、移动性和可扩展的地址管理 4 个问题。传统的路由协议，如 OSPF、IS-IS、BGP，也适用于基于名字前缀的 NDN 路由，NDN 路由器发布名字前缀公告，并通过路由协议在网络中传播，每个接收到公告的路由器建立自己的 FIB 表。NDN 节点的转发处理过程如图 3-25 所示，当有多个兴趣分组同时请求相同数据时，路由器只会转发收到的第一个兴趣分组，并将这些请求存储在 PIT 中。当数据分组传回时，路由器会在 PIT 中找到与之匹配的条目，并根据条目中显示的接口列表，分别向这些接口转发数据分组。NDN 节点的转发处理如图 3-25 所示。

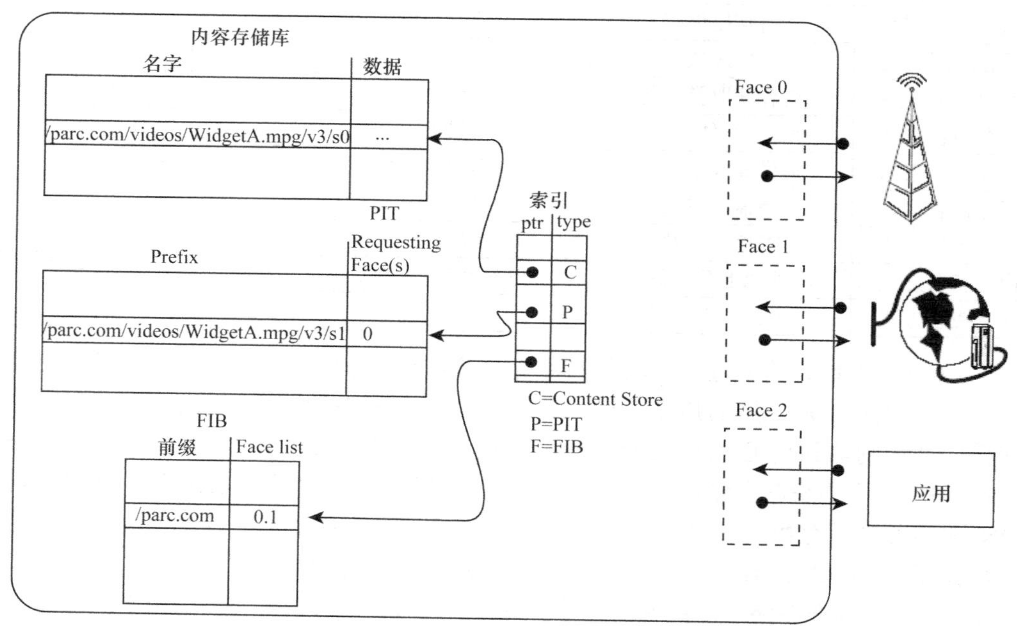

图 3-25　NDN 节点的转发处理

（3）缓存

一旦接收到一个兴趣分组，NDN 路由器首先检查内容库（Content Store），如果存在一个数据的名字被归入兴趣分组的名字下，则这个数据就会被作为响应发回。内容库的基本形式正是现今路由器的缓存存储器。IP 路由器和 NDN 路由器都缓存数据分组，不同之处是，IP 路由器在转发数据之后不能再使用它们，而 NDN 路由器可以重用这些数据，方便请求相同数据的用户。缓存在 NDN 中很重要，它可以帮助减少内容下载时延和网络带宽占用。NDN 采用 LRU 或 LFU 替换策略最大限度地存储重要的信息。

（4）PIT

路由器将兴趣分组存放在 PIT（Pending Interest Table）中，该表中每个条目包含了兴趣分组的名字和已经接收的匹配兴趣分组的接口集合。当数据分组到达时，路由器查找出与之匹配的 PIT 条目，并将此数据转发给该 PIT 条目对应的接口集合列表的所有接口，然后，路由器移除对应的 PIT 的条目，将数据分组缓存在内容存储库（Content Store）中。PIT 条目需要设置一个较短的超时时间，以最大化 PIT 的使用率。通常超时稍大于分组的回传时间。如果超时过早发生，数据分组将被丢弃。路由器中的 PIT 状态可以发挥许多关键作用：支持多播、限制数据分组的到达速率、控制 DDoS 攻击和实现 Pushback 机制等。

3.3.1.1 缓存技术

NDN 区别于其他网络体系的一个核心特征是路由节点具备网内缓存能力，路由节点如何缓存内容副本的问题，成为一个新的研究课题。鉴于 NDN 缓存节点之间的分布式和无组织特性，较大的控制开销使得集中式的缓存管理方式并不适合 NDN 的网内缓存。

缓存替换算法和缓存节点选取策略是缓存管理的主要技术。缓存替换算法决定了当缓存没有足够空间存储新的内容对象时哪些缓存单元以及多少缓存单元被清除，以释放足够的空间。缓存节点选取策略决定了将内容缓存在路径或网络中的哪些节点。

缓存替换算法方面，典型的缓存更新策略是随机替换策略、LFU（Least Frequently Used）策略和 LRU（Least Recently Used）策略，分别对随机选取的内容、长时间内最小频率使用的内容和最近时间最少使用的内容进行更新。LFU 策略统计整个持续时间内对内容的访问频度，过滤了“非热点”内容的偶然访问造成的影响；然而 LFU 对当前访问内容不敏感，过去时间内对某热点内容的大规模访问会一直在 LFU 中留下副本，直至当前访问频率超过该内容，即存在缓存污染问题。LRU 策略以最近访问时间作为内容更新的依据，只能保存新近访问的内容，内容的访问频度并没有考虑，对某个“非热点”内容的偶然访问也会引起对内容的存储，造成资源的浪费。

当内容服务器收到内容请求时，会发送相应的数据分组回应，并通过网络中间节点转发至请求用户。在数据分组逐跳转发的过程中，经过的路由器节点则可以存储该数据分组。主要的缓存节点选取策略见表 3-4。

表 3-4 路径缓存算法

缓存算法	主要技术	复杂度	不良效果
CE^2	路径中转发的所有内容在经过的所有节点都缓存	最低	缓存命中率低
LCD	将缓存内容尽量放在离用户最近的边缘节点	较低	边缘节点内容替换频繁，核心缓存得不到有效利用
ProbCache	在评估路径缓存容量的基础上，联合考虑 LCD 思想	较高	路径缓存容量的评估复杂度过高
Cache Less for More	在网络拓扑中连接度较高的节点存储内容	较高	其他节点的缓存资源得不到有效利用
Impact of Traffic Mix	参考流量特性选择缓存位置，VOD 内容缓存在网络边缘	较高	其他流量类型的内容存储在网络核心，得不到保障

CE^2（Cache Everything Everywhere）是将路径中转发的所有内容在经过的所有节点都缓存。这种策略简单易于执行，然而这种缺乏规划的泛滥式缓存使得节点之间缓存的内容趋于一致，大量的缓存冗余造成了资源浪费，缓存内容的频繁更替又增加了传输开销。

LCD（Leave Copy Down）策略将缓存内容尽量放在离用户最近的边缘节点，降低缓存节点在网络中的层次；然而边缘节点的缓存容量总是有限的，大量的内容涌向边缘节点，使得内部的更新策略极为频繁，高层次的节点缓存又得不到有效利用。

ProbCache（Probabilistic Caching）是在评估路径缓存容量的基础上，联合考虑 LCD 思想，将节点在路径中的层次作为一个权重系数，计算路径中每个节点的缓存概率，依概率缓存。然而，ProbCache 方法需要评估整个路径的缓存容量，增加了评估的复杂度。

Cache Less for More 方法挑选在网络拓扑中连接度较高的节点存储数据内容，这样可满足更多下游节点的内容请求。

Impact of Traffic Mix 方法研究了流量混合对两级缓存层次的性能影响，认为 VOD 内容应该被缓存在网络边缘，其他内容缓存在离网络核心近的位置，但未考虑内容流行度对缓存的影响。

上述策略只是孤立地选择路径中的缓存节点，并未考虑各个节点上内容流行度的时变性以及内容请求速率的动态性，这在内容中心网络的环境下表现得更为突出。考虑到路由器的缓存容量与其转发的内容相比总是有限的，如何均衡内容副本在网络中的分布，并结合节点内部的缓存替换策略，以减少缓存内容的频繁替换和缓存之间的冗余，提高存储资源利用率，进而提高用户访问内容的平均时延是一个重要的研究内容。

3.3.1.2　内容路由技术

内容路由涉及将用户的内容请求路由到整个网络中，以保证内容获取时延的最佳服务节点。传统的内容路由是基于 IP 地址的覆盖网路由，如 NDN 的请求路由。图 3-26 是 CDN 的内容路由示意。用户请求经过聚合之后，通过 DNS 重定向或全局负载均衡设备路由到各个代理服务器。

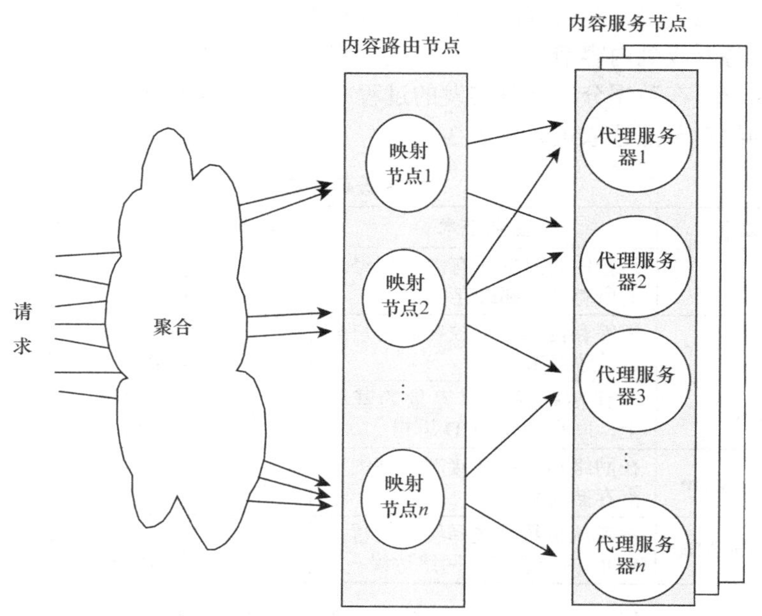

图 3-26　内容分发网络的内容路由过程

针对 NDN 请求路由策略的建模研究，或者在给定限制条件的情况下求出可行解，或者给定限制条件最优化某个网络指标。Leff 等人首次给出了内容路由过程的模型，并给出了可在多项式时间内获得可行解的启发式算法，之后研究者纷纷展开研究。Kangasharju 和 Yang 考虑了代理服务器的存储容量限制，其优化目标是最小化传输时延，前者建立了以最小化所有对象的平均传输时间为目标的整数规划模型；而后者主要强调多媒体应用中对象的分布情况。Amble 将请求路由、内容放置和内容替换进行联合建模，设计吞吐量最优的最大权值调度。然而，这些优化模型都是 NP 难问题，仍然需要寻求启发式解法。Almeida 在一个流媒体服务 CDN 中考虑了联合的内容请求路由和内容分发，给出了一个最优化数学模型并提出了集中启发式求解算法，优化的主要目标是最小化总的服务器和网络传输消耗。Nguyen 考虑服务器放置、内容分发和请求路由的联合问题，给出了整数规划建模和基于 Lagrangean 松弛的启发式解法。

然而，上述 CDN 的请求路由本质上仍然是基于 IP 地址的路由，其实质是内容的 URL 到内容存储位置的映射，需要集中式的 DNS 重定向或全局负载均衡机制来完成。而且上述研究都侧重于对 CDN 本身的规划，而没有解决已建成的 CDN 的动态调度问题，缺乏灵活性，可扩展性较差，且与地域化管制紧密相连，不能实时针对环境自动改变分发参数。

为此，研究人员提出了基于内容名字的路由，通过内容名字进行寻址和路由，不依赖于 IP 地址。NDN 采用无结构的路由结构，类似于现有的 IP 路由，图 3-27 是 NDN 的内容路由过程。

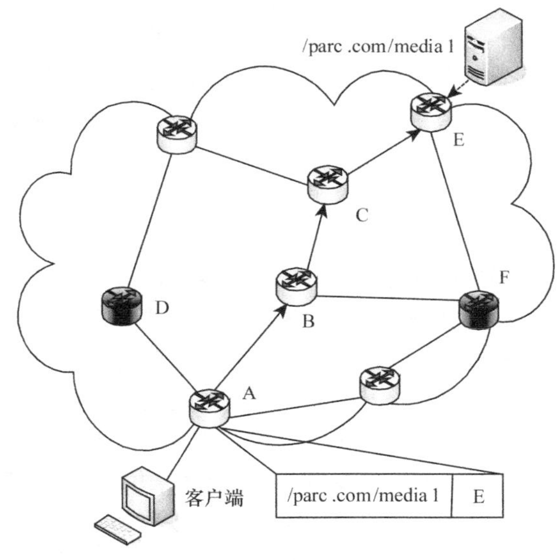

图 3-27　NDN 的内容路由过程

在图 3-27 中，服务器向其连接的路由器 E 发布自己内容的名字前缀/parc.com/media1，路由器 E 向网络进行通告，其他路由器根据通告消息建立到达内容/parc.com/media1 的路由表项，并且建立到达内容的一条路径（例如按照最短路径），如图 3-27 中路由器 A 所示，路由器 A 到达内容/parc.com/media1 的路径为：A→B→C→E。当收到客户端的请求后，路由器 A 将请求沿此路径转发到服务器获取内容。

在请求被转发到服务器的过程中，沿途路由器如果存储有内容的副本，则直接返回给用户，请求不再向前转发。然而，NDN 的路由机制对于不在路由路径上的内容副本（如路由器 D 和 F 上存储的内容副本）无法利用。

在内容中心网络中，一个普遍的问题是路由机制只针对相对稳定的内容提供者建立路由，而没有对 NDN 节点上的内容副本建立路由。尽管 NDN 通过随机的检查转发路径上各节点的本地缓存来利用这些副本，然而，这种盲目的副本查找方式并不能实现副本资源的最佳利用，用户请求被转发到更长路径的服务器，导致访问内容的时延增加。

NDN 路由节点上的缓存内容存在动态性和“挥发性”，即内容频繁加入和退出节点，这是对节点上副本进行路由的主要障碍。鉴于 CCN 节点缓存的普遍性和一般性，对节点上的副本进行路由成为一个尚待研究的问题。

3.3.2 DONA 体系结构

DONA（Data-Oriented Network Architecture）[38]是由美国伯克利大学 RAD 实验室提出的以信息为中心的网络体系架构。DONA 对网络命名系统和名字解析机制做了重新设计，替代现有的 DNS，使用扁平结构、Self-Certifying 名字来命名网络中的实体，依靠解析处理器（Resolution Handler）来完成名字的解析，解析过程通过 FIND 和 REGISTER 两类任播原语实现。

DONA 的命名系统是围绕当事者进行组织的。每个当事者拥有一对公开—私有密钥，且每个数据或服务或其他命名的实体（主机、域等）和一个当事者相关联。名字的形式是 P:L，P 是当事者的公开密钥的加密散列，L 是由当事者选择的一个标签，当事者确保这些名字的唯一性。当一个用户用名字 P:L 请求一块数据并收到三元组<数据，公开密钥，标签>，他可以通过检查公开密钥的散列 P 直接验证数据是否确实来自当事者，且标签也是由这个密钥产生。

DONA 名字解析使用名字路由的范式。DONA 的名字解析通过使用两个基本原语来实现：FIND（P:L）和 REGISTER（P:L）。一个用户发出一个 FIND（P:L）分组来定位命名为 P:L 的对象，且名字解析机制把这个请求路由到一个最近的复制，而 REGISTER 消息建立名字解析的有效路由所必须的状态。每个域或管理实体都将有一个逻辑 RH，当处理 REGISTER 和 FIND 时，RH 用本地策略。每个用户通过一些本地配置知道他自己本地 RH 的位置。被授权用名字 P:L 向一个数据或服务提供服务的任何机器向它本地的 RH 发送一个 REGISTER（P:L）命令，如果主机在向当事者关联的所有数据提供服务（或转发进入的 FIND 分组给一个本地复制），注册将采用 REGISTER（P:*）的形式。每个 RH 维护一个注册表（Registration Table），将名字映射到下一跳 RH 和复制的距离（也就是 RH 的跳数或一些其他向量）。除了各种 P:L 的单个条目外，P:*有一个单独的条目。RH 采用最长前缀匹配法，如果一个 P:L 的 FIND 请求到达，且有一个 P:*的条目而没有 P:L 的，RH 会使用 P:*的条目；当 P:*的条目和 P:L 的条目都存在时，RH 将会使用 P:L 的条目。当一个 FIND（P:L）到达时的转发规则是：如果注册表中存在一个条目，FIND 将被发送到下一跳 RH（如果有多个条目，则根据本地策略选择一个最接近的条目）；否则，如果 RH 是多宿主的，RH 将把 FIND 转发到它的双亲（如它的供应者），使用它的本地策略来选择，其过程如图 3-28 所示。

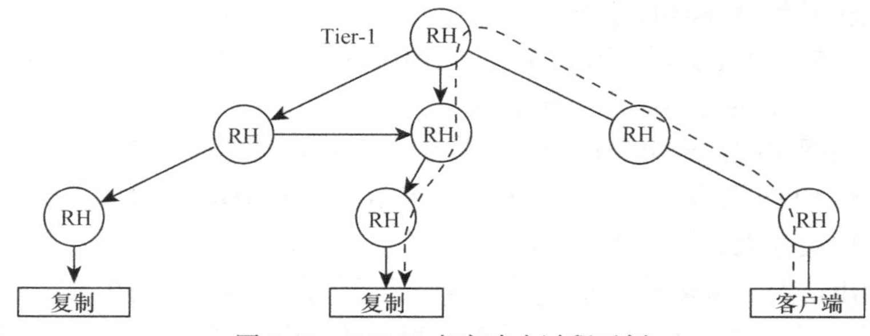

图 3-28　DONA 名字路由过程示例

FIND 分组的格式如图 3-29 所示。DONA 相关的内容插入为 IP 和传输头部之间的一个填隙片。DONA 提供的基于名字的路由确保数据分组到达一个合适的目的地。如果 FIND 请求到达一个 1 级 AS 且没有找到有关当事者的记录，那么 1 级 RH 会返回一个错误消息给 FIND 信息源。如果 FIND 没有定位一个记录，对应的服务器会返回一个标准传输级响应，为了实现这个，传输层协议应该绑定到名字而不是地址上，但是其他方面不需要改变。同样地，当请求传输时，应用协议需要修改为使用名字而不是地址。事实上，当在 DONA 上实现时，许多应用变得简单。例如 HTTP，注意到 HTTP 初始化中唯一关键的信息是 URL 和头部信息；考虑到数据已经在低层命名，不再需要 URL，同时，如果给定数据的每个变量一个单独的名字，那么头部信息页变得多余。接收到 FIND 后发生的数据分组的交换不是由 RH 处理的，而是通过标准 IP 路由和转发被路由到合适的目的地。在这种意义上，DONA 并不要求 IP 基础结构的修改。

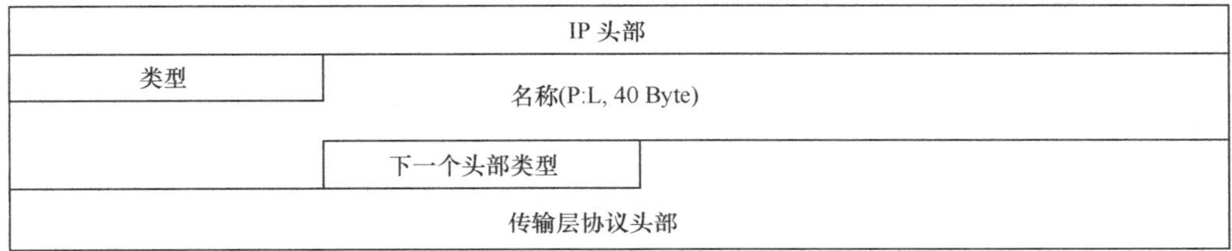

图 3-29　FIND 分组的协议头部

3.3.3 PSIRP 体系结构

PSIRP（Publish-Subscribe Internet Routing Paradigm）[39]是从 2008 年 1 月到 2010 年 9 月由欧盟 FP7 资助开展的项目。PSIRP 旨在建立一个以信息为中心的发布—订阅通信范例，取代以主机为中心的发送—接收通信模式。PSIRP 改变路由和转发机制，完全基于信息的概念进行网络运作。信息由 Identifier 标识，通过汇聚直接寻址信息而不是物理终端。在 PSIRP 架构中甚至可以取消 IP，实现对现有 Internet 的彻底改造。

PSIRP 网络体系采用分域结构，每个域至少有 3 类逻辑节点：拓扑节点（TN）、分支节点（BN）和转发节点（FN）。其中，TN 负责管理域内拓扑、BN 间的负载平衡，TN 将信息传递给域的 BN；BN 负责将来自订阅者的订阅信息路由到数据源并缓存常用内容，如果有多个订阅者同时请求相同的发布信息，分支节点也会成为转发树的分支点将数据复制给所有接收者并将缓存用作中间拥塞控制点来支持多速率多播拥塞控制；FN 采用布隆过滤器实现简单、快速转发算法，几乎没有路由状态，FN 也周期性地将它的邻接信息和链路负载发送给 BN 和 TN。

PSIRP 处理发布/订阅的基本过程如图 3-30 所示。首先，授权的数据源广播潜在发布信息集合。第二，订阅者向本地 RN（Rendzvous Network）发送一个请求，请求由<Sid，Rid>对识别的发布信息。如果（缓存的）结果订阅者在本地 RN 中找不到，汇聚信息被发送给 RI（Rendezvous Interconnect），RI 将其路由到其他 RN。第三，订阅者接收到数据源集合和它们的当前网络位置，这些可用来将订阅信息路由到数据源。第四，向分支点发送的订阅信息形成一个转发树中新的分段，如果发布信息在中间缓存中找到，它将被直接发回给订阅者。最后，用创建好的转发路径，发布信息被传送给订阅者。通过重新订阅发布信息的缺失部分可以获得可靠的通信。

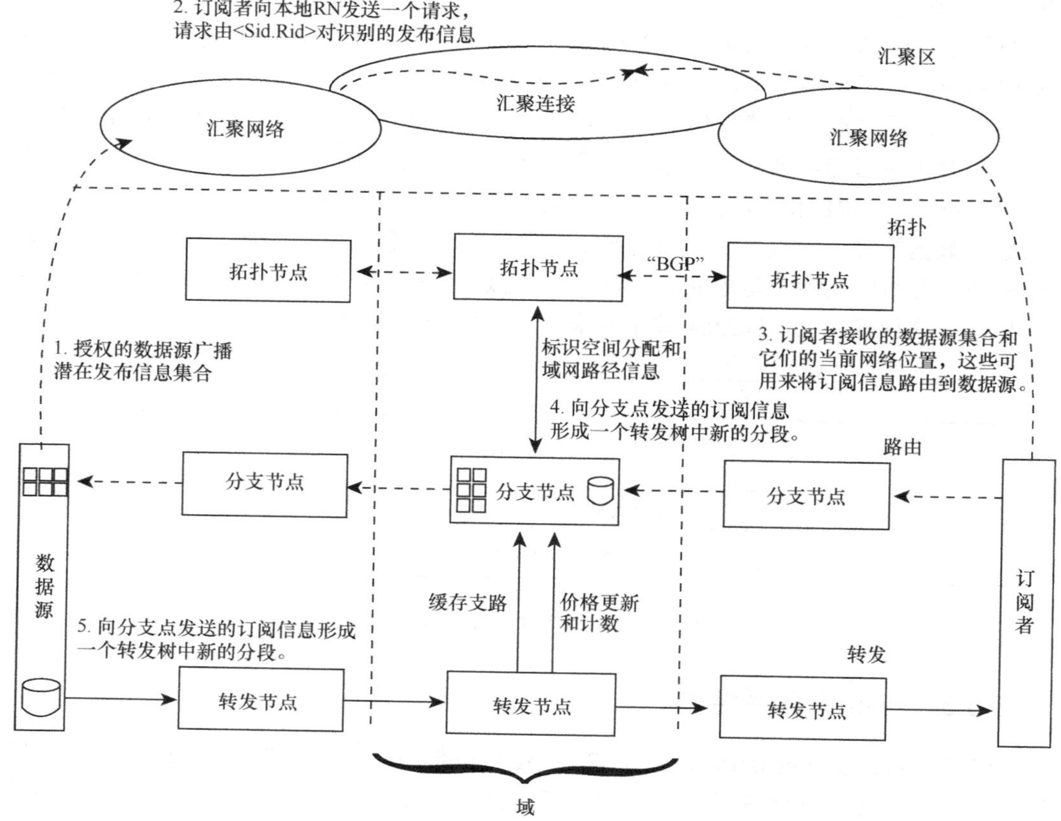

图 3-30　PSIRP 网络包括：集合、拓扑、路由、转发功能

PSIRP 体系结构包括 4 个不同的部分：汇聚、拓扑、路由、转发。

汇聚系统在发布者和订阅者之间扮演中间人的角色。基本上，它是以一种位置独立的方式给订阅者匹配正确的发布信息。利用管理物理网络拓扑信息的拓扑功能提供的帮助，每个域能够在出错的情况下配置自己内部和外部的路由并平衡网络的负载。路由功能负责为每个发布信息和在域内分支点缓存的常用内容建立和维护转发树。最后，真实的发布信息用转发函数沿着有效的转发树发送到订阅者。

拓扑管理功能复杂，选择域间路由来传送发布信息。每个域有自己的拓扑管理功能，且每个域之间互相交换域内的连接信息，与 BGP 类似。

PSIRP 采用布隆过滤器作为转发识别器，称为 zFilers。布隆过滤器是一个概率数据结构，允许一个简单的 AND 操作被用来测试过滤器在一个集合中是否适用。基本上，每个网络链路都有一个自己的标识符，且布隆过滤器是由位于要求路径的所有链路标识符执行 OR 操作构成的。由于转发决定可以给予一个简单的 AND 操作做出而不需要使用一个大型转发表，布隆过滤器使用非常简单有效的路由器。zFilter 一个有趣的特性是只有网络链路具有标识符，网络节点并没有网络层标识符，因此与 IP 地址没有任何等价之处。

3.3.4 NetInf 体系结构

由欧盟 FP7 资助的 4WARD 项目目标是研发新一代可靠的、互相协作的无线和有线网络技术。4WARD 项目的 WP6 工作组设计了一个以信息为中心的网络架构：NetInf（Network of Information）[40]。NetInf 还关注高层信息模型的建立，实现了扩展的标识与位置分离，即存储对象与位置的分离。

信息在信息中心网中扮演着关键的角色，因此，表示信息的合适的信息模型是必须的，且必须支持有效的信息传播。为使信息访问从存储位置独立出来和获益于网络中可以得到的复制，信息网络建立在标识/位置分离的基础上。因此，需要一个用来命名独立于存储位置的信息的命名空间。此外，维护并分解定位器和识别器间的绑定需要一个名字解析机制。

（1）信息模型

NetInf 将信息作为网络的头等成员，用一种所谓信息对象（Information Object，IO）的形式。IO 在信息模型中表示信息，如音频和视频内容、Web 页面和邮件。除了这些明显的例子，IO 也可以表示数据流、实时服务、（视频）电话数据和物理对象，这些都归功于信息模型灵活通用的本质。一种特殊的 IO 就是数据对象（Data Object，DO）。DO 表示一个特殊的位级别对象，如某个特定编码的 MP3 文件，也包括这些特定文件的复制。通过存储复制的定位器，一个 DO 集合了（一些或）所有某个特定文件的复制。元数据能够进一步表示 IO 的语义，如描述它的内容或与其他对象的关系。这一领域的现有研究为将这些特征整合入网络层中提供了很好的起点，特别是有关描述语言，如资源描述框架（Resource Description Framework）或创建 IO 之间的关系。

（2）命名及名字解析

名字解析（Name Resolution，NR）机制将 ID 分解为一个或多个位置，NR 应该在全球范围内运行，确保为任何世界范围可获得的资源进行正确解析。NR 也应在一个断断续续连接的网络中运行，如果一个数据对象是局部可获得的，则称此为局部解析特性（Local Resolution Property）。通过支持多个共存的 NR 系统实现局部解析特性，一些控制全球的范围、一些控制局部的范围。换句话说，可以识别任何世界范围 ID 的 NR 系统可以很自然地与处理局部范围 ID 的 NR 系统共存。

NetInf 命名空间的特性将影响 NR 机制的选择。NetInf 命名空间的重要属性是名字的持久性和内容的无关性。这些属性可以通过使用平级的命名空间来实现。但是，平级的命名空间避免了对类似 DNS 概念的使用，这种概念是基于一种分级的结构且相应地要求一个分级的命名空间。对平级名字来说，分布式散列表（Distributed Hash Table，DHT）为基础的系统是一种很友好的方法。DHT 是分散的、高度可扩展的且几乎自我组织，减少了对管理实体的需求。存在集中典型地用在 P2P 覆盖网的小型路由协议（如 Chord、Pastry、Tapestry、CAN、Kademlia 等），它们可以在数跳路由内路由信息，路由表只要转发状态，N 是网络中节点的个数。

（3）路由

可以使用传统的基于拓扑的路由方案，如基于最短路径短发和分级路由，像目前互联网使用的那些协议（如 OSPF、IS-IS、BGP 等），或一个基于拓扑结构的紧凑路由方案。但是，由于现实网络的拓扑是非静态的，无法达到对数的缩放，路由研究的现有结果并不令人振奋。事实上，网络的动态性包括通信的成本，这些成本通常以很高的速率增长，而不会比节点数的线性增长慢。另外可以使用基于名字的路由，整合解析路径和检索路径，这可能获得较好的性能。

3.4 面向移动性的新型网络体系

在早期计算机网络中，网络节点的位置相当固定，网络协议首先要考虑的是两个固定节点之间正常的连接，并不注重网络移动性的要求，网络节点的位置本身也就很自然地被用作网络节点的标识符。体现在传统的 TCP/IP 网络体系架构中，IP 地址既扮演着节点标识符的角色，又扮演着节点定位符，即路由的选择依靠 IP 地址，这常常被称为 IP 地址语义过载问题。

IP 地址语义过载问题影响了计算机网络对移动性的支持，限制了核心路由的扩展性，降低了现有安全机制的效能，还限制了若干新技术的发展。下面主要介绍 IP 地址语义过载问题对移动性的影响。

当节点在网络内移动时，节点的移动并不意味着其网络身份的改变。但是在这个过程中，因为节点位置以及节点路由信息的改变，又要求其 IP 地址必须做出改变。现在有一些如移动 IP 地址等比较成熟的技术解决这类问题，但是移动 IP 技术并未从体系架构的层面解决 TCP/IP 设计之初存在的问题，移动 IP 技术还会带来性能上、安全上的问题。

IP 地址语义过载问题极大地限制用户对网络资源的获取。首先，各种网络资源本身就是以其所在的 IP 地址作为标识，这就要求用户需要网络资源的位置信息，一旦资源的位置发生改变（节点移动、文件存储目录改变等），用户将不能根据原有的位置信息来获取资源。其次，一些网络服务仅限于特定 IP 地址段的用户访问，若某个用户的网络位置发生了变化，即使他的身份合法也无法获得原有的服务。从用户的角度来看，网络本身对于资源而言应该是透明的，不应该由于合法用户从一个 IP 地址改变到另一个 IP 地址，其合法用户的身份就会发生变化。

在 TCP/IP 体系结构下，IP 地址混淆了位置（Locator）和标识（Identifier）的功能界限。Locator 是 PA（Provider Allocated）地址，应当依据网络的拓扑结构进行分配，保证地址的聚合特性，支持全局路由；Identifier 是 PI（Provider Independent）地址，通常依据机构的组织结构进行分配，一般难以聚合，不能全局路由。因此，除非在扁平标识路由方面出现突破，否则很难用一个统一的地址来实现上述两种功能。

针对 IP 地址存在的缺陷，人们意识到网络标识不能够简单地定义为位置标志，而应当能够严格区分固定标识和可变标识，从而建立网络实体标识和网络位置标识两套标识系统。

国际 IAB 组织提出通过引入两个名字空间来分别表示节点的标识和位置，即所谓的“Locator/Identifier Split”，解决 IP 地址语义过载问题。

为了实现“Locator/Identifier Split”，需要引入 Locator 和 Identifier 两套名字空间，并完成两套名字空间之间的转换。这一机制的引入也对网络体系结构提出了新的要求，在映射服务、地址前缀聚合、地址绑定机制及移动性支持等方面提出了重大挑战。

目前存在两种解决方法：一是分离的方法；二是消除的方法。分离的方法，即将边缘网络与核心网络分离，需要引入一个映射系统，负责边缘网络所使用的地址与核心网络地址之间的映射。典型的机制有 APT、LISP、IvIP、TRRP、Six/One、Six/One Router。

3.4.1 MobilityFirst

MobilityFirst[41]项目是 NSF 未来网络体系结构（Future Internet Architecture）项目的一部分，目标在于为移动服务开发高效和可伸缩的体系结构。MobilityFirst 项目基于移动平台和应用，将取代一直以来主导着互联网的固定主机/服务器模型的假设，这种假设给出了独特的机会来设计一种基于移动设备和应用的下一代互联网。

3.4.1.1 MobilityFirst 体系结构

MobilityFirst 体系结构的主要设计目标是：用户和设备的无缝移动；网络的移动性；对带宽变化和连接中断的容忍；对多播、多宿主和多路径的支持；安全性和隐私；可用性和可管理性。这些需求由以下协议成分实现。

（1）身份和网络地址明确分离

MobilityFirst 明确地把可读的名字、全局唯一的标识符（Globally Unique Identifier，GUID）和网络位置信息区分开来。名字认证服务（Name Certification Service，NCS）安全地把可读的名字与全局唯一标识符绑定起来，而全局名字解析服务（Globally Name Resolution Service）把 GUID 映射到网络地址（Network Address，NA）。通过使 GUID 成为密码的可认证标识符，MobilityFirst 提高了可信性。相反的，通过明确的分离网络位置信息和 GUID，MobilityFirst 确保可以无缝移动。

（2）分散的名字认证服务

不同的、独立的 NCS 机构能够验证名字和相应 GUID 之间的绑定，由于不同的机构有可能对名字对应的 GUID 有争议，因此端用户可以选择一个值得信任的 NCS，使用基于法定人数的技术来解决 NCS 上的争议。

（3）大规模可伸缩的全局名字解析服务

GNRS 是 MobilityFirst 的最核心的成分之一，它能够支持大规模的无缝移动。规模可以是 100 亿移动设备每天移动 100 个网络的数量级，相当于更新开销为大约 1 000 万/s，而 DNS 过度依赖于高速缓存并需要多天来更新一个记录。因此，设计一种大规模的、可伸缩的、分布式的 GNRS 是 MobilityFirst 的一个重要挑战。

（4）广义的存储感知路由

MobilityFirst 利用路由器中网内的存储来解决无线接入网络带宽变化和偶然的连接中断。CNF 体系结构的早期工作论证了存储以及存储感知路由的好处，存储感知路由算法在做转发决定的时候还需考虑长期和短期的路径质量。全局存储感知的路由（Generalized Storage-Aware Routing，GSTAR）协议在 CNF 存储中融入了时延容忍能力来为无线接入网络提供无缝的解决方案。

（5）内容和上下文感知服务

MobilityFirst 中的网络层被设计成内容感知的，即它主动地帮助内容检索而不像在现有网络中，提供一个原语把数据分组发往目的地。MobilityFirst 通过给内容分配密码可认证的 GUID 来达到这个目标。MobilityFirst 还把基本的设备和内容 GUID 扩展到更灵活的设备或用户组，如一个公园中所有的移动设备。

（6）计算和存储层

现在的互联网急需可发展性。为此，MobilityFirst 路由器支持计算和存储层快速引进新的服务，从而使其对现有用户性能的影响降到最小。

3.4.1.2　协议设计

MobilityFirst 协议体系结构基于网络对象名字和网络地址的分离，基于特定应用的名字认证服务可以把可读的名字翻译成一系列网络地址。NCS 把可读名字翻译成唯一的 GUID，GUID 可被用作网络对象（如设备、内容、传感器等）的权威性标识符，同时，GUID 也是一个公钥，可以提供一种机制来验证和管理所有网络设备和对象的可信性。这个框架也支持基于上下文的描述符概念，如图 3-31 所示，可以通过上下文名字服务把杭州的所有出租车解析成一个特别的 GUID，把所有杭州的出租车作为一个动态的多播组。一旦一个 GUID 分配给了一个网络对象，GUID 和网络地址之间就建立了一个映射。GNRS 通过提供移动设备的当前接入点来支持动态的移动性。

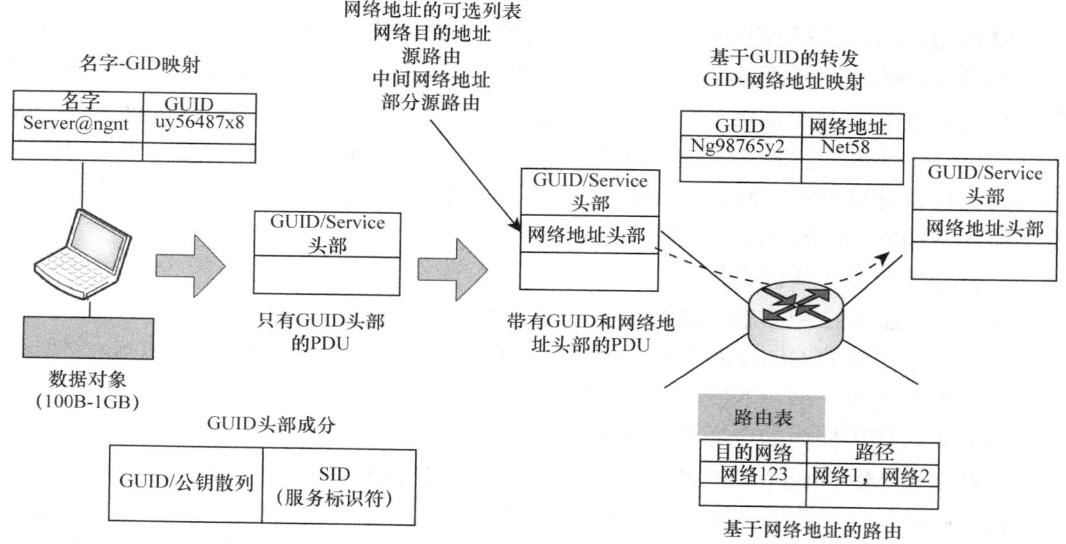

图 3-31　MobilityFirst 中混合的 GUID/NA 数据分组头部

从图 3-31 可以看到，数据分组进入网络的时候在协议数据单元（Protocol Data Unit）的头部有目的 GUID 和源 GUID，还有一个服务标识符（Service Identifier，SID）用来指定 PDU 的服务类型，包括一些选项比如单播、多播、任意播、上下文传递、内容查询等。在第一个进入的路由器中，目的 GUID 通过全局名字解析服务（GNRS）把名字解析成可路由的网络地址，并加到数据分组的头部，后面的路由器就可以根据网络地址转发 PDU，称为“快速路径”转发。在路径中的任意路由器都可以通过查询 GNRS 再次解析 GUID，重新绑定可能因为移动而变化了的网络地址，这就是所谓的“缓慢路径”转发。GUID 路由选择可以实现“迟绑定”算法，当 PDU 与目的地接近的时候再决定从哪个网络端口路由 PDU。在 MobilityFirst 体系结构中，PDU 可以是很大的数据单元，从 100 MB

到 1 GB，对应于完整的音频或视频文件，可以作为连续的单元从一个路由器传送到另一个路由器。

Mobility 体系结构的另一个特点就是路由器中存在网内的存储，这可以使用存储感知的路由协议，把 PDU 暂时存储在路由器中而不是转发到目的地，以处理不好的链路质量和连接中断。一个可信的逐跳传送的协议用来在路由器之间传送数据分组而不使用 TCP/IP 中端到端的方法。

MobilityFirst 协议栈的另一个重要特点是服务灵活性：具有多播、任播、多路径和可以作为路由协议中完整功能的多宿主模式。这些服务特点是基于移动应用，常常是基于上下文而提出的。

GUID 机制考虑多播或任播到 GUID 相关的一系列网络地址的上下文和内容的寻址能力。一个比较有趣的难以用传统的 IP 处理的例子是“双归属主机”，一个用户的笔记本电脑有两个或多个无线接口连接到不同的网络，服务目标是发送 PDU 到至少一个接口。

3.4.1.3 DMap: 动态的标识符到位置的映射方案

在 MobilityFirst 体系结构中，GUID 到网络地址（Network Address，NA）的映射是最重要的部分。DMap 用来管理 GUID 到 NA 的动态映射。在 DMap 中，每个 GUID 到 NA 的映射存储在多个 AS 中。每个 GUID 直接散列为现有的网络地址，然后把 GUID 到 NA 的映射存储到这些 NA 对应的网络中。在设计映射方法时，主要考虑的是使更新和查找的时延以及需要保存的状态信息最小化。DMap 通过利用全局存在的 BGP 可达性信息把 GUID 到 NA 的映射存储到多个 AS 中。这种方法使所有的更新/查询请求只需要一个单一的覆盖跳而不用在每个路由器上引入额外的状态信息。如果有一个主机 X，GUID 为 Gx，网络地址为 Nx。X 首先发送 GUID 插入请求，插入请求会被 X 所在的 AS 的边界网关路由器捕获。接着，边界网关路由器把预先定义好的一致的散列函数应用到 Gx，把 Gx 映射到 IPx。然后，边界路由器根据它自身 BGP 表中的 IP 前缀，找出拥有 IPx 的 AS，最后把 Gx 到 Nx 的映射发送到从 BGP 表中找出的 AS。过了一段时间，假设主机 Y 想要查询 GUID Gx 的当前位置，Y 首先发送一个 GUID 查找请求。当请求到达 Y 所在 AS 的边界路由器时，边界路由器运行同样的散列函数来识别出存储相应映射的 AS。每当 X 移动了位置，连接到不同的 AS，X 需要发送 GUID 更新请求更新自己的映射。更新请求的处理与插入和查找请求相似。

使用这种方法，一个 GUID 的映射会被散列到一个随机的 AS，而不用考虑 GUID 与存储映射的 AS 的位置，这种方式会导致增加不必要的时延。为了解决这个问题，可以考虑存储 GUID 到 NA 映射的多个副本，并把它们分别存储到多个随机的 AS。由于请求节点能选择最近的副本，因此使用 K 个副本能减少查找时延。同时，这种方法不会对更新时延有很大的影响，更新 K 个 AS 是同时进行的。通过 K 个映射副本，查找时延是 K 个 AS 中最小的时延，而更新时延是 K 个 AS 中最大的时延。DMap 中的一些重要参数，如散列函数、K 的值，需要提前设定并分布到网络中的每个路由器上。

由于 IP 地址空间的分片，散列出来的 IP 地址有可能不在任何 AS 中，这个问题称为 IP 空洞问题。IP 空洞问题通过重散列寻找一个代理 AS 来实现。经过 M–1 次重散列后，如果散列出来的地址还是在 IP 空洞当中，选择一个与现在的散列值具有最小 IP 距离的 IP 所在的 AS 作为代理 AS，这种方法能保证总是可以发现一个有效的 IP 地址。

3.4.1.4 GSTAR：广义的存储感知路由

MobilityFirst 体系结构中另一个重要的部分是使用了存储感知的路由方法（Generalized Storage-Aware Routing Approach，GSTAR）。GSTAR 协议基于对 PDU 逐跳的转发。数据分组的头部包含的名字和地址信息能使路由器执行一种混合的转发算法来解决动态改变接入点和连接中断问题。

MobilityFirst 为每个路由器提供了足够的信息和资源来使它们做出智慧的、逐跳的决定。路由器通过两种方式获得信息：网络服务和域间路由协议。全局范围的路由通过 GNRS 和 BGP 来实现。

MobilityFirst 为域内路由使用了一种双剑合璧的方法，可以应对邻近节点的链路质量变化，在连接中断的时候保持顽健性。在高层次，每个路由器维持了两种拓扑信息，一种用来响应链路和节点的细粒度变化，另一种用来响应网络中所有节点连接概率的粗粒度的变化。

域内分区图通过收集所有节点之间定时发送的拓扑消息而形成，这些拓扑消息包含每个节点的一跳邻居链路质量对时间敏感的信息。由于这些消息是洪泛的，因此消息会立刻广播和丢弃，不会跨过分区的边界，这使网络中所有节点都有一个当前链路质量最新的视图。除了存储当前的链路质量，每个路由器维持了以前的链路质量信息，这对路由决定非常有用。如果在某段时间内没有收到从某个节点发来的控制信息，路由器就可以假设那个节点已经从域内分区图中移除了。

DTN 图通过收集网络中所有节点定时流行传播的拓扑消息而形成。流行性传播是在时延容忍网络中常用的一个技术，控制消息通过中间节点传输，也允许消息穿过分区边界。实际上，这些消息不会立刻被丢弃，而是被携带一段很长的时间，这样就可以在一个节点从一个分区移动到另一个分区的时候，消息在这两个分区间传递。这些拓扑消息包含了网络中源节点到其他所有节点的连接概率信息，对时间不敏感。DTN 图能使节点感知网络中所有节点的连接情况，甚至可以感知不在当前分区中的节点。

这两个图可以共同作用把消息路由到目的地。如果目的地存在，路由器会考虑邻近几跳的短期链路质量和远处多跳的长期链路质量，从多条路径中选出最佳路径。如果下一跳的短期链路质量比长期链路质量好，路由器会立刻发送数据以利用异常好的连接；相反，如果短期的链路质量异常不好，路由器应该把消息存储起来以后再做评估。如果目的地不在域内分区图中，路由器会转向包含了整个网络连接信息的 DTN 图。路由器会根据 DTN 图计算出所有的最短路径，并把消息的副本发往这些路径的 1 跳邻居。实际上，DTN 方法是利用已经存在的存储建立网络中各分区之间的桥梁。

由于链路状态和总体的连接情况可以基于每个消息改变，因此数据分组发送次序会影响平均的端到端时延和吞吐量。域内路由的解决方案是基于域内分区图和 DTN 图建立路由次序。由于域内分区图有对时间敏感的权重，目的地在域内分区图中的消息具有最高的优先级，可以利用现存的质量好的链路；目的地在 DTN 图中的消息块具有较低的优先级，而所有别的消息具有最低的优先级，因此它们可能被存储起来，也可能被丢弃。

MobilityFirst 是一种面向移动平台和应用的具有可伸缩性的新型网络体系结构，通过名字与地址的分离、路由地址的迟绑定、网内的存储和条件路由决策空间，实现对无缝的平滑的移动性的支持，对未来网络体系结构的发展有着重要的影响。

3.4.2 HIP

HIP（Host Identity Protocol）[42]在传统的 TCP/IP 体系网络中引入了一个全新的命名空间——节点标识(HI)，在传输层和网络层之间加入了节点标识层(Host Identity Layer)，用于标识连接终端，安全性和可移动性是其设计中尤为推崇和自带的特性。HIP 的主要目标是解决移动节点和多宿主问题，保护 TCP、UDP 等更高层的协议不受 DoS 和 MitM 攻击的威胁。

节点标识，实质上是一对公私钥对中的公钥，节点标识空间基于非对称密钥对。由不同公钥算法生成不同长度的 HI，HIP 再将 HI 进行散列来得到固定长度（128 bit）的、固定格式的 HIT，以便作为 HIP 报文的节点标识字段（可包含在 IPv6 扩展头内）。为了兼容 IPv4 地址协议和应用程序，HIP 还定义了局部标识符(Local Scope Identifier，32 bit)，仅在局部网络范围内使用。

HIP 中并没有像其他协议一样定义的协议头部，而是用扩展头部来表示协议头部，用封装安全载荷（Encapsulated Security Payload，ESP）进行封装，在两台节点之间建立端到端 IPSec ESP 安全关联（Security Association，SA）来增强数据安全性，减少了中间节点（如路由器）对数据分组的处理，也不需要对现有的中间节点进行任何改动。

HIP 的报文一般由 HIP 头和 TLV 两个部分组成。一个 HIP 报文必须包含一个 HIP 头，可能包含一个或多个 TLV，也可能不包含 TLV。

HIP 定义的 HIP 头部结构如图 3-32 所示。

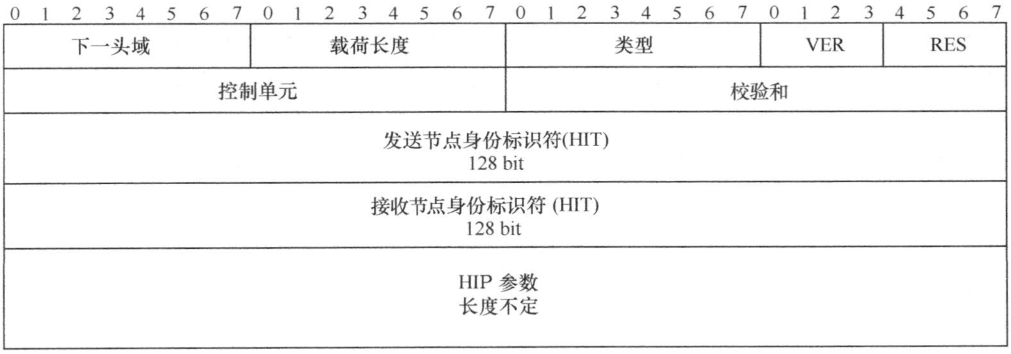

<table>
<tr><td>0</td><td>1</td><td>2</td><td>3</td><td>4</td><td>5</td><td>6</td><td>7</td><td>0</td><td>1</td><td>2</td><td>3</td><td>4</td><td>5</td><td>6</td><td>7</td><td>0</td><td>1</td><td>2</td><td>3</td><td>4</td><td>5</td><td>6</td><td>7</td><td>0</td><td>1</td><td>2</td><td>3</td><td>4</td><td>5</td><td>6</td><td>7</td></tr>
<tr><td colspan="8">下一头域</td><td colspan="8">载荷长度</td><td colspan="8">类型</td><td colspan="4">VER</td><td colspan="4">RES</td></tr>
<tr><td colspan="16">控制单元</td><td colspan="16">校验和</td></tr>
<tr><td colspan="32">发送节点身份标识符(HIT)
128 bit</td></tr>
<tr><td colspan="32">接收节点身份标识符 (HIT)
128 bit</td></tr>
<tr><td colspan="32">HIP 参数
长度不定</td></tr>
</table>

图 3-32 HIP 头部结构

其中，HIP 头部本身就是 IPv6 的一个拓展头，因为目前 HIP 扩展头为了 IPv6 扩展头中的最后一个，它后面不应该再跟其他的 IPv6 扩展头，所以 HIP 头部中下一头域(Next Header）的取值为 59，即目前的 IPv6 定义中表示为 IPPROTO_NONE 的数值。HIP 头部中的负载长度=HIP 头部的长度+HIP 头部后面的所有 TLV 的长度–1，单位为 8 Byte。Type 字段表示了 HIP 报文的类型，如果收到的报文中的类型不能识别，则必须丢弃该报文。VER 字段表示了 HIP 的版本号，目前被暂时定义为 1。Controls 字段定义了一些 HIP 的控制信息。Checksum 域为校验和。HIP Parameter 字段填充的是 HIP 的 TLV 参数，即类型—长度—值这种类型的参数。RES 字段现在保留以供将来扩充新功能，并且还包含了一个 128 bit 的发送方 HIT 和一个 128 bit 的接收方 HIT。

HIP 利用最简单的 DNS 实现节点标识到节点位置的映射。首先，一个域名被首先映射为一组节点标识，节点标识再被映射为一组 IP 地址。

HIP RVS 机制可以为移动主提供初始可达性。在 HIP 体系结构中引入了 RVS 服务器，节点移动后需要向 RVS 注册其节点身份标识符（HIT）和当前的 IP 地址。其他节点要与该移动节点通信时，需要首先查询 RVS 服务器，然后 RVS 服务器会转发目的地址为其所有 HIP 报文。向 RVS 服务器注册后，应该在 RVS 的 DNS 域或按其 HIPRVS，DNS 记录类型注册其 IP 地址。HIP 的切换过程可用下面的例子来表示：

- 节点 A 向 RVS 注册其 HI 和 IP 的映射关系；
- 当节点 B 要与节点 A 通信时，首先通过 DNS 查询得到其节点 A 当前的位置；
- DNS 返回节点 A 的 HI、RVS 及其 IP 地址信息；
- 节点 B 通过 RVS 向节点 A 发送 I1 报文；
- 节点 A 与节点 B 建立基本连接的后续报文；
- 节点 A 移动到另一个子网中；
- 节点 A 向 RVS 注册其地址更新，更新 HI 和 IP 地址间的映射；
- 节点 A 与节点 B 继续通信。

HIP 的优点在于：设计之初就在协议级别将节点身份和网络位置标识区分开了，HI 或 HIT 用来标识节点身份，IP 地址仅用来标识网络位置。其优点可以很明显地体现在对移动性的支持上，因为使用了 HI 或者 HIT，即使移动节点在网络中的 IP 地址不断变化，HI 或者 HIT 与 IP 地址的映射关系也不断变化，从而保证了节点既保持连接，又不断移动。

应用 HIP 后，通过 HIT 进行通信会在通信的两端建立安全连接，所以把 HIP 应用到移动方面时，很大程度上提高了网络的安全性，它提供了基于加密节点标识的端节点认证，节点可以通过节点密钥对验证身份；HIP 还保证了数据报文和控制报文的完整和可信，控制报文可以携带加密证书，用于端节点和中间实体的认证。

HIP 的缺点在于：需要更新大量节点，不支持流量工程和多播，增加了中间设备的复杂性。RVS 服务的方式加快了节点标识的更新速度和映射信息的传输，但 RVS 服务器需要维护完整映射数据库，而节点标识名字空间十分巨大，这就加大了 RVS 服务器的实现难度。

3.4.3 LIN6

IETF 的第 49 会议上，Teraoka F 等日本学者提出了一种全新的移动 IP——LIN6[43]。LIN6 是根据 LINA，即基于位置无关的网络结构的原理，在 IPv6 地址中划分出身份和位置标识的部分，面向 IPv6 提出了一种移动性支持方案。

LINA 秉承身份标识与位置标识相分离的思想，引入了接口位置识别号和节点标识号这两个基本实体，实现身份标识与位置标识相分离。这两个实体的引入，使得网络层被分为网络标识子层和网络转发子层，网络转发子层履行传统 IP 层的功能，为数据分组提供路由。

网络标识子层要完成节点标识号与接口位置识别号之间的相互转换。这个转换过程需要专门的映射设备，把不变的节点标识与可变的节点位置联系起来，在 LINA 中使用映射代理（MA）。同 HIP 类似，节点移动时要及时向自己的映射代理更新自己的映射。为了与传统协议兼容并且简化协议本身，LINA 采用了嵌入地址模型方法，即把节点标识号嵌入接口位置识别号里，得到新接口位置识别号，把它叫作 ID—嵌入位置识别号。

LIN6 的基本思想是：采用 ID—嵌入位置识别号，将 IPv6 地址分为身份标识（LIN6 ID）和交换路由标识（LIN6 前缀）两部分。LIN6 ID 在上层应用标识通信，身份到路由的解析由终端的协议栈与映射代理通信来实现。与 HIP 一样，同样使用 DNS 将节点与其对应的映射代理服务器联系起来，通过部署映射代理服务器（MA）实现身份标识和交换路由标识之间的解析。

LIN6 最初的设计目标就是改善 IPv6 网络的移动性，所以与传统的移动 IP 不同，LIN6 争取在协议的层面对节点的移动性进行优化，解决了传统移动 IP 的三角路由、开销过大、单点故障等一系列缺点。但是相比 HIP，LIN6 的安全性设计存在不足，只能适用于 IPv6 网络；同时 LIN6 也有许多缺陷，如微移动（Micro-Mobility）切换时的较长时延和分组丢失、节点标识空间狭小等。

3.4.4 Six/One

Six/One[44]是在 2006 年 IETF IAB RRG（Routing Research Group）召开的工作组会议上提出的，是一种地址重写的方案（即地址映射、替换）。地址重写思想最先由 Clark 提出，后来由 O’Dell 改进，利用 IPv6 地址前 64 bit 作为路由地址（RG），后 64 bit 作为节点标识 EID，以充分发挥 IPv6 地址 128 bit 的优势。当报文到达本地出口路由器时，报文头中的源 RG 地址被填写；当报文到达目的节点所在网络的入口路由器时，目的 RG 地址被重写，这样保证用户无法感知网络拓扑或者前缀信息。

Six/One 中，IPv6 地址同样被划分成 64 bit 的子网前缀和 64 bit 的接口标识，利用高位部分的不同来表示节点地址的差异。一个节点拥有多个 IP 地址。

节点发送报文时选择的目的地址，作为供边缘网络选择运营商的一种参考；边缘网络可选择遵循节点的建议，或者更改地址的高位，重新写入一个新的地址，选择一个新的运营商，在这种情况下，节点很快得到报文头被边缘网络重写的信息，在后续报文直接按照边缘网络选择的地址进行地址重写。Six/One 同时在报文中添加了附加的特定信息，使得接收方能够根据此信息实现反向的地址重写。

Six/One 方案的优点在于网络部分不需要关心地址的改变，节点保存所拥有 IP 地址的全部信息，可以通过地址的变换选择使用哪个运营商。方案的特点在于使用地址替换的方案支持基于节点的位置标识，并可通过 DNS 获取通信对端的 IP 地址；但是，该技术存在重写开销，如果地址经常变化，网络中的中间盒需要进行升级，否则无法进行过滤，并且只适用 IPv6 地址，存在部署困难的缺点。

除了上文提到的方案外，还有 SIRA（安全和可扩展的路由体系结构）、Shim6、HRA、IP2、GSE（全局—局部—终端地址）、IvIP（互联网数据分组重定向协议）等多种提议方案。

3.5 其他新型网络体系结构

3.5.1 XIA

XIA[45]是由波士顿大学、卡内基梅隆大学、威斯康辛大学麦迪逊分校共同开发的一个开源项目，作为NSF未来网络结构研究第2阶段的4个项目之一，主要研究网络的演进，解决不同网络应用模式之间通信的完整性与安全性问题。

随着互联网应用的日益多样化，协调这些应用在互联网中进行通信逐渐引起了关注。XIA 致力于解决端到端之间的安全通信，建立一个统一的网络，为端口间的通信提供接口（API）。由于网络的复杂性，在网络中运行的程序与协议具有不同的行为和目标，XIA 希望通过定义具有良好支持性的接口，让这些网络活动的参与者能够更有效地运行，消除网络基础架构与端用户之间的通信障碍。在构建统一的网络基础架构的思想上，XIA 通过其内部的机制实现安全性。运行在这个架构之上的所有网络活动参与者具有安全标识，并应用于信用管理中，称为“内在安全机制”。XIA 扩大了目前基于主机通信的机制，将互动机制应用于对主体（包括主机、服务、内容等）的操作以及安全控制，对网络的控制从单一的分组转发，扩大到网络中的互操作。在保证安全性的基础上，XIA 提供了足够的可扩展性。由于 XIA 希望通过单一的网络结构实现对于安全性的控制，其必然需要提供演进的能力以支持不断出现的新的应用。以网络实体为例，从最初的主机，发展到目前以内容为中心的趋势下出现的服务、内容主体以及未来可能出现的主体，XIA 提供灵活的绑定机制支持这些主体通过接口连入网络。

XIA 有 3 个关键的理念：丰富的通信实体集合，XIA 的网络架构本质上支持不同实体间的通信，包括主机、服务、内容和其他未来使用模型中出现的实体；内在的安全性，对所有实体使用标识符，并支持系统性的认证机制；无处不在的“细腰”。“细腰”模型，即上层应用与底层链路之间具有较小的协议中间层，其简洁性的优点使互联网快速发展起来，但是目前这一模型遇到了瓶颈。XIA 基于现有 Internet 的“细腰”模型，对其安全性与扩展性进行了改进：第一，对于所有网络主体的支持性，XIA 为所有类型的主体定义了与不同协议机制之间的接口；第二，增强了信任管理；第三，保持“细腰”结构的简单性，同时将地址标识替换为服务标识。

XIA 的架构如图 3-33 所示，显示了 XIA 的组件以及相互之间的关系。XIA 的核心是最底层的协议（XIP），支持多种类型的通信实体间的通信。根据主体的操作目的对 3 种主体类型进行了不同的定义，内容被定义为它是什么，主机被定义为它是谁，服务被定义为它做什么。不同类型的主体需要定义各自的服务标识，例如，在基于内容的网络中，需要提供 API 来供用户获得、发现和搜索内容。XIA 使用“细腰”模型定义互操作需要的最小功能，该“细腰”不要求实施的精确过程，因此网络可以根据角色的类型来确定通信的类型。同时 XIA 的设计还支持未来的其他实体，例如用户和组。

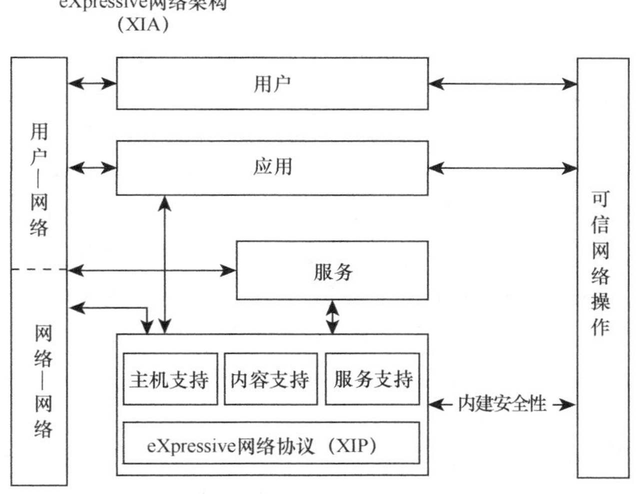

图 3-33　XIA 体系结构

网络主体之间的通信通过内容标识进行。这是一个 160 bit 的标识符（XID），可以表示一台主机（HID）、一条内容（CID）或者一项服务（SID）。这一标识具有安全验证的功能，利用公钥或者散列校验的方法，无需依赖外部的数据库就能进行验证，因此安全特性是内建的。当需要数据时，数据接收方能够获取想要的数据，并验证其来源。

以用户访问 Web 为例，用户将 URL 提交给 HID 服务器，这里的 HID 可以是 URL 的一部分，也可以是可信方式获得的主机名。服务器返回一个或多个内容 CID，用以标识页面的内容。用户的浏览器检索服务器、缓存或者网络中的内容副本，以获得相应 CID 的内容。

XIA 的子项目，如 Tapa、DOT、SCION 等，研究数据传输层面的可扩展性与安全性。Tapa 项目作为基础，解决异构网络上分组传输的架构问题。DOT 项目深入研究面向数据的传输和缓存问题。SCION 项目基于路由控制和故障隔离的目的，将独立的 AS 划分为可信域，并进行互联以形成完整的传输路径，在受到攻击或者发生故障时，网络能够采用弹性的机制来保证故障的恢复。

目前 XIA 已经提供基础的架构，还有一些正在开发的基于 XIA 的项目。支持复杂的通信主体类型以及所有通信操作相关的内在安全属性，是 XIA 两个独特的特性。例如，XIA 允许应用通过选择通信主体类型来表达它们的通信意图。一个文件共享程序会使用内容主体来表明它们通信的目的是获取内容，而类 SSH 应用可能会使用主机主体来表明它需要联系一个特定的主机。XIA 依靠通信主体来引导应用程序，明确每个通信操作的安全特性，要实现 XIA 的特性需要应用的配合。XIA 的特性也可以用于支持不同类型的移动性，例如，机器间的进程迁移或设备在网络中的移动性。一个关键的挑战是确保协议的安全性，例如，协议不能被第三方劫持，用于开放的通信会话。如何平衡用户隐私与网络管理的有效性和可管控性之间的矛盾，是网络架构需要解决的挑战之一。XIA 一直在探索使用“隐私按钮”的方式，用户将可以通过单一的按钮，获取诸如 ISP 等信息对通信进行控制，如避免某些类型的 XID、自动调用类似 TOR 的匿名服务等。由于接口在应用程序和协议栈之间，因此这一机制是跨应用的。

XIA 预期的未来互联网络模型是一个单一的网络，这与现今的互联网不同，它着眼于安全性的问题，支持网络的长期演进。原有的网络主要是基于主机的通信，而现今越来越多的应用的目的是内容获取，这也是 XIA 设计的一个挑战。未来的互联网不能只支持现在流行的通信主体（主机和内容），而必须是灵活的、可扩展的，才能支持互联网使用过程中出现的新实体。对于不同的网络主体，XIA 需要提供与主体特性相适应的属性和协议。互联网中的实体拥有不同的操作目标，XIA 支持网络角色的显式接口，网络主体需要的 XID 是由系统的协议给出的，XIA 设计不同的机制以适应不同的网络主体。另外，XIA 还对用户与网络、网络与网络的通信进行了区分，为两者设计了不同的接口。XIA 探索不同的标识符栈的组织方式和不同的分组路由，以探索不同机制来支持不同范围的网络服务，这涉及服务标识符的定义、粒度的控制、缓存以及内容分发等，功能涵盖端到端传输、分组转发、内容和服务支持，并对这些操作进行可信管理。这些探索的目的在于支持长期的技术演进。随着链路技术以及存储计算能力突飞猛进的发展，网络架构必须支持新技术的高效整合，才能适应技术进步和经济发展。

3.5.2 NEBULA

在可预见的未来，将存储、计算和应用移入云中将是信息产业发展的潮流，它将在全球范围内形成以网络为中心的计算体系，以低廉的成本提供资源的快速供给和一致便利的管理框架。安全性问题，如保密性、完整性和可用性，将会阻碍云计算的应用，除非设计一种适应云计算需求的互联网架构。NEBULA[46]项目应运而生，它是一个具有内建安全性的未来互联网架构，在满足灵活性、可扩展性和经济可行性的同时，可以解决新兴的云计算的安全威胁问题，其核心是一个高度可用、可扩展的由数据中心构成的网络。

该架构的建立来自于 3 项关键前瞻性假设，具体介绍如下。

任何未来全球规模的互联网，就像现在的 Internet 一样，将会包含众多的地区级网络服务提供商，不可能预测这些服务提供商需要什么策略，因此 NEBULA 要提供一个高效但策略中立的数据平面，允许产业界根据商业需要、政府规定和用户的需求来开发策略，控制路由选择和资源分配。NEBULA 数据平面是“默认禁止”的：所有各方，包括终端用户、互联网服务提供商、云计算提供商和应用提供商必须全部认可所选择的路径和路径上的行为；此外，所有各方都可以验证自己的需要是否得到满足。因此，灵活性、可验证性是数据平面对未来互联网的一个严格要求。当前互联网中的许多安全、可靠性和性能问题都来源于策略实施机制缺乏灵活性和内建的可验证性。

信任要求网络的所有组件具有外部可验证行为。因此，网络可以标记并隔离失效的设备、软件实现和服务提供商。通过对网络元素严格的行为界定，允许策略以声明的方式配置，使得策略是精确的，影响是可预测的。在当今的互联网，配置错误是常见的，其原因是配置互联网的操作性语义的低层次和复杂性以及性能优化中网络管理员的过度涉入。提高未来互联网的可靠性和安全性需要一个更高层的方法，简单来说即让人摆脱繁杂的具体工作。

路由器将会以类似于数据中心的模块化的方式构建。模块化的组件可以构建任意规模的系统，以支持期望的负载。使用容错技术确保系统持续可用，在每个层级上应用原子性地热升级技术，实现针对新协议和新服务的在线流量重定向。虽然工业界已经在此方向上努力，但实现这个方法还需要巨大的努力，这也是 NEBULA 核心（NCore）所关注的。

3.5.2.1 NEBULA 的研究目标

基于这些假设，NEBULA 项目为该架构设定了以下研究目标。

（1）安全性与可信性

一个新的互联网需要超越可用性与顽健性，确保用户数据的安全和保密以及数据传输路径的可信与保密。NEBULA 数据平面可以解决这些问题，保证数据传输过程中的路径可靠，传输过程中的数据不被篡改，并且是保密的。在用户数据的迁移过程中，数据需要从一个数据中心迁移到另一个数据中心，跨越不遵循相同路由策略的网络，因此数据的超长距离通信也是 NEBULA 数据平面需要解决的问题之一。数据传输的路径上需要有联合控制策略，数据中心的计算与存储需要隔离，更进一步地，操作系统和网络使用统一认证和授权机制。

（2）高可靠性服务和非破坏性升级

下一代网络设备需要设计成连续运行，没有预定的停机、日常维护和重启的时间，系统需要能够承受彻底的攻击，有可靠的硬件，进行软件冗余备份，准备热备件，有完善的快速恢复计划。为了实现服务提供者改变服务或者不删除旧服务的情况下部署新的服务，系统需要支持虚拟化。正如云服务供应商支持程序代码多个副本的同时运行，未来的网络设备供应商也需要支持多个路由协议副本无干扰地并行运行。

（3）整合数据中心和路由器

现代的核心路由器是多个机架组成的大型分布式系统，NEBULA 研究了数据中心的计算机集群与核心路由器集成的可能性。为了保证可靠性，实现高吞吐量，路由策略中允许并行转发路径存在。旧的路由协议无法满足对流量平衡的需求，无法实现数据中心与核心路由之间的最佳互联，因此对新的路由协议提出了要求。NEBULA 试图打破数据中心和互联网之间的屏障。

3.5.2.2 NEBULA 架构的组件

NEBULA 具有 3 个相关的组成部分：NEBULA 数据平面（NDP）可以建立策略兼容的路径，提供灵活的访问控制并防御攻击；NEBULA 虚拟可扩展网络技术（NVENT）——NEBULA 的控制平面，提供服务访问和网络抽象机制，例如冗余、一致、策略路由等； NEBULA 核心，连接企业级数据中心的超可用下一代路由器。NVENT 使用策略可选的网络抽象来提供新的控制平面安全。NDP 使用创新的方法实现网络路径的建立，利用密码学机制在 NEBULA 路由器间建立策略可控的可靠路径。

（1）NEBULA 数据平面（NDP）

在 NDP 协议中，相对于分组路径中的每个管理域，分组具有下面 4 个元素：

- 域表识符；
- 管理域授权该路径的证明，称作 PoC；
- 分组遵循该路径的证明，称作 PoP；
- 类 MPLS 标记。

这个标记是连接已认可的通信与策略相关数据平面功能的钩子，它可以映射 RBF 风格的规则，提供 RBF 项目的功能和灵活性。这个标记也可以表达查询优先级，限制域内路由，授权中间盒或者流量整形，或其他未来的数据平面特性。

这 4 个元素对于策略的表达和执行都是足够的。当分组到达管理域时，域拥有决定是否为该分组分配内部资源的全部信息，例如，分组是否被授权（检查 PoC），分组需要消耗哪些内部资源，要穿过哪个中间盒（检查标记），分组是否遵循授权的路径（检查 PoP 标记）。

初步的试验和原型系统表明，该架构在分组空间和数据平面处理成本两方面都是可行的。对比先前的工作，即使在强威胁的模型下，NDP 也可以真正强制执行策略目标。特别地，NDP 提供以下性质：

- 路径保证。对于即将发生的通信，沿路径的所有实体必须全部认可该路径。这个特性归纳了先前的许多成果，例如发送者控制下行路径，提供商控制前一条和下行路径等。

- 访问控制。当路径不被认可时，分组不会被转发。由于路径包括目的地和潜在的服务标识符（称作目的地的标记），该架构可以简洁地实现访问控制，该功能通常被称作“将防火墙放入网络内”。

- 可用性。由于路径选择发生在数据平面外，终端节点有充足的机会协商多条路径，如果路径失效，则启用备份路径。根据评估，这个过程远快于 BGP 计算新路由所需的时间。

- 自主资源控制。任何实体都不会被强制以自己不赞同的方式部署自己的资源。该特性是安全的基本组件，可以确保不会违反任何实体的传输策略。

- 保护隐私的通信。隐私包括通信内容的保密和通信这一事件的保密。前者是网络层之上的问题，而后者是网络层应当考虑的，NDP 支持两个通信实体控制通信如何进行。通信实体可以使分组通过自己信任的提供商，更大胆的做法是端点指定一个“洋葱”路由系统，或者指定通信实体间的通信必须通过一个隔离的信道。

（2）NEBULA 虚拟和可扩展网络技术（NVENT）

现有的互联网是以企业为中心的，这假设不同的组织分别运行服务器，通信发生在作为端点的独立的计算机上。与此相反，云是以服务和数据为中心的：计算和数据服务可以由多个数据中心冗余地提供，数据中心可以相互复制来提供更高的可靠性和性能。云允许多样的进化，例如面向内容的云。NEBULA 是一个具有进化能力的网络架构：只用在高可用性需求的服务所在地提供一个新的核心（NCore）就可以轻松扩展 NEBULA。当新的服务在路由器上可用时，NVENT 会发现它们。

（3）NVENT 对分布式服务的支持

NEBULA 研究的一个方向是对移动用户和分布式服务提供更好的网络支持，实现方法为：把人类可读的主机名转变为机器可读的服务标识符；将独立的分组转变为流；将单播通信转变为任播。NEBULA 实现移动性的方法是对应用隐藏网络地址，随着端点的改变（例如虚拟主机迁移、故障、设备移动等）进行动态重映射；紧密整合服务端点和网络元素，提供更好的可扩展性和对变更的响应。

此外，一个服务实例可以托管于多个机器上（通常称为 Shard），这需要高度可靠的域内和域间的路由协议。这些协议必须能够反映真实世界的商业关系，并且只要存在一条政策兼容的路由就能够保证流量转发。当资源不能通过路由回传时，这条路由是无用的，需要进一步地改变互联网资源发现和资源分配的性质，才能保证即使在攻击者使用拒绝服务或路由劫持来阻塞访问时数据分组仍然可以顺利投递。NDP 规定了数据平面的机制，NVENT 规定了控制平面的策略框架，但还需要一个在域内和域间层级上的具备快速恢复能力的分布式状态管理框架。

NVENT 服务接口允许应用程序或接入提供商发送服务请求，并说明需要的可用性等级。例如，一个提供应急服务的接入提供商可以要求具有多径域间路由的高可用性，实现该方案的关键即灵活性：每种服务可请求适当的传输，而不局限于某个单一版本的特性集合。NEBULA 设想使用分布式的解析服务来提供每个服务的信息、访问服务的方法以及服务的性质。这种全球规模的解析服务将提供超越 DNS 和 BGH 系统的可扩展性、灵活性与动态性。

（4）NVENT 和 NDP 的接口

NVENT 的工作是决定分组元素的合适值。NVENT 负责决定分组路径，收集所有中间域的许可（PoC）并确定路径中的标记。通常情况下，预期的发送者向 NVENT 服务器查询，并将这些信息放入分组内。当 NDP 分组进入网络内时，沿途的域有足够的信息进行检查。

图 3-34 展示了更详细的交互过程，具体介绍如下。

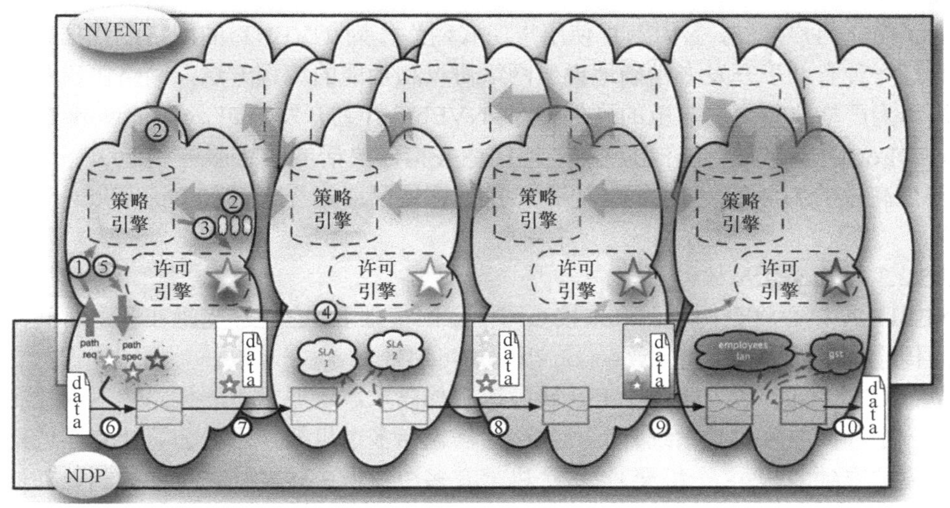

图 3-34　交互过程

① NDP 从 NVENT 请求路径。路径的属性（目的地，首选的传输策略）连同连接描述符一起发给 NVENT。

② NVENT 使用可插拔的策略引擎（例如，类 BGP 式的链路状态协议，能异步地传播拓扑了传输策略）进行路径发现（箭头表示背景通信）。该步骤的结果是一串域的列表，连同相应的类 MPLS 标记，这些标记用于在转发时引发特定的数据平面功能。

③～④ 一旦发现路径，就把该路径交给 NVENT 许可引擎处理。该过程产生路径上每个域的许可的加密证明（PoC，在图上用星号表示）。

⑤ 承诺的路径返回给 NDP。

⑥～⑦ 源 NDP 路由器将数据分组装进 NDP 分组。PoC 与数据分组融合可以防止窃取（最左侧的云状背景）。

⑧～⑩ NDP 路由器在每个域内检查分组的加密值，并根据类 MPLS 标记处理分组。例如，第二个域提供两个等级的服务，输入分组根据标记转发进子网 SLA1、子网 SLA2 或两者（分散路由）。类似地，第 4 个域可能向雇员提供本地网访问，但不对客户提供。除了检查加密 PoC 和实施相应的标记，中间路由器还在分组中加入 PoP 来强制路径的执行。

在高层，数据平面只暴露窄接口（ID、PoC、类 MPLS 标记和 PoP），将策略和路由的复杂性交给 NVENT。在通用服务器上，NVENT 可以快速演化，同时维持数据平面和接口不变。

（5）责任机制

责任机制是减少故障和不当行为的有效方法。故障的原因是多样的，可能是意外的配置错误，甚至是有意的攻击。责任机制保证一大类故障和错误行为被有效地监测，并向网络管理员提供故障的快速反馈，即便系统不能阻止或消除它们的影响。责任机制也能定位故障所在的组件或域，这使得每个域相互追究责任，进而激励每个域保持自己的设施尽量可靠。

（6）NVENT 控制策略

为了简化用户控制，NVENT 使用声明式网络作为 NVENT 的网络配置框架。声明式网络是一种有助于开发者精确地说明网络协议和功能的编程方法，网络协议和服务可以被编译为严格执行说明规范的硬件指令。NVENT 计划开发 NDLog（Network DataLog）语言。NDLog 的特点是：允许用户高效地描述并构建灵活的网络服务和 NDP 分组规则；具有一个高效的编译器将 NDLog 语言转换为底层网络指令（例如 OpenFlow 交换机的配置）。

3.5.2.3 NEBULA 核心

NEBULA 核心将会构建在未来核心路由器的基础上，它能够支持在任意时间内保持最高的传输速率，同时保持 always-on 级别的可用性。

单一 CPU 不能满足 Tier-1、ISP 转发速率的需求，这要求下一代路由器的控制平面设计为一个容错的分布式系统。下一代路由器包括多个机架（思科公司计划在近期将路由器规模扩展到多达 48 个机架），每个机架有多个线卡、转发处理器和控制处理器。现有的互联网协议无法很好地处理网络中的交互操作，实现语义精确、快速故障切换、连续运行。而越来越多的网络服务要求高可用性和对事件的一致性响应，包括路由更新、管理命令和服务请求。为了支持分布式安全架构和可信的核心路由，路由的架构需要重新设计，以增加其可扩展性，适应高可用性的要求。

NEBULA 对数据中心和核心路由进行了整合，创建一个包括硬件和软件在内的架构，将数据中心和核心路由器直接相连。NEBULA 小组和思科公司以及英特尔公司合作，建立了一个计算集群和核心路由高度连接的网络。这一探索希望能同时实现高速率和高可靠性，以解决目前存在的数据存储和计算之间速率不匹配的问题。

为了可靠地运行分布式路由系统，NEBULA 设计了新的软件栈和新的动态可重构服务（DRS）模型，为路由器提供一致性模型。路由器需要分布式的，并且能够在不停止服务的情况下升级，一致性模型能够对路由器的操作属性进行复制，构建可靠和安全的分布式路由系统。

路由系统建立以后，需要对其可靠性进行监测。监测的引入会降低控制平面路由器的性能，但另一方面，也是快速故障恢复中不可或缺的一部分。NEBULA 设计了一个故障监测的自检系统，包括硬件和软件的全局视图、能够检查数据分组以及转发表，并且在数据面和控制面都有一定的处理权限，如可以创建一个时间标记数据分组，检查转发路径和时延。

3.5.2.4　小结

NEBULA 是构建在一个高性能高可用核心网络、一个使用基本访问控制原语的创新数据平面协议和一个分布式控制平面基础上的新型互联网架构，推动其从研究计划转变为可行的事件将涉及多方面技术，包括并行互联技术、高可用性软件控制面以及必要的经济和政策领域的专业知识。

3.6　典型新型网络试验床

当前互联网的体系结构对于层出不穷的新应用表现出很多当初设计时未曾预料的缺陷，学术界和产业界针对这个现状开始提出未来互联网的解决方案。其中 Clean-State，即重新设计互联网体系结构的思想成为研究热点，提出了很多创新型网络体系。但当前缺乏对这些新型网络体系进行真实性试验的环境，因此迫切需要具有可控和真实的网络试验平台。当前，一些未来互联网计划，诸如 FIRE（欧盟）、FIND/GENI（美国）、AKARI（日本）以及它们相关的研究项目都依赖于集成的试验设备/试验床来测试和验证它们的解决方案。

美国的 GENI 计划被组织为阶段性的模式，每一阶段的研究成果在末期都会被评估，并且适宜地制订下一阶段的需求。在第一阶段，GENI 计划大致定义了几个基本的实体和功能以及选定了基于 Slice 构架（SFA）的体系结构。在其第二阶段，SFA 草案定义了一个控制框架和集成的体系结构，这些都是能够融合 GENI 集群（ProtoGENI、PlanetLab 等）的管理基础。

在欧洲，几个项目（如 Onelab2、Panlab/PII 等）都是未来互联网研究和试验（FIRE）的基础设施。随着一些新的项目（如 BonFIRE、TEFIS 等）的加入，实施 FIRE 计划基础设施的规模也增加了。FIRESTATION 支撑 FIRE 官方和 FIRE 体系结构委员会相互协作发现一个特殊的机制来整合这些不同的基础设施。这正是现在要做的工作。

在亚洲，主要有日本、韩国和中国在积极地部署未来互联网计划。亚洲的合作主要体现在实施亚太高级网络计划（APAN）和部署由中、日、韩三国共同合作的 PlanetLab CJK。

3.6.1　PlanetLab

2002 年 3 月，Larry Peterson（普林斯顿）和 David Culler（UC Berkeley 和 Intel 研究

院）组织了一个在全球范围内对网络服务有兴趣的研究人员会议，提议 PlanetLab[47] 作为研究团体的试验平台。这个由伯克利—Intel 研究院主持的会议吸引了 30 名来自 MIT、华盛顿、莱斯、普林斯顿等大学的研究人员。在随后的几年，该项目得到学术界、产业界和政府机构的广泛参与。PlanetLab 是用作计算机组网与分布式系统研究试验床的计算机群。它于 2002 年设立，到 2006 年 10 月由分布在全世界 338 个站点的 708 个节点组成。它是一个开放的、针对下一代互联网及其“雏形”应用和服务进行开发和测试的全球性平台，是一种计算服务“覆盖网络”（Overlay），也是开发全新互联网技术的开放式全球性测试平台。每个研究项目有一个虚拟机接入节点构成的子网。在这之后的几年时间里，学术界、产业界和政府广泛地参与了此项目。截至 2009 年 6 月 3 日，PlanetLab 拥有 1 006 个节点和 475 个站点。它是一个开放性的、用于研究下一代互联网的全球性开发测试平台。每个研究项目都有一个虚拟机接入节点构成的子网。

PlanetLab 最初的核心体系架构由普林斯顿大学的 Peterson L、华盛顿大学的 Anderson T、英特尔的 Roscoe T 以及负责此项工作的 Culler D 共同设计。PlanetLab 是一个开发全新互联网技术的开放式、全球性测试平台。PlanetLab 本质是一个节点资源虚拟的覆盖网络，一个覆盖网的基本组成包括：运行在每个节点用以提供抽象接口的虚拟机；控制覆盖网的管理服务。为了支持不同网络应用的研究，PlanetLab 从节点虚拟化的角度提出了“切片”概念，将网络节点的资源进行了虚拟分片，虚拟分片之间通过虚拟机技术共享节点的硬件资源，底层的隔离机制使得虚拟分片之间是完全隔离的，不同节点上的虚拟分片组成一个“切片”，从而构成一个覆盖网。各个切片之间的试验互不影响，而使用者在一个切片上部署自己的服务。

PlanetLab 的架构如图 3-35 所示，每个节点通过 Linux vServer 虚拟机技术虚拟成多个 Silver，不同节点的 Silver 形成一个 Slice（即虚拟网络）。使用者在一个 Slice 上部署自己的服务，各个 Slice 之间的试验互不影响。研究人员能够请求一个 Slice 用于试验各种全球规模的服务。目前在 PlanetLab 运行著名的服务主要有：CoDeeN 和 Coral CDN；ScriptRoute 网络测量服务；Chord 和 OpenDHT；PIER、Trumpet 和 CoMon 网络监控服务。

PlanetLab 的主要目标之一是用作重叠网络的一个测试床。任何考虑使用 PlanetLab 的研究组能够请求一个 PlanetLab 分片，在该分片上能够试验各种全球规模的服务，包括文件共享和网络内置存储、内容分发网络、路由和多播重叠网、QoS 重叠网、可规模扩展的对象定位、可规模扩展的事件传播、异常检测机制和网络测量工具。

PlanetLab 的优点在于它的节点是真实地分布在全球的各个地方，研究人员可以部署真正意义上全球范围的试验应用。而且 PlanetLab 上运行的试验有效的运行周期是 2 个月，用户可以观察试验长期的运行结果，以有效地评估试验的前景。PlanetLab 上提供了一套名为 MyPLC 的软件，用户通过在自己的节点上安装这个软件加入 PlanetLab 中，称为 PlanetLab 的一个站点。PlanetLab 的不足之处在于，普通的试验用户对于 PlanetLab 上的资源只有部分的 root 权限，他们只能在节点上部署应用层的试验，无法进行底层的网络技术研究。PlanetLab 系统框架如图 3-35 所示。

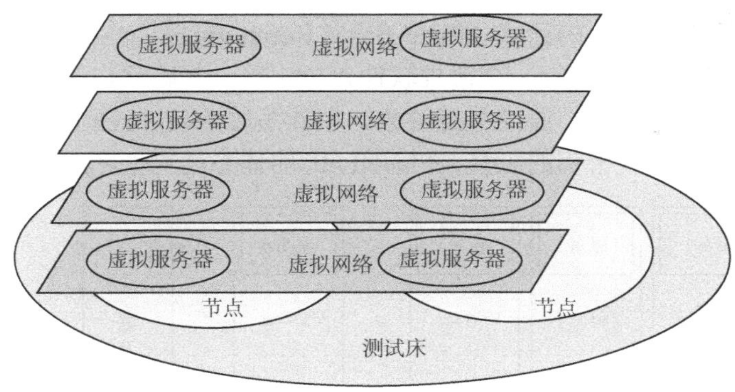

图 3-35 PlanetLab 系统框架

PlanetLab 也可以作为一个超级测试床，在其上有更多的狭窄定义的虚拟测试床能够被部署，即如果将服务的概念泛化（一般化）以包括传统上认为的测试床，那么多个虚拟测试床能够在 PlanetLab 上部署。例如，正在开发一个“分片中的 Internet”服务，其中在一个分片中重新创建 Internet 的数据平面（IP 转发引擎）和控制平面（如 BGP 和 OSPF 的路由协议）。网络研究人员能够使用这项基础设施来试验对于 Internet 协议簇的修改和扩展。

除了支持短期试验外，PlanetLab 也设计用来支持长期运行的服务，这些服务支持一个用户基础（用户群）。即与其将 PlanetLab 严格地看作一个测试床，采取更长远的观点，其中重叠网既是一个测试床又是一个部署平台，因此支持一个应用的无缝迁移，从早期原型，通过多次设计迭代，到一项持续演进的受欢迎服务。

由于 PlanetLab 节点遍布世界各地，一个 Slice 上的虚拟机也就遍布世界各地，这样用户就得到了一个由遍布世界各地的服务器组成的网络。在这个网络上，用户就可以进行全球范围的、真实环境下的网络试验。截至 2009 年 5 月 25 日，PlanetLab 已经拥有 495 个 Site、1 038 个节点，这个数字还在增加。

2004 年 12 月 27 日，中国教育和科研计算机网（CERnet）加入 PlanetLab，CERnet 的加入是 PlanetLab 中国项目启动的开始，CERnet 首先在中国 20 个城市的 25 所大学中设立了 50 个 PlanetLab 节点，这使得 CERnet 成为亚洲第一个地区性 PlanetLab 研究中心。

PlanetLab 由一个管理中心（PLC）和遍布全球的几百个节点组成。一个节点就是一台运行着 PlanetLab 组件的计算机（服务器）。节点有许多独立的站点管理和维护。这些站点包括大学、研究机构和 Internet 商业公司等。一般来说，每个站点至少提供 2 个节点的服务。每个节点上同时运行大量的条带虚拟机（Sliver），节点的资源（包括 CPU 时间、内存、外存、网络带宽等）被分配给这些虚拟机。虚拟机如同 Internet 上的真实主机一样，可以安装和运行程序。

由许多节点上的虚拟机条带组成的一个环境叫做切片（Slice）。用户在 PlanetLab 上的试验部署在各自拥有的切片上，也就是部署在由每个节点上的一个虚拟机组成的一个大规模网络试验环境上。由于 PlanetLab 节点部署在世界各地，因此切片网络上的虚拟主机也就遍布世界各地，这样用户就获得了一个由遍布世界各地的主机组成的网络试验环境。借此，用户可以进行全球范围的、真实环境下的网络试验。PlanetLab 的这套设计思想被研究者称为基于切片的计算（Slice-Based Computing）。

所有 PlanetLab 机器都运行一个常规软件包，包括一个基于 Linux 的操作系统、启动节点、分发软件更新的机制、监控节点健康、审计系统活动并控制系统参数的管理工具集、管理用户账户和分发密钥的工具。PlanetLab 的体系结构如图 3-36 所示。

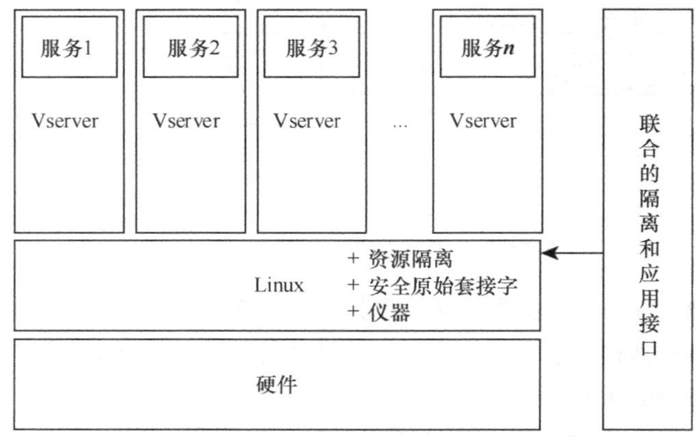

图 3-36　PlanetLab 的 3 层体系结构

3.6.2　GENI

全球网络体系创新环境（The Global Environment for Network Innovations，GENI）[1] 是美国下一代互联网研究的一个重大项目，是由美国 NSF 提出的下一代网络项目行动计划，相对于当前的互联网络，其最大特点在于优秀的安全性和顽健性。旨在为未来的网络技术研究提供一个统一的网络试验平台。GENI 由一系列网络基础设施组成，可以为研究者提供大规模的网络试验环境，支持多种异构的网络体系架构（包括非 IP 的网络体系架构）和深度可编程的网络设施。

GENI 的宗旨是构建全新的、安全的、灵活自适应、可与多种设备相连接的互联网络，搭建基于“SourceSlice”有效调度的试验网络，为不同的新颖的网络方案搭建试验平台。大部分新型网络体系都可以布置在这个试验平台中，从而达成一个物理网络支撑多个逻辑网络的目标。

通过 PlanetLab 和其他一些类似的测试床的大量使用，美国 NSF 提出了一个项目 GENI，该项目是一个试验装置，具有开放性以及规模化的优势，新的网络结构的评估可以通过其来实现。它承载代表用户的流量，通过连接现有的网络到达外部的地址。

GENI 的目的是使得用户有机会创建自定义的虚拟网络和试验，可以是不受约束的假设或者已有的互联网需求。GENI 提供虚拟化，它是以时间片和空间片的形式提供的。一方面，假如资源是以时间片的形式进行分割的话，可能会出现用户的需求量超过给定的资源，影响了其有关可行性的研究；另一方面，假如资源是以空间片的形式进行分割的话，则只是有限的研究者能够在他们的切片中包含给定的资源。因此 GENI 提出了基于资源类型的两种形式的虚拟化，正是为了保持平衡性，也就是说 GENI 采用时间切片的前提是有足够的容量支持部署研究。

GENI 借鉴 PlanetLab 和其他类似的试验床，通过搭建一个开放的、大规模的、真实的试验床，给研究人员创建可定制的虚拟网，用于评估新的网络体系，摆脱现有互联网的一些限制。它能承载终端用户的真实网络流量，并连接到现有的互联网上以访问外部站点。GENI 从空间和时间两个方面将资源以切片形式进行虚拟化，为不同网络试验者提供他们需求的网络资源（如计算、缓存、带宽和网络拓扑等），并提供网络资源的可操作性、可测性和安全性。

GENI 项目的目标是创建一个新的互联网和分布式系统，其具体目标包括以下 5 个方面：

- 具备安全性和顽健性。GENI 专家认为，重新考虑互联网设计的一个重要原因和动力是可以极大地提高网络的安全性和顽健性。目前 Internet 对网络安全方面的支持较差，尽管存在许多安全机制，但缺乏一个完整的安全体系结构，无法将这些安全机制组合起来为用户提供全面良好的安全性能。
- 实现普适计算，通过手机、无线技术和传感器网络更好地连接虚拟和真实世界。
- 控制并管理其他重要网络基础设施。
- 具备可操作性和易用性。
- 支持新型服务及应用。

GENI 项目是一个规模庞大、结构复杂、需求多变的工程。项目实施和完成，必须有一个好的设计原则做支撑。好的设计原则为满足未来互联网对安全、QoS 等方面需求，提高 GENI 设计寿命提供重要保障。为保证 GENI 对控制性试验和长期配置研究的顺利进行以及满足大面积分布式计算的需求，GENI 必须满足如下条件：

- 项目设计要有优秀的系统体系结构，项目建设要有选择性。
- 项目所有设计必须是开放的。
- 能通过虚拟化或分割（时分或空分）技术将 GENI 资源分解成不同功能、相对独立的切片，切片是指特定试验的资源子集。为保证不同研究方向的研究团体能够共享 GENI 资源，需将 GENI 资源划分为不同功能的资源子集，从而保证研究团体能够顺利开展工作。
- 通用性是系统能够广泛应用的基础，同时系统也要有较强的安全性和顽健性。
- GENI 要有可访问性，能为用户提供同 GENI 连通的物理连接，也能为用户的加入提供多种连接机制。允许试验持续进行，也支持 GENI 同传统网络的连接。
- 为满足当今和将来用户的需求，GENI 需在无线技术、光技术、计算技术等方面取得发展和突破，并利用这些新技术探索新的应用和系统，给用户带来更方便、快捷的服务。
- GENI 提供的功能必须同现实中的事务或功能相吻合。
- GENI 具有多样性和扩展性，能对未知网络和网络新技术提供足够支持；同时也要有继承性。要继承现有网络技术中的优秀成果，利用现有网络基础设施，以现有软件及相关技术为平台进行 GENI 研究。这样，在降低项目投入的同时，也实现了同传统网络的平滑过渡。
- GENI 要有强大的隔离性，从而保证在某些切片出现故障时，不对其他切片产生影响。在网络管理方面，要求所有网络平台具有报错功能，能利用顶层协议描述和配置所有网络区域。当网络出现故障时，能提供诊断、反馈问题和报告错误的工具。
- GENI 在广泛部署的前提下，能够利用一定手段对 GENI 的相关性能参数进行测量，并对其进行量化研究。

- 从用户角度来说，GENI 在提供易用性的同时，也要保障资源不被攻击或窃取。

GENI 的主要设计原则包括以下两方面：

- 可切片化。为了提高效率，GENI 必须能同时支持多个不同使用者的试验，而虚拟化是达到这一目标的关键技术，其将在时间和空间上对资源进行划分。
- 通用性。GENI 为研究者提供了灵活的试验平台，这就要求平台的组件是可编程的；其他还包括支持广泛的接入技术和互联、接口标准化（可扩展性）、多级别虚拟化（组件重用）以及切片之间的隔离等。

GENI 的整体架构如图 3-37 所示。下面简单地介绍几个关键概念：

- Component。网络中的物理设备，例如路由器、交换机、物理链路等。
- Aggregate。一个区域内 Component 的集合，在 GENI 中典型的 Aggregate 就是各个高校中负责的试验网络。
- Slice。GEN 中的 Component 通过虚拟化技术进行资源切片，资源片组成的虚拟网就是一个 Slice。
- Clearinghouse。GENI 的管理系统，负责管理用户注册、网络设备注册、虚拟子网注册等。
- Meta-NOC。GENI 的网络测量系统，负责测量和监控整个网络的状态。
- Experiment Sevices。GENI 为了试验用户提供的支持服务，比如资源的发现和调度、试验数据的采集、试验项目的管理，为研究人员试验 GENI 提供了方便。
- Opt-In Users。选择接入 GENI 的终端用户，他们是一些受 GENI 信任的终端用户，负责体验研究人员部署在 GENI 上的试验。

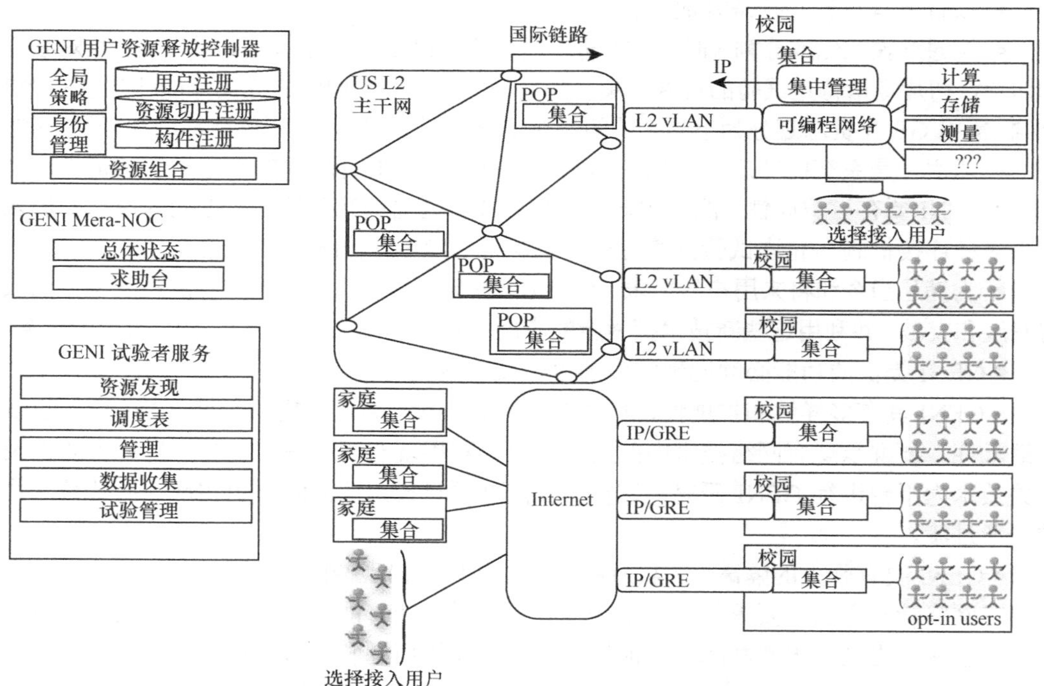

图 3-37 GENI 框架

GENI 的发展思路是先由一些高校各自负责一部分网络试验平台的建设，称为 GENI 的一个簇。目前 GENI 由 4 个簇组成，它们分别是普林斯顿大学负责的 PlanetLab、犹他大学负责的 ProtoGENI-Emulab、杜克大学负责的 ORCA-BEN、罗格斯大学负责的 ORBIT-WINLAB。GENI 的这些簇通过 2 层的 VLAN 技术或 GRE 等隧道技术与 Internet 2 连接起来，组成整个 GENI 底层网络，其中 Internet 2 是美国用于下一代互联网技术研究的一个试验骨干网。

GENI 采用软件工程中的螺旋模型进行开发，“这种模型的每一个周期都包括需求定义、风险分析、工程实现和评审 4 个阶段”，整个开发工程由这 4 个阶段循环迭代。螺旋模型的优势在于它是一个不断迭代的过程，在每个为期不长的迭代周期中发现设计和实现中的漏洞和风险，并予以改进。目前 GENI 处于第 3 个螺旋，它包括了大量的子项目，取得了一系列重要的成果，见表 3-5。其中 PlanetLab 和 ProtoGENI 专注于 IP 网的研究，而 ORCA 和 ORBIT 则关注无线网的技术研究。

GENI 为网络虚拟化的研究提供了一些有意义的指导思想，GENI 认为网络虚拟化环境下的网络设施应该有以下特点：

- 可编程。研究人员可以在网络中的节点上部署自己的软件，控制这些节点的行为。
- 资源共享。网络设施可以同时并发地支持多个试验，不同的试验是隔离的，不会相互影响。
- 切片式管理。切片是试验所用的虚拟机节点和虚拟链路的集合。实验平台的管理系统以切片为单位管理整个网络中的物流资源。
- 联盟化。GENI 中的组件可以由不同的组织负责，“这些组织共同构成 GENI 的生态系统”。

表 3-5　　GENI 取得的重要成果

	Planet 集群（B）	ProtoGENI 集群（C）	ORCA 集群（D）	ORBIT 集群（E）
集群集成信息	wiki 集群	wiki 集群 PG 节点	集群集成 连接计划	集群集成
控制架构设计和原型	Planetlab	ProtoGENI Digital Object Registry PG Augmentation	ORCA/BEN ORCA Augmentation	ORBIT
网络汇聚设计和原型	Mid-Atlantic Crossroads GpENI	BGPMux CRON PrimoGENI	ORCA/BEN IGENI LEARI	
可编程网络节点设计和原型	EnterpriseGeni Internet Scale Overlay Hosting	CMULab 可编程边缘节点		
计算汇聚设计和原型	GENICloud	Million Node GENI	数据敏感云控制	
无线汇聚设计和原型		CMULab	DOME ViSE Kansei Sensor Net OK Gems	ORBIT Wi-MAX 设计和原型 COGRADIO

（续表）

	Planet 集群（B）	ProtoGENI 集群（C）	ORCA 集群（D）	ORBIT 集群（E）
仪器和测试设计与原型（正在进行中）	VMI-FED	仪器工具 测量系统 On Time Measure LAMP Scalable Monitoring	ERM LEARN IMF	
试验工作流工具设计与原型	GushProto ProvisioningService（Raven） Netkarma SCAFFOLD	PG Tools		
安全设计和原型	SecureUpdates	Expts Security Analysis ABAC HiveMind		
早期试验		Davis Sicial Links (DSL)		机会无线网

GENI 设施的本质是能够快速、有效地嵌入一个大规模试验网络中，与其他设施和现有互联网相连提供网络运行环境，并且研究者可以通过严格观察、测量，记录下试验结果。实现这些功能需要 GENI 设施跨越各种现存和未来的技术、网络架构、地理延伸和应用领域。

3.6.2.1　系统架构

整个 GENI 的体系结构可分为 3 层，自上而下分别是：用户服务层、用户管理核心（GMC）层和物理层。GMC 层通过设计可靠、可预测、安全的体系结构，利用抽象、接口、命名空间同 GENI 体系结构绑定起来。考虑到物理层和用户服务层具有动态变化性，为快速、高效同其连接，GMC 定义了一套瘦小机制，使其既能支持和适应物理层和用户服务层的发展，同时也能独立发展，以适应 GENI 整体发展需求。物理层通过提供物理链路，使用物理设备（如路由器、处理器、链路、无线设备等）实现网络内部节点之间的互联互通。用户服务层则通过提供服务访问接口，实现用户对 GENI 的访问。同时用户服务层具有可扩展性，能让服务在其生命周期内不断发展。

通过分析当今 Internet 体系结构，GENI 体系结构就如同沙漏模型，如图 3-38 所示。GMC 对应 IP 层以及它的编址路由和服务模式，同 GENI 沙漏的腰部对应。高层的用户服务层同那些附加的用于将 Internet 系统完整化的功能（如 WWW、Skype 等）相对应。GENI 底层对应着组成物理网络的计算设备和网络设备的集合。

物理层是通过一定技术将一系列可扩展的组件组合起来，以满足用户社区的需求。图 3-39 描述的是不同组件连接而成的物理层。由图可知，物理层由可编程边界簇、可编程核心节点、可编程边界节点、客户端、全局光纤、微电路、多重网络交换节点、基于 IEEE 802.11 的城市无线子网、基于 3G/Wi-MAX 的无线子网和自适应无线子网构成。尽管这些组件不能单独运行，但 GENI 通过这些组件的组合构成虚拟网络，为研究者提供所需的试验条件。

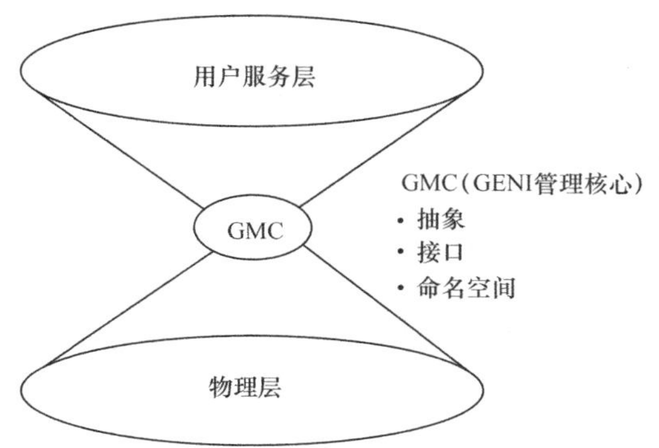

图 3-38 GENI 的 3 层体系结构

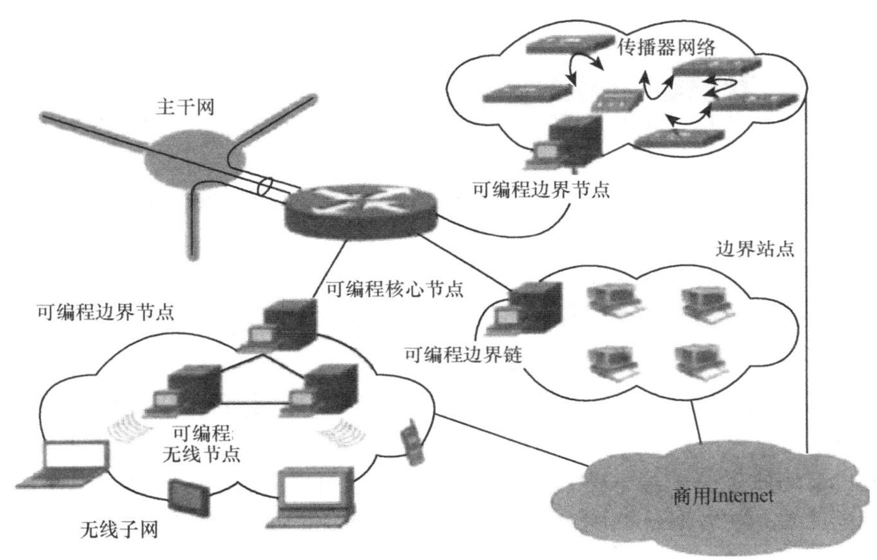

图 3-39 物理层结构

GMC 层通过一系列抽象、接口和命名空间同物理层相连，为上层用户提供服务。GMC 屏蔽了底层实现细节，为服务层提供相关信息。抽象是 GMC 层的关键，为屏蔽物理层细节提供了有效手段。GMC 层抽象分为组件、切片和聚合 3 种。组件是 GENI 的主要模块，包括物理资源、逻辑资源和同步资源，GMC 通过组件管理器，采用一定的组件协议将资源分配给用户；切片即相关 GENI 组件的微片，GENI 通过运行切片来实现用户需求，切片有效地保护 GENI 资源共享，保证了研究团体工作的顺利开展，有效降低了开发和运营成本；聚合是为实现某些组件和切片不能实现的特殊关系而出现的。对于 GENI 来说，是一个有效地补充。

用户服务层集中式地将模块组织起来同物理设备合并，从而形成一个能够支持研究的单一分布设施，以满足不同用户群体的需求。在物理层提供具体物理链路和 GMC 协调的情况下，用户服务层主要完成的功能如下：

● 允许拥有者为所控制的底层设备申请资源分配和使用策略，并提供确保这些策略实施的保障机制。

- 允许管理员对 GENI 底层进行管理。
- 允许研究人员创造和装配试验、分配资源并运行试验专用软件。
- 能将关于 GENI 底层的信息开放给开发者。

总之，GENI 的 3 层体系结构是一个有机整体，缺一不可。只有 3 层的有机组合和相互协作，才能实现 GENI 的完整功能。

3.6.2.2 物理基层

物理网络基层由一个可扩展的构造块组件集合（Collection）组成。在任何给定时间，选中包括在 GENI 内的组件集合，其意图是允许创建虚拟网络，涵盖 GENI 各组成研究团体所需要的全范围网络（即各种网络）。

随着技术和研究需求的发展，构造块组件集合要随时间演化，但需要定义部署组件的一个初始集合，介绍如下：

- 可编程边缘集群（PEC），目的是提供建立广域服务和应用所需的计算资源以及新网络单元的初始实现。
- 可编程核心节点（PCN），其意图为高速、高容量的流量断续流，实现核心网络数据处理功能。
- 可编程边缘节点（PEN），其意图是在接入网和高速骨干网的边界处，实现数据转发功能。
- 可编程无线节点（PWN），其意图是在一个无线网络内实现代理和其他转发功能。
- 客户端设备，其意图是运行应用，为端用户提供到组合有线/无线基层上可用试验性服务的访问能力。
- 一项国家光纤设施，其意图是在 GENI 核心节点之间提供 10～40 Gbit/s 光路径互联，形成一个国家范围的骨干网络。
- 大量不同技术的尾端电路（Tail Circuit），其意图是将 GENI 边缘站点连接到 GENI 核心，并在具备合适安全机制的条件下，将 GENI 核心连接到当前商用的 Internet。
- 多个 Internet 交换点，将国家范围骨干网连接到商用 Internet。
- 一个或多个基于 IEEE 802.11 的 Mesh 无线城市子网，其意图是为基于正在成形的短距离无线 Ad hoc 和 Mesh 网络的研究，提供真实世界的试验支持。
- 一个或多个广域郊区基于 3G/Wi-MAX 的无线子网，其意图是为广域覆盖提供开放的接入 3G/Wi-MAX 无线，还有短距离的 IEEE 802.11 类无线用于热点和混合服务模型。
- 一个或多个认知无线电子网，其意图是支持正在逐步成熟的频谱分配、接入和协商模型的试验开发和验证。
- 一个或多个应用特定的传感器子网，能够支持在传感器网络低层协议和特定应用的研究。
- 一个或多个仿真网格，允许研究人员在一个试验性框架内引入并利用可控的流量和网络条件。

图 3-40 给出物理基层的高层图示，显示连接一组骨干网站点的一个国家范围的光纤设施，每个骨干网站点由尾部电路连接到边缘站点，边缘站点有集群、无线子网和传感器网络。一些骨干网站点通过 Internet 交换点也被连接到商用 Internet。图 3-41 给出一个给定骨干网站点的另一种视图，形象地说明了不同组件如何连接到 GENI。注意，每个

子网（站点）都被连接到 GENI 骨干网和商用 Internet。

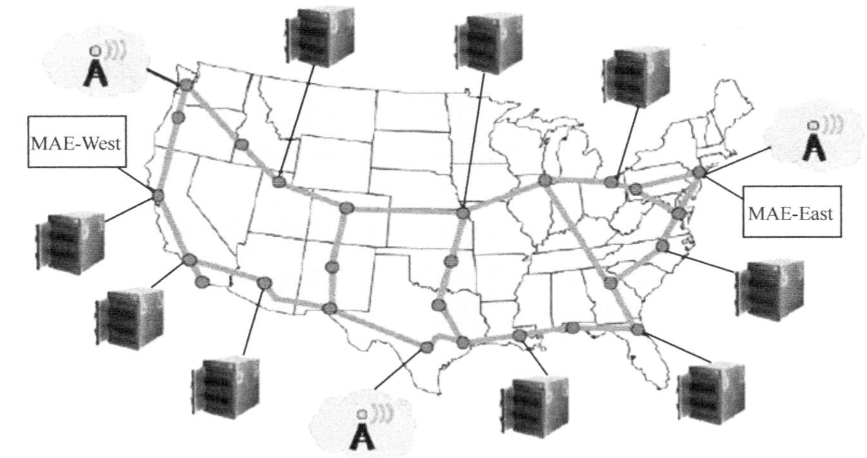

图 3-40 GENI 物理基层的全球视角

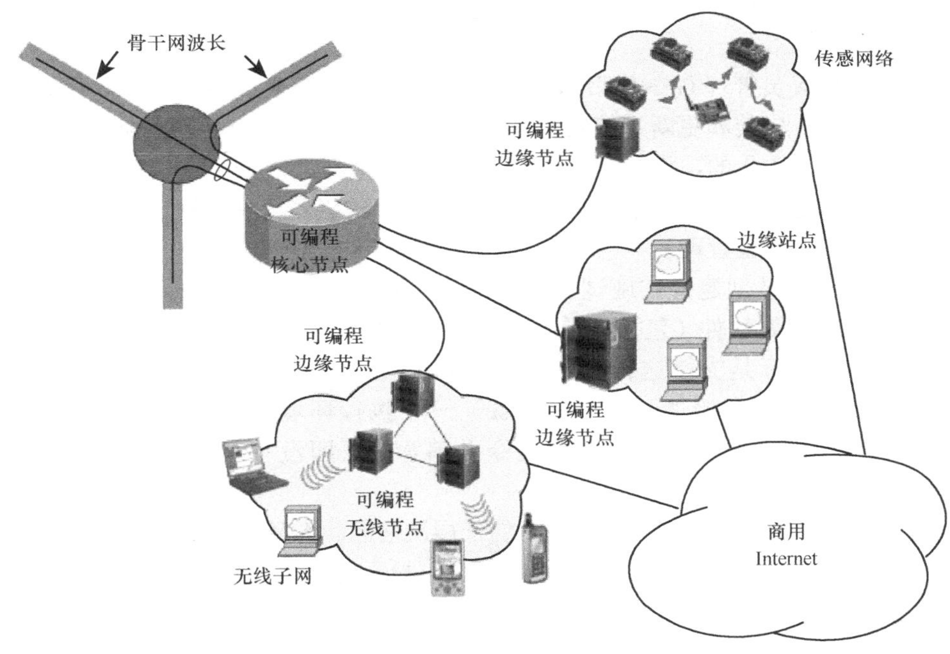

图 3-41 GENI 组件的骨干网站点，各组件组成物理基层

在骨干网存在点（Point-of-Presence）处的 PCN 通过某种尾部电路技术连接到边缘站点。边缘站点同时连接到 GENI 骨干和商用 Internet。

3.6.2.3 *用户服务*

用户服务集中地编织构造块（组成物理基层）为一个一致的科学性的仪器测试工具——单一的分布式设施，能够支持研究工作日程规划。这些服务必须支持数个不同的用户团体，包括以下几个方面：

● 基层组成部分的属主，负责其设备的外部可见行为，设立其所属基层部分如何被利用的高层策略。

● GENI 组成部分的管理员，通常情况下为属主工作或与 GENI 组织有合同关系，他们的工作是保持平台运行，为研究人员提供服务，并防止恶意的或以其他方式利用平台的破坏性活动。

● 用户服务的开发人员，他们在 GMC 接口上构建服务，实现对 GENI 团体有通用价值的服务。

● 研究人员，在其工作中利用 GENI 运行试验，部署试验性服务，测量平台的各个方面等。

● 端用户，不隶属于 GENI，但可访问由研究项目（运行在 GENI 之上）提供的服务。

● 第三方，关注于依赖 GENI 而生存的试验和服务对其自身企业的影响，或不清楚这种影响的一方。

依据干系方的列表，识别出用户服务必须提供（和 GMC 必须调解）如下活动：

● 允许属主们声明在其控制之下基层设施的资源分配和用法策略，并提供加强哪些策略的机制。假定存在多个属主，将会有这些设施的一个联邦（Federation）会形成整体设施。

● 允许管理人员管理 GENI 基层，包括安装新的物理成套设备（Plant）和拆除旧的或有故障的设备，安装和更新系统软件以及针对性能、功能和安全等而监测 GENI。管理极有可能是去中心化的，将存在一个以上的组织，管理不相交 GENI 站点的集合。大范围的管理风格是可能的，从个体属主管理他们自己的机器，到少量较大型组织在一个粗粒度上的结盟（实施管理）。

● 允许研究人员创建并实施试验，为试验分配资源，并运行试验特定的软件。这样的一些功能，例如软件（包括库或语言运行时）的便利安装，可能由较高层服务来提供；GMC 的目标是支持这种软件的部署和配置（见下一点）。GMC 也必须向研究人员的应用、试验和服务开放（Expose）一个执行环境。这些执行环境必须是灵活的（即支持广泛的程序行为）和性能令人满意的（即没有过度干扰或扭曲测量数据及结果）。

向开发人员开放有关 GENI 基层状态的低层次信息，从而能够实现高层监测、测量、审计和资源发现服务。从某种意义上说，GMC 可被看作类似于 GENI（作为一个分布式系统）的“核心”，结果是应该向满足如下条件的服务开放（以一种可控的方式）信息，这些服务关注于管理系统，有效地使用系统，并科学地观察系统的操作。

3.6.2.4 小结

GENI 的提出，满足了当今网络业务可靠性、安全性和可管理性等方面的需求，是一种全新的网络架构。通过对现有网络的研究，指出了当今 Internet 的不足和 NGI 设计目标，最后提出 GENI，并对 GENI 相关技术进行介绍。虽然 GENI 项目现在还处于规划阶段，GENI 试验环境的定义将在未来几年内，甚至在构建以后都处于不断改进中，但它的提出受到了越来越多人的重视，GENI 产业化进程将日益加速，并必将引起计算机网络的一次革命。

3.6.3 FIRE

2007 年，欧盟在其第 7 框架（FP7）中设立了未来互联网研究和试验（FIRE）[49]项目。FIRE 的主要研究内容包括：网络体系结构和协议的新设计；未来互联网日益增长的规模、复杂性、移动性、安全性和通透性的解决方案；在物理和虚拟网络上的大规模测试环境中验证上述属性。对 FIRE 项目的发展，欧盟做了一个长期规划，初步将 FIRE 项目分为 3 个不同的阶段。目前 FIRE 项目进行到第二个阶段，在第一个阶段，FIRE 项目组一共支持 12 个项目，其中有 8 个项目用于试验驱动性研究，另外 4 个项目用于试验基础设施的建设；而在第二个阶段，FIRE 项目组扩展了 FIRE 中试验驱动性研究和基础设施建设的项目，同时又增加了一些协调与支持项目，表 3-6 是两个阶段中 FIRE 支持的项目。通过对这些项目的研究，希望能够建立一个新的不断创新融合多学科的网络架构。FIRE 项目组认为未来的互联网应该是一个智慧互联的网络，包括智慧能源、智慧生活、智慧交通、智慧医疗等多个方面，这样就把社会中的各个方面通过互联网联系起来，最终实现智慧地球。

表 3-6　FIRE 支持项目

	试验驱动型项目	基础设施项目	协调与支持项目
第一阶段	ECODE（认知试验分布引擎） N4C（社区通信挑战网络） NANODATACENTERS（纳米数据中心） OPNEX（优化驱动网络设计与试验） SELF-NET（未来认知自适应网络） SMART-NET（智能多模无线网状网络） PERIMETER（未来用户中心无缝移动网络） RESUMENET（网络生存性框架，机制和试验评价）	OneLab2（支持未来互联网研究的开放性实验室） PII（泛欧洲基础设施实现实验室） Vital++（下一代端到端的嵌入式网络） WISEBED（无线传感网络试验床）	
第二阶段	CONECT（高性能协作传输网络架构） BULER（试验更新演进路由架构） HOBNET（未来互联网智慧建筑整体设计平台） LAWA（网页档案数据纵向分析） NOVI（虚拟设施网络创新） SCAMPI（社会感知移动和朴实计算服务平台） CONVERGENCE（汇聚网络） SPITFIRE（未来物联网语义服务）	BONFIRE（FIRE 中的服务试验台） CREW（认知无线电试验世界） OFELIA（欧洲的 Openflow—基础设施的连接与应用） TEFIS（未来互联网服务试验台） SMARTSANTANDER（智慧桑坦德）	FIRESTATION（未来互联网试验和支撑行动） PARADISEO2（未来互联网新范式探究） MYFIRE（FIRE 中的多学科研究社区网络） FIREBALL（未来互联网研究的生活实验室）

FIRE 和 GENI 有着很多相似之处，它们都关注如何搭建试验环境为理论研究提供证据支持。GENI 也希望通过螺旋式的部署方案，突破地理限制，建立全球性的大规模试

验环境；FIRE 同样采用虚拟化思想，将独立存在的资源和设施联系起来，也具有联盟和跨学科等特点。

FIRE 作为欧盟 FP7 在 ICT 领域的重要组成部分，是为应对未来互联网面临的诸多挑战而实施的大型研究计划，目标是逐步联合现有的和未来新的互联网试验床，建设一个动态的、可持续的、大规模的欧洲试验床基础设施平台，为欧盟互联网技术发展提供一个综合的研究试验环境。在 FIRE 中涉及试验床本身的项目有 4 个：OneLab2、PII、VITAL++和 WISEBED。

OneLab2 基于欧洲 PlanetLab 试验床（PLE）平台，由 OneLab 试验床发展而来，并在其基础上继续负责 PLE 的运作，并在网络监测、无线、内容网络、规范化测试等领域进行深入研究。

PII 建立在 PanLab 的基础之上，旨在开发高校的技术和机制来实现欧洲现有试验床的联合，从而建成一个超级试验床联盟平台。PII 联合试验床包括 4 个核心计算机群和 3 个卫星通信计算机群。

VITAL++的主要目标是研究结合 P2P 和 IMS 各自优点的网络模型，并在试验床中进行试验和验证。按照 VITAL++的设想，将用 IMS 技术把欧洲范围内的分布式试验床节点集合起来，组成一个 VITAL++试验床。在这个试验床中，利用 P2P 技术进行内容应用和服务试验，利用网络资源优化算法实现符合要求的 QoS；而整个试验床网络的管理、运行则通过传统电信网的方式实现。

WISEBED 计划将欧洲已有的试验床联合起来，目标是建设一个覆盖欧洲的、具有一定规模的无线传感网络试验床，为欧洲的研究者和产业界提供试验和服务。

3.6.4 AKARI 试验床

2006 年，在日本政府的支持下，新一代网络架构设计 AKARI[5]在日本展开。AKARI 项目研究的是下一代网络架构和核心技术，分 3 个阶段（JGN2、JGN2+、JGN3）建设试验床，并在初期基于日本 PlanetLab 的 CoreLab。AKARI 研究规划从 2006 年开始，计划 2015 年完成，2015 年后通过试验床开始进行试验。

AKARI 是日本关于未来网络的一个研究性项目，AKARI 的日语意思是“黑暗中的一盏明灯”，它旨在建立一个全新的网络架构，希望能为未来互联网的研究指明方向。AKARI 的设计进程分为两个 5 年计划，第一个 5 年计划（2006～2010 年）完成整个计划的设计蓝图；第二个 5 年计划（2011～2015 年）完成在这个计划基础上的试验台。在每个 5 年计划中，又对 AKARI 项目的进度进行了细分，将整个项目的进度分为概念设计、详细设计、演进与验证、测试床的创建、试验演示等多个环节。AKARI 不仅是对未来互联网整体架构的设计，而且试图指明未来互联网技术的发展方向，希望通过工业界和学术界的合作，使新技术的发展能够快速应用到工业化的产品中。AKARI 项目在设计时考虑到了社会生活中的各个方面，希望将社会生活中的问题和网络架构中新技术的发展对应起来，形成一个社会生活和网络架构相对应的模型，希望网络中新技术的发展是和社会生活的需求相适应的。

在 AKARI 看来，未来网络的发展存在两个思路，即 NxGN（Next Generation Network）和 NwGN（New Generation Network）。前者是对现有网络体系的改良，无法满足未来的需要；后者是全新设计的网络体系架构，代表未来的方向。作为日本 NwGN 的代表性项目，AKARI 的核心思路是：摒弃现有网络体系架构的限制，从整体出发，研究一种全新的网络架构，解决现今网络的所有问题，以满足未来网络需求，然后再考虑与现有网络的过渡问题。AKARI 强调，这个新的网络体系架构是为人类的下一代创造一个理想的网络，而不是仅设计一个基于下一代技术的网络。

为此，AKARI 确定了设计需遵循的 3 个原则，介绍如下。

（1）KISS 原则

KISS（Keep It Simple Stupid），新的网络架构要足够简单。具体研究中要贯彻以下 3 个基本理念：

- 透明综合原则，在选择和整合现有技术时要以简单为首要条件，剔除其过于复杂的功能；
- 通用分层的思想，新型网络架构要采用层次结构，各层功能要简单并保持独立性；
- 端到端原则。

（2）真实连接原则

新型网络体系架构中，实体的物理地址和逻辑地址各自独立进行寻址，要支持通信双方的双向认证和溯源，确保连接的真实性和有效性。

（3）可持续性和进化能力

新型网络体系架构应该成为社会基础设施的一部分，必须考虑今后 50~100 年甚至更长时间的发展需要，因而体系架构本身应该是可持续发展的、具有进化能力的。

图 3-42 是 AKARI 设计新型网络体系架构的时间表。AKARI 计划 2010 年前完成体系架构的设计。在过去的 4 年中，AKARI 研究了大量现有的技术方案，其中的 15 个方向是其新网络体系架构的重点研究内容，见表 3-7。

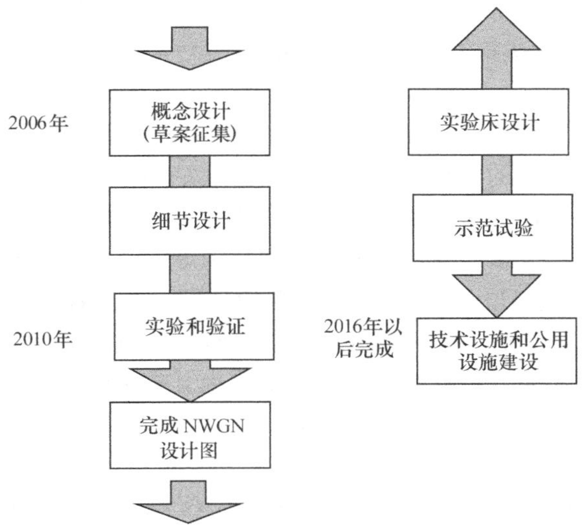

图 3-42　AKARI 设计新型网络体系架构的时间表

表 3-7 近期研究内容

光分组交换和光路技术	光接入	无线接入
分组分多址（PDMA）	传输层控制	主机/位置标识网内分离架构
分层	安全	QoS 路由
新型网络模型	顽健控制机制	网络层次简化
IP 简化	重叠网	网络虚拟技术

目前，AKARI 正在对上述内容进行研究，已经取得了不少进展，主要包括以下几个方面：

- 提出了主机/位置标识网内分离架构，和欧盟 FR7 4WARD 的 WP6 的设计思想类似，但走得更远，在 2008 年已经提出一种方案；
- 针对现有 IP 层越来越复杂的现实，AKARI 提出了 IP 网络协议，以简化 IP；
- 在新型网络体系架构引入最新的光网络技术，包括面向连接的光路技术和无连接的光交换技术，并且正在研究简化甚至去掉数据链路层的技术；
- 提出了穿越网络层次的控制机制，研究层与层之间交换控制信令，实现顽健控制；
- 与传统的 7 层网络模型不同，AKARI 提出了基于用户的新型网络模型。

3.6.5 Global X-Bone

X-Bone[49]最初提出是实现一种虚拟架构，其通过封装技术可为覆盖网进行快速、自动的部署和管理。后来该思想扩展到虚拟互联网（Virtual Internet，VI）概念，从而把 IP 网络看作由一些虚拟路由器和主机间形成的隧道链路构成，并具有动态资源发现、部署和控制功能。VI 将 Internet 上所有元素都进行了虚拟化，包括主机、路由器和链路。一个网络节点可以是虚拟主机和虚拟路由器，虚拟主机将作为数据的“源”和“汇”，而虚拟路由器用作数据转发。虚拟链路采用 IP in IP 封装技术传输数据，从而避免了需要新的协议支持。

X-Bone 是一个管理工具，它可以对搭建在 IP 网络上面的覆盖层网络进行自动配置和管理，并且包含有增强的安全功能和监控功能；它也可以被看作一个可以在互联网上部署覆盖网络的工具，同时可以提供多个覆盖网络之间隔离和资源分配的机制。后来，该想法演变成了一个新的概念虚拟互联网，由虚拟链路、虚拟路由（VR）以及主机（VH）组成了 VI，其目标是实现动态资源的分配以及监控支持。一个 VI 虚拟化了互联网中的所有主件，包括主机、路由以及在它们之间的链路。在 VI 中一个单独的虚拟网络节点可以是一个虚拟主机或者一个虚拟路由。VI 中的所有组件都必须是支持多服务商的，因为即使是只有一个 VI 的主机也是在至少两个网络中的：互联网和 VI 覆盖网。每个 VI 的地址是唯一的，并且在另一个覆盖网络上面可以被重复使用，除非在两个 VI 之间没有共享的底层网络节点。VI 完全将覆盖层网络从底层网络中分离出来，而且它们之间能够共存。VI 支持在其基础上再建一个新的 VI，也就是支持网络的多重覆盖。

最近，提出了基于 P2P 技术的 X-Bone，称为 P2P-XBone。它能够使得来自 VI 的节点动态地加入或者离开，也允许创建和释放动态的 IP 隧道以及配置自定义的路由表。GX-Bone（Globe X-Bone）扩展了 X-Bone，从一个小范围的试验系统扩展到全球范围，支持范围广泛的网络研究。GX-Bone 目前是一个部署在全球范围的覆盖网，用于支持分布式、资源共享的网络研究。

3.6.6 Emulab

Emulab[50]是一个由犹他大学的 Flux 研究团队开发的网络试验平台，负责人为 Jay Lepreau，成员主要有：Eide E、Fish R、Hibler M、Webb K 等。它为研究者提供了一个广泛而真实的网络环境来开发、调试和部署他们的试验系统。试验者可通过 Internet 远程至 Emulab Testbed 系统，使用 NS2 脚本规划出试验测试环境。系统将会根据试验者提供的脚本自动构建出试验所需的资源与网络拓扑，然后试验者就可以使用系统所分配的资源进行试验。

图 3-43 是 Emulab 的一个架构，其中 OPS Server、BOSS Server、Control Switch 是它的一些控制服务器，用于用户注册以及对下面的一些模拟节点进行控制。节点通过交换机互联形成试验网络。节点的拓扑定制通过 VLAN 来实现。

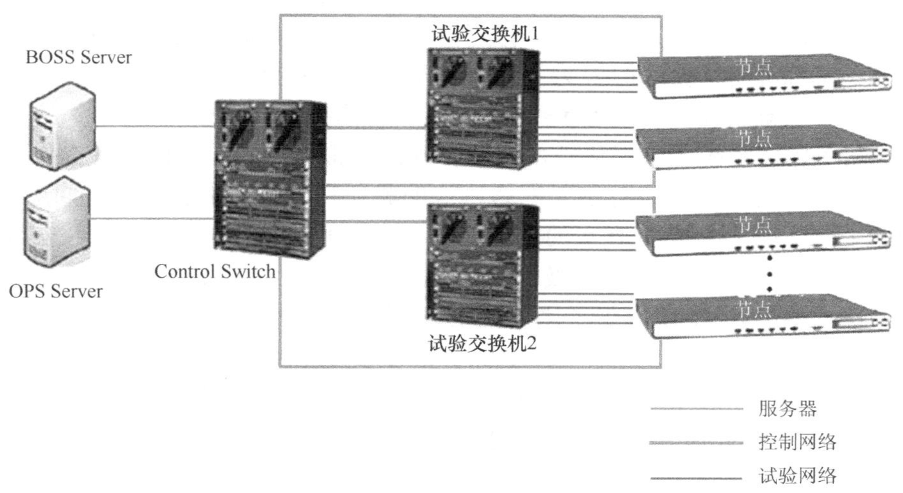

图 3-43 Emulab 的底层实现

Emulab 目前拥有 600 多个节点，全球范围内有 2 000 多个用户使用 Emulab 部署自己的原型系统。Emulab 的节点类型众多，既有普通的网络服务器，也有无线节点，支持 Windows、UNIX、Linux 和 Xen 等多种操作系统。由于资源的丰富性，用户可以使用 Emulab 进行从网络层到应用层、IP 网到无线网等多种类型的技术研究。Emulab 负责管理和分配资源，并记录保存用户的试验数据。资源发生故障时，Emulab 的管理系统会自动检测并修复故障，而不需要用户操心，极大地方便了用户的使用。Emulab 通过时分复用的方式提高资源的利用率，每个试验申请的节点最低的运行时间是 2 h，如果系统检测到某个试验在 2 h 内都处于闲置状态，那么这个试验就会被换出（Swap Out）。系统在记录这个试验换出之前的状态以后，会释放试验所用的所有资源，直到试验的创建者向系统申请将之前换出的试验换入（Swap In），并且同时试验上有足够的资源，这个试验才会重新运行。

虽然 Emulab 为研究人员节省了部署试验需要的资源和时间，但是也存在一些问题。首先，Emulab 中的节点大部分都在同一个机房中，只是通过交换机简单地互联在一起，两个节点之间的通信链路需要通过另一台运行 FreeBSD 的 PC 来模拟，该 PC 通过在 FreeBSD 的操作系统上运行 Dummynet 来控制链路的参数，这样每一条链路都要消耗一台 PC，资源浪费很大。其次，使用 Dummynet 得到的物理链路不能有效地表示实际的物理链路，这样使得运行的试验真实性打了折扣。第三，运行在 Emulab 上的试验只对试验开发人员开放，开发人员无法引入其他的用户来体验自己开发的技术，这对试验的改进和大规模部署是不利的。第四，Emulab 时分复用的资源管理机制，使得研究人员部署的试验不能有效地长期运行，无法验证试验的长期效益。Emulab 的底层实现如图 3-43 所示。

3.6.7 VINI 项目

虚拟化网络基础架构（Virtual Network Infrastructure，VINI）[51]就是基于此思想提出的一种虚拟化的网络基础架构，它可以允许研究人员在真实的网络环境下采用真实的路由软件等，对他们提出的新协议和新服务进行部署和验证。同时，VINI 为研究人员提供了对网络状态的高度可控性。并且，为了让研究人员可以更方便地设计他们的试验，VINI 支持在同一物理基础设施上同时运行多个采用任意网络拓扑的试验。

VINI 利用操作系统级虚拟化技术和多种开源虚拟化工具，为研究者提供真实并且可控的大规模网络环境，进行创新网络协议的验证和新型网络服务的长期运行。它可灵活地生成网络拓扑、运行真实的路由协议、注入可控的网络事件、承载实际的网络流量、支持多试验的并行运行以及真实的 Internet 连接。VINI 同时支持 X-Bone 或 VIOLIN 的虚拟网络。VINI 提供了比 PlantLab 更多的自由，因为 PlantLab 仅在路由器层次上实现虚拟化。VINI 的原型在 PlantLab 上实现，通过将可获得的软件进行组合，实现运行软件路由器的重叠网的具体实例，并允许多个这样的重叠网并行存在。VINI 使用 XORP 路由、使用 Click 进行分组转发和网络地址翻译，并用 Open VPN 服务器连接终端用户。

作为 VINI 的一种实现，PlanetLab-VINI 是基于 PlanetLab 的节点创建的 VINI 原型系统。为了保证该原型系统的扩展性和简易性，PlanetLab -VINI 只对原来的 PlanetLab 操作系统做了很小的改动，如在节点上的用户空间里创新安置了一些重要的功能性软件，包括路由和分组转发软件等。如图 3-44 所示，图中方框为 PlanetLab 上的物理主机，其中的两种方块分别为属于两个不同用户 Slice 的虚拟机，黑色实线为主机之间的物理连接，虚线为虚拟机之间的逻辑连接。利用 PlanetLab-VINI 提供的平台技术，黑色 Slice 的用户可以创建如图 3-44 上方所示的逻辑网络拓扑，进行路由试验；灰色 Slice 的用户可以创建如图 3-44 下方所示的逻辑网络拓扑，进行路由试验。VINI 称，通过这种一个资源分片上的互联网（Internet in a Slice，IIAS）技术，研究人员可以运行可控的试验，真实地评估现有 IP 和转发机制。当然也可以把 IIAS 看成一个参考的实现，然后修改其扩展现有的协议或服务，这样也就可以对这些路由技术上所作的扩展进行评估和验证。在每台虚拟机上，IIAS 集成了许多由网络研究组织或开源社团开发的组件。IIAS 利用 Click 软件路由器模块作为转发引擎、XORP 路由协议套件作为控制层面、OpenVPN 作为入口机制，并在出口实现 NAT（在 Click 内实现）。PlanetLab-VINI 所支持的 IIAS 路由器如图 3-45 所示。其中，XORP 是一个未加修改的 UML 内核进程；XORP 实现了 IIAS 路由器的路由协议，并构造了一个接口开放的虚拟网络覆盖网络拓扑；每个 XORP 实例设置一个路由转发表，并由一个在 UML 外部的 Click 进程实现；此外，PlanetLab-VINI 利用隧道技术，将虚拟机进行点对点的连接，使之相互成为邻居关系。

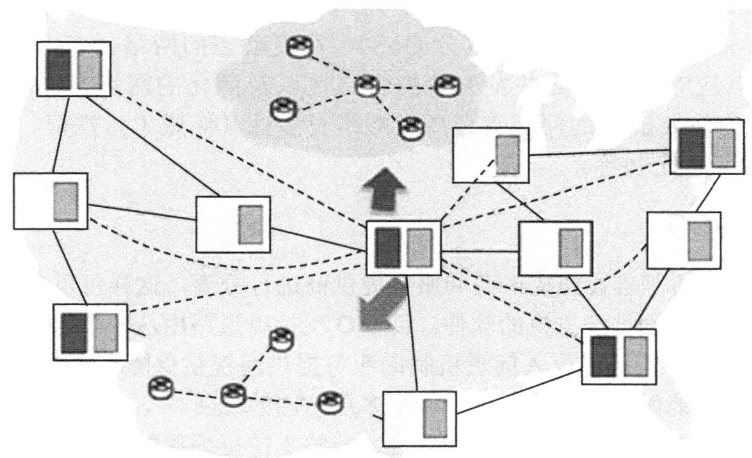

图 3-44　PlanetLab-VINI 应用举例

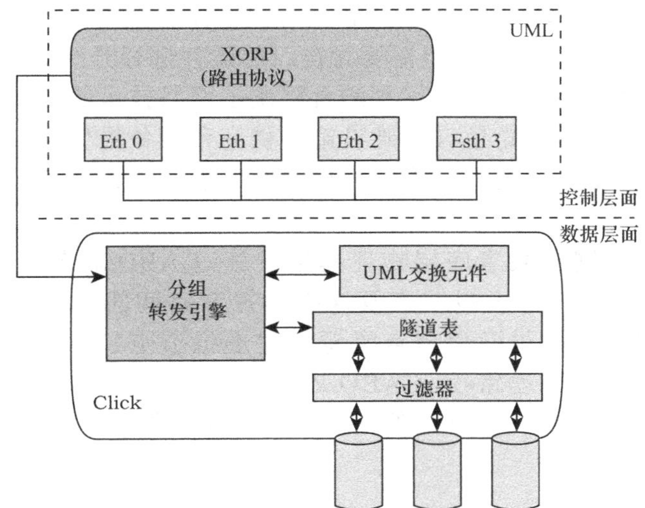

图 3-45　PlanetLab-VINI 支持的 IIAS 路由器

3.6.8 CORONET 项目

CORONET（Dynamic Multi-Terabit Core Optical Networks：Architecture，Protocols，Control and Management）[52]是 DARPA 建立的研究项目，目标是为高动态、多太比特的全球核心光纤网络开发出具有很高性能、高生存性和安全性的网络体系结构、协议、控制和管理软件。与其他 NGN 研究项目不同，CORONET 在第二阶段的时候，会开发和测试兼容的网络控制和管理软件，使其能够适用于政府和商用电信承载网。因此，CORONET 没有硬件开发或测试，它针对的领域有：网络体系结构（网络节点和网元）、协议和算法（高速业务开通和恢复）、网络控制和管理。CORONET 的目标网络是全球的核心光网、IP over WDM 的体系结构，包括一些网络服务（重要的 IP 服务，带区分 QoS）、高度动态的网络（带有高速业务开通和关闭）、可以应对网络多处并发失效的容错性以及简化的网络操作和增强的安全性。CORONET 需要解决的问题有：高度网络有效性（低成本、规模、能耗等）、快速可配置型以及全光网等。

3.6.9 CABO

CABO[53]提出将基础设施提供商和服务提供商进行分离，这样可以做到接受一种新的架构并不需要改变硬件和主机的软件。CABO 支持虚拟路由从一个物理节点向另一个节点的自由迁移，并且通过引入问责机制向服务提供商提供保障。它为了能够对 NVE 中发生的变化快速地做出反应，提出了一个多层路由的项目。

CABO 综合了上述主动网络的相关研究，能够支持可编程的路由器，但是它不能提供用户对网络进行编程的能力，服务提供商可以自定义它们的网络，并提供给端用户端到端的服务。

当前的 ISP 融合了基础设施提供商和服务提供商两个角色，从而导致了当采用新的网络协议和结构时，ISP 不但需要对自己的硬件进行升级改造，还需要和其他 ISP 协商网络结构的改变，正是这种融合限制了网络技术的发展。CABO 试图采用虚拟化技术促使这两个角色（基础设施提供商和服务提供商）的分离，可以使服务提供商基于多个不同的基础设施提供商的底层网络建立虚拟网，以提供自己的端到端服务。

为了使多个虚拟网能共享底层物理基础设施，CABO 对节点和链路实现了虚拟化。虚拟网就是由一些虚拟节点及连接虚拟节点间的虚拟链路组成的，服务提供商利用基础设施提供商用节点资源创建虚拟节点，而虚拟链路是底层物理网络上虚拟节点间的物理路径。CABO 还利用虚拟机迁移技术提出了虚拟路由器从一个物理节点到另一个节点的迁移方法，同时提出了一种新的多层路由方案。

3.6.10 韩国的 FIRST 项目

2009 年 3 月，韩国启动了一个由 ETRI 和 5 所大学参与的未来互联网试验床项目——支持未来互联网研究的可持续试验床（Future Internet Research for Sustainable

Testbed，FIRST）[54]。该项目由两个子项目组成，其中一个由 ETRI 负责，称为“FIRST@ATCA”，即基于 ATCA 架构实现虚拟化的可编程未来互联网平台，它由用于控制和虚拟化的软件及基于 ATCA 的 COTS（Commercial off the Shelf）硬件平台组成；另一个是“FIRST@PC”，由 5 所大学（GIST、KAIST、POTECH、Kyung-Hee Univ 和 Chungnam Nat'l Univ）参与，利用 NetFPGA/OpenFlow 交换机实现基于 PC 的平台。通过扩展 NetFPGA 功能来实现虚拟化的硬件加速 PC 节点，在 KOREN 和 KREONET 之上，建立一个未来互联网试验床，用于评估新设计的协议及一些有趣的应用。

基于 PC 的平台将使用 VINI 方式或者硬件加速形式的 NetFPGA/OpenFlow 交换机来建立。如图 3-46 是平台的框架，可以看到它支持虚拟化和可编程网络的功能，把这个平台称为 PCN（Programmable Computing/Networking）。

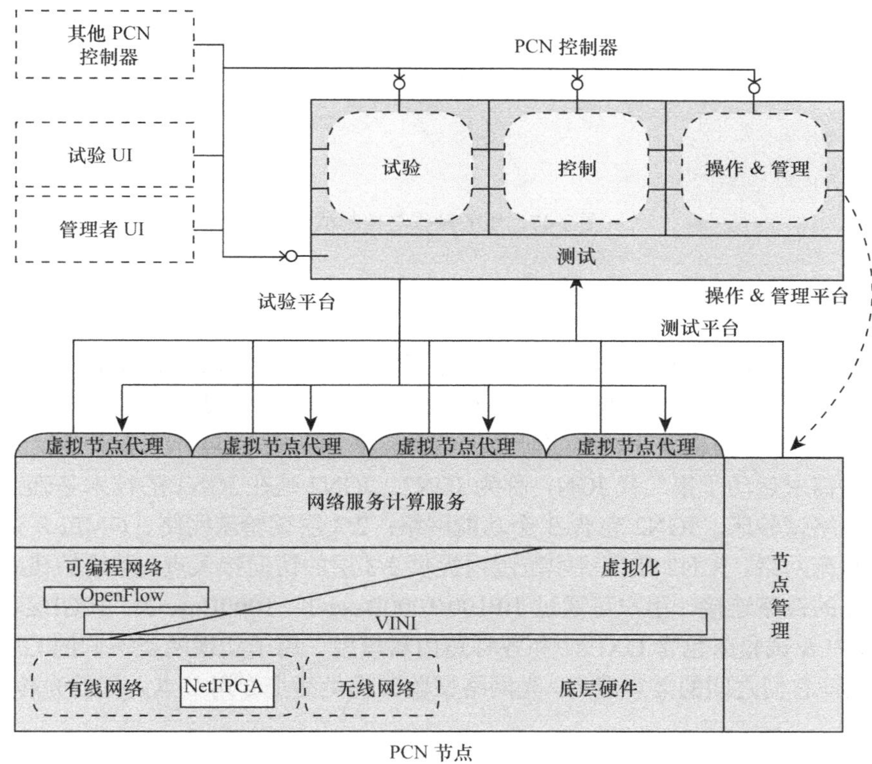

图 3-46 基于 PC 的 PCN 平台结构

图 3-47 给出了 FIRST 试验床的全局视图，该体系结构应该与用户需要支持的所有 PCN 实现动态互联。通过使用现场资源（处理能力、内存、网络带宽等），基本的基于代理的软件堆栈应被实现，用来配置切片及控制分布式服务集。为测试控制操作的效能，面向多媒体的服务将在试验床上运行。

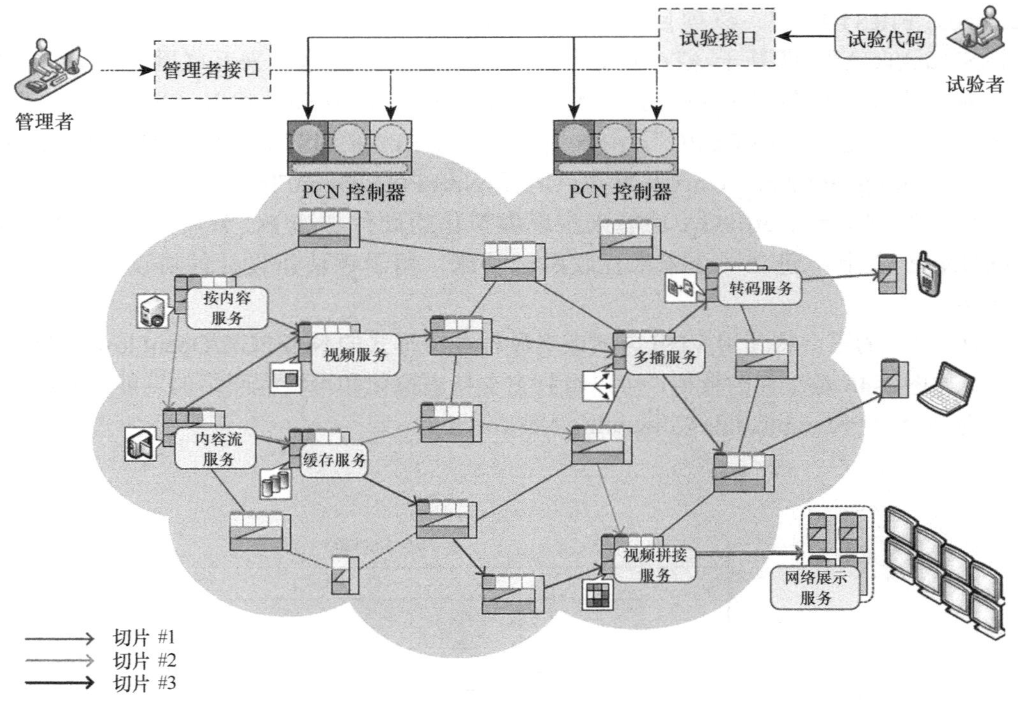

图 3-47　服务操作与控制框架

3.6.11　日本的 JGN 试验床

JGN（Japan Gigabit Network）是日本 TAO（Telecommunications Advancement Organization）[55]建立的基于 IPv6 的大规模试验床。其中第一代 JGN 称为 JGN1，从 1999 年运行到 2004 年，为超高速网络的研究提供试验平台。从 2004 年 3 月开始，为响应日本政府战略需求启动了第二代 JGN，称为 JGN2。JGN2 是在 JGN1 的技术基础上开发的新的高级网络试验床。JGN2 包含 3 个功能网络：2/3 层试验床网络、GMPLS 试验床网络和光试验床网络。JGN2 在全日本范围内提供 2/3 层的访问接入点。网络的核心节点由 10GBase-X 的链路连接，用户可通过 10/100/1000Base-T、1000Base-X、10GBase-X 接口接入。GMPLS 试验床包含 OXCs2 和各种路由器模型，用于实现两类不同的 GMPLS 自治系统，验证它们之间的兼容能力。光网络试验床提供两个专用节点之间的光传输试验。

3.6.12　小结

在欧美目前对未来互联网试验技术和试验创新环境的研究中，主要包括两类建立未来互联网创新环境的试验技术路线，即基于重叠网络的技术路线和基于可编程网络设备的技术路线。在现有网络设备和协议基础之上，对已有的网络进行创新性试验变得越来越困难，针对现有网络设备只能够提供有限功能和已知服务的窘境，采用可编程网络设备的技术需求变得愈加强烈。其中，OpenFlow 是基于可编程网络设备技术路线的典型代表。OpenFlow 是一个开放的协议标准，它由斯坦福大学资助，并列入了 CleanSlate 计划中。该计划是 GENI 的一个子项目，致力于对未来互联网的研究，用来在现有的互联网中部署新协议和业务应用。研究人员借助 OpenFlow 技术，在现有网络上对新的网络协议进行试验验证，从而逐步实现对互联网的重新设计。OpenFlow 技术产生的背景是对新型网络协议进行验证，需要一个可编程的网络平台，该技术的核心是对网络数据流的分类算法。其主导思想是将由 Switch/Route 完全控制的数据分组转发过程，转化成由 OpenFlow 交换机和控制器（Controller）各自独立完成的过程。这个转变的背后，其实就是控制权的变更：过去网络中数据分组的流向由人指定，交换机和路由器只进行数据分组级别的交换；在 OpenFlow 网络中，统一的控制器取代了路由器，决定了数据分组在网络中的流向。OpenFlow 交换机在内部维护一个名为 FlowTable 的流表，其概念与转发表不同，一旦发现流表中有需要转发的数据分组的对应项，就直接快速转发；如果流表中没有对应项，数据分组就会进入控制器中，以进行传输路径的确定，并根据反馈结果判定转发方式。OpenFlow 技术在网络中分离了软硬件并且虚拟化了底层硬件，为网络的进一步发展提供了很好的平台。

综合来看，虽然目前美国和欧盟设立诸多基于未来互联网的试验验证平台项目，并建立了许多实际的测试床，但是从实际的试验效果来看，这些测试床在可编程性、灵活性、资源的虚拟共享以及可管理性和大规模部署等方面仍存在一些问题，不能完全满足作为未来网络创新平台的要求。

参考文献

[1] Global environment for network innovations[EB].

[2] NSF NeTS FIND Initiative. Future internet design[EB].

[3] The European Community's Seventh Programme. The FP7 autonomic internet project[EB].

[4] Next generation network (NDN) [EB].

[5] National Institute Of Information (NICT). AKARI project[EB].

[6] Basic construction plan of broadband convergence network[J]. IEEE Communications Magazing, 2005,(10):34-41.

[7] 科技部“863”计划联合办公室.“新一代高可信网络”重大项目指南[EB].

[8] Open signaling working group[EB].

[9] Multiservice switching forum[EB].

[10] General switch management protocol[EB].

[11] Forwarding and control element separation (forces) [EB].

[12] Optical internetworking forum (OIF) [EB].

[13] TENNENHOUSE D L, WETHERALL D J. Towards an active network architecture[J]. ACM Computer Communication Review. 1996, 26(2):2-15.

[14] TURNER J, TAYLOR D. Diversifying the internet[A]. Proceedings of the IEEE Global Telecommuni-cations Conference (GLOBECOM'05) [C]. 2005.755-760.

[15] WANG W M, HALEPLIDIS E, OGAWA K, *et al*. ForCES LFB Library, work in progress[EB].

[16] Software-Defined Networking: the New Norm for Networks[S]. ONF White Paper, 2012.

[17] CAESAR M, CALDWELL D, FEAMSTER N, *et al.* Design and implementation of a routing control platform[A]. Proceedings of the 2th USENIX Symp on Networked Systems Design and Implementation (NSDI) [C]. Boston: USENIX Association, 2005.15-28.

[18] GREENBERG A, HJALMTYSSON G, MALTZ D A, *et al.* A clean slate 4D approach to network control and management[J]. ACM SIGCOMM Computer Communication Review, 2005, 35(5):41-54.

[19] OpenStack[EBL].

[20] GUDE N, KOPONEN T. NOX: towards an operating system for networks[A]. Proceedings of ACM SIGCOMM CCR 38[C]. 2008.105-110.

[21] Jaxon: Java-based OpenFlow controller[EB].

[22] POX[EB].

[23] Beacon[EB].

[24] AMIN T. On Controller Performance in Software-Defined Networks[S]. USENIX Workshop on Hot Topics in Management of Internet, Cloud, and Enterprise Networks and Services (Hot-ICE). 2012.

[25] Floodlight[EB].

[26] FOSTER N, HARRISON R, FREEDMAN M J, *et al.* Frenetic: a network programming language[A]. ACM SIGPLAN International Conference on Functional Programming (ICFP)[C]. Tokyo, Japan, 2011.279-291.

[27] NetCore[EB].

[28] KOPONEN T, CASADO M. Onix: a distributed control platform for large-scale production networks[A]. Proc USENIX OSDI[C]. 2010. 351-364.

[29] CASADO M, FREEDMAN M J, PETTIT J, *et al.* Ethane: taking control of the enterprise[A]. Proc of the SIGCOMM 2007[C]. Kyoto: ACM Press, 2007. 1-12.

[30] GIBB G, UNDERHILL D, COVINGTON A, *et al.* OpenPipes: prototyping high-speed networking systems[A]. Proc of the SIGCOMM 2009 (Demo) [C]. Barcelona: ACM Press, 2009.115-121.

[31] CURTIS A R, MOGUL J C, TOURRILHES J, *et al.* DevoFlow: scaling flow management for highperformance networks[A]. Proc of the SIGCOMM 2011[C]. Toronto: ACM Press, 2011. 254-265.

[32] Empowering the Service Economy with SLA-aware Infrastructures. European Union 7th Framework Program[EB].

[33] SCHULZRINNE H, SEETHARAMAN S, HILT V. NetSerV-Architecture of a Service-Virtualized Internet. NSF NeTS FIND Initiative[EB].

[34] The click modular router project[EB].

[35] COMBO[EB].

[36] Cisco. Service-oriented network architecture (SONA)[EB].

[37] ZHANG L. Named Data Networking (NDN) Project[S]. Research Proposal, 2010.

[38]KOPONEN T. A data-oriented (and beyond) network architecture[A]. SIGCOMM '07[C].

2007. 181-192.

[39] VISALA K. An inter-domain data-oriented routing architecture[A]. ReArch '09: Proc 2009 Wksp. Rearchitecting the Internet[C]. New York, NY, 2009. 55-60.

[40] Network of information (NetInf)[EB].

[41] MobilityFirst, a robust and trustworthy architecture for the future internet[EB].

[42] MOSKOWITZ R, NIKANDER P. RFC 4423: Host Identity Protocol (HIP) Architecture[S]. Internet Request for Comments, 2006.

[43] MITSUNOBU K, MASAHIRO I. LIN6: a new approach to mobility support in IPv6[J]. Internetional Symposium on Wireless Personal Multimedia Communication, 2000,(455): 1079-1083.

[44] Six/One: a solution for routing and addressing in IPv6[EB].

[45] ANAND A. XIA: An Architecture for an Evolvable and Trustworthy Internet[S]. 2011.

[46] Nebula white paper[EB].

[47] GENI PlanetLab[EB].

[48] FIRE: future Internet research and experimentation[EB].

[49] TOUCH J, HOTZ S. The X-Bone[A]. Proceedings of the Third Global Internet Mini-Conference at GLOBECOM'98[C]. 1998. 44-52.

[50] University of Utah, the Emulab Project[EB].

[51] VINI: A virtual network infrastructure[EB].

[52] Dynamic Multi-terabit Core Optical Networks (CORONET)[EB].

[53] FEAMSTER N, GAO L, REXFORD J. CABO: concurrent architectures are better than one[EB].

[54] JINHO H, BONGTAE K, KYUNGPYO J. The study of future internet platform in ETRI[J]. The Magazine of the IEEE, 2009, 36(3):68-74.

[55] Japan gigabit network (JGN)[EB].

第 4 章　国内新型网络体系结构

当前，新型信息通信网络体系结构已经成为国内外信息技术领域的一个研究热点。国际上在实施并推进诸如可编程网络、软件定义网络、面向服务网络、内容中心网络、新型试验床等研究计划的同时，我国也在“973”、“863”、自然科学基金、科技支撑等多个国家级科技计划中大力支持新型网络体系的研究。本章节介绍我国在信息网络领域针对层次交换、一体化普适、多维可扩展、面向服务、电路分组混合、可重构等的新型网络体系开展的几个具有代表性的最新研究成果。

4.1　引言

十几年来，中国信息网络领域的学者在新型网络体系方面提出和实现了各具特色的研究方案。这些研究按照交换方式可以分成以下 3 类，介绍如下。

（1）基于电路交换的新型网络体系

电路交换是指通信之前在通信双方之间建立一条被双方独占的物理通路（由通信双方之间的交换设备和链路逐段连接而成）。相关研究包括层次式交换和软交换网络结构。

（2）基于分组交换的新型网络体系

分组交换采用存储转发传输方式，将一个长报文先分割为若干个较短的分组，然后把这些分组（携带源、目的地址和编号信息）逐个发送出去。相关研究包括一体化网络与普适服务体系结构、多维可扩展的新一代网络体系结构、面向服务的未来互联网体系结构与机制、可重构信息通信基础网络。

（3）混合交换方式的新型网络体系

比如基于电路与分组交换混合的 3TNet 和播存网以及可重构信息通信基础网络。

4.2　基于电路交换的新型网络体系

4.2.1　层次式交换网络体系结构

未来网络的发展趋势是“更大、更快、更安全、更及时、更方便”，要求下一代网络体系结构具有开放、集成、高性能、可扩展、可管理等特点。Internet 经过几十年的成长，在开放与集成方面积累了很多成功的经验和成熟的技术。然而，当时 Internet 的设计背景是网络技术尚不成熟，多种异构物理网络之间的互通、互联和互操作性差。Internet 的设计目标是解决这些异构网络的互联问题，Internet 遵循这些设计原则保证了其设计目标的实现，并获得了巨大的成功。但随着应用需求、计算机与通信技术、网络规模的不断飞速发展，Internet 进入宽带高速互联阶段，逐步成为承载视频、音频和数据等多种业务的统一基础通信设施，这就要求 Internet 的体系结构向高性能、可扩展和可管理目标迈进。原有 Internet 体系结构的设计条件在当今已经发生了显著改变，其中的一些原则在现有的网络技术条件下其意义已经不明显或者导致低效率。虽然为保证网络可靠性和互联的方便而使用无中心、无结构的拓扑设计具有顽健性和灵活性，但是随着网络规模的膨胀和用户数量逐渐呈指数增长，将导致网络的性能、效率、QoS 保证、可扩展性、可管理性受到挑战。Internet 界提出一系列方法和措施，旨在摆脱上述困境，但由于没有从根本上改变 Internet 拓扑与地址结构，结果是把系统越做越复杂，而系统越复杂则带来处理时间越长、占用资源越多、效率越低的问题，恶性循环，难以得到根本解决。现有的 Internet 体系结构设计限制了 Internet 的进一步发展，对现有 Internet 进行各种修补，事倍功半，要求从根本上改变 Internet 体系结构。

为了解决 Internet 面临的困境，我国中国科学院计算机网络信息中心的钱华林研究员提出了一种层次式交换网络（Hierarchically Switched Network，HSnet）[1]的体系结构，在 Internet 拓扑结构、地址空间中引入层次结构的概念，通过结构化方法并使用层次式交换技术构造高性能、可扩展和可管理的网络[2]。层次式交换网络是一种崭新的 Internet 体系结构，代表了一种全新的设计理念，其目标是吸取现有 Internet 体系结构中成功的因素，剔除造成目前 Internet 困境的成分，通过革新 Internet 的体系结构来构造高性能、可扩展、可管理的下一代 Internet。利用层次结构这一技术，可以获得如下优点：让网络数据分组的路径可预测，使得网络回归简洁；使得网络信道资源获得合理应用；使得网络拓扑结构信息的变化、网络设备与通信线路的失效与恢复、网络管理人员的误操作等事件局部化；使得快速自愈能力不依赖于另一套复杂的网络（如 SDH/SOnet）；使得网络多播树自然形成；使得骨干网地址空间与用户地址空间相分离；易于对用户的不良行为进行追踪。在 2008 年，钱华林研究员等人承担的科技部“863”项目“层次式交换网络体系结构及样机研究”已经完成了层次交换网络协议、标准和算法等相关理论研究，他与葛敬国、李俊合作出版了网络体系结构的专著《层次交换网络体系结构》，5 项核心专利获得发明专利授权，获得 2 项软件著作权，自主研制的层次交换机已在中国下一代互联网 CNGI 环境中得到部署。

4.2.1.1　*层次交式换网的体系结构*

层次式交换网络的基本思想是：网络拓扑结构按层次形式进行组织，地址空间按层次方式进行分配，按照层次方式分配的地址与网络拓扑结构有严格的匹配，即将地址划分成不同层次的子域，各地址子域与网络拓扑结构的层次相关联，地址本身包含完整的路由信息[3]。

层次结构固有的属性使得任何两个网络节点之间均具有唯一确定的传输路径。分组从源节点沿这条唯一路径送到目的节点，路径上每个节点只根据分组的目标地址中与拓扑结构层次相应的子域号选择输出端口，便可完成路径的选择。数据的转发不再需要传统意义上的路由选择，只需要按照地址子域的交换。层次式交换技术使得网络中的路由器退化成交换机，因而层次式交换网络中只有交换机，不再有路由器。同时，层次式交换技术从 IP 分组目的地址和源地址的相应字段（代表了相应的子域）中获得交换操作所需的依据，无需 MPLS 为各个流事先分配、管理和检索标记。由于每个节点的直接下层节点的数量一般不会超过数百，这种表格的查询速度可以比路由表查询快 2～3 个数量级。因此，层次式交换技术简化了交换机的复杂度，消除了复杂的路由计算和查找所必须实施的庞大路由表操作，此外，采用硬件交换，交换机的性能可以大大提高，减缓路由器瓶颈问题。

层次交换控制具有局部性特征，交换控制信息局限于交换节点（或交换域）内部，无需在整个网络传播控制信息，无需考虑与其他节点的互操作问题。层次式交换技术不仅简化了交换机的设计，而且简化了网络控制协议，大大降低了协议实现的复杂度。

层次式交换网络的拓扑结构是由多个交换层次组成的树型结构，图 4-1 是具有 4 个交换层次的 HSnet 概念模型[4]。层次式交换网络的节点地址按照层次结构有规律地分配，节点地址的层次与拓扑结构的层次严格匹配。上层节点负责为其下层节点分配编号，节点的地址前缀由从其直接上层节点（即父节点）继承的地址前缀与自己的节点编号拼接而成。图 4-1 中，顶层节点地址前缀为 1，顶层节点为 3 个直接下层节点（即子节点）分配分别为 1、2、3 的地址编号，则相应节点的地址前缀分别为 1.1、1.2、1.3。依次类推，构成层次式交换网络的地址体系。

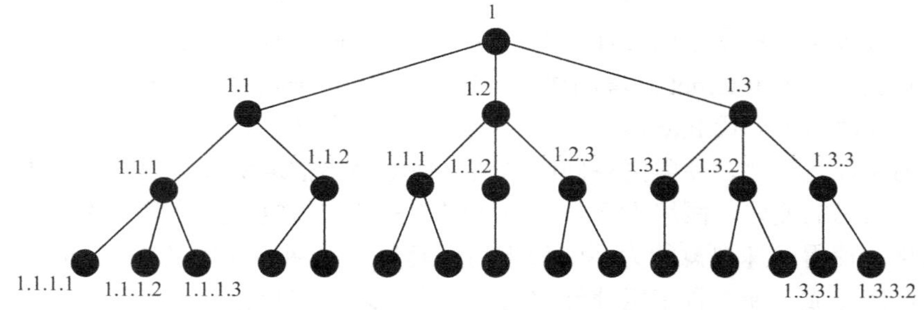

图 4-1　层次式交换网络概念模型

在水平方向上，典型的分级网络具有 3 层结构：核心层、汇聚层和接入层，不同网络层次的设计目标和功能具有较大差异。核心层的主要目标是高速转发业务，主要功能就是转发分组；汇聚层主要负责路由和流量的汇聚；接入层负责向网络中传输数据，执行网络入口控制以及其他边缘控制功能。如果接入网络规模较为庞大，可以先在网络的核心层和分配层采用层次式交换网络技术。图 4-2 为核心层和分配层采用层次式交换网络技术的网络模型。

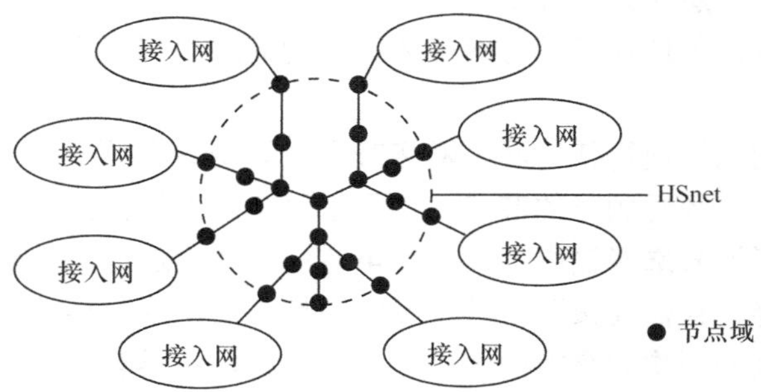

图 4-2　骨干网采用 HSnet 的网络模型

层次式交换网络以节点域和逻辑链路的形式分别改造传统树型结构中的节点和分支。一个节点域由多个相互联接的交换机和特殊功能内部服务器组成，从逻辑上，一个节点域是树型结构的一个交换节点，其功能和对外表现如同一个交换机；一条逻辑链路包含多条物理链路，逻辑上是树型结构中的一条分支。除根域外的任意节点域均有且只有一条上行逻辑链路，用来连接父节点域；任意节点域有一组下行逻辑链路，用来连接多个子节点域。节点域为每条下行逻辑链路分配逻辑链路号，下行逻辑链路号为所连子节点域的编号。图 4-3 为节点域和逻辑链路模型。

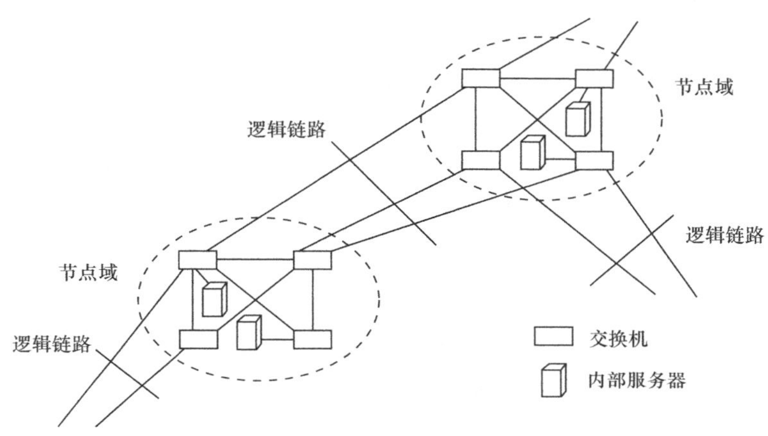

图 4-3 节点域和逻辑链路模型

在层次式交换网络中，将网络拓扑结构与地址相结合，IP 地址不仅能够用于标识网络中的节点，同时还包含了如何到达网络节点的完整信息，从而无需依赖于全局性的路由系统就能够确定分组的转发路径。层次式交换网络利用拓扑结构和地址结构层次的相互匹配，取消了路由，代之以交换。从技术角度上讲，层次式交换技术要远远好于目前的 Internet 路由技术。由于 Internet 已经获得了广泛而深入的应用，层次式交换技术需要具有与现有网络系统之间的兼容性，只有考虑它的部署和过渡的方法才能在实际运行的网络上部署。层次式交换技术的优势并不能保证层次式交换网络的最后成功，在某种程度上，层次式交换网络的部署和过渡机制是其能否成功进行大规模商业部署的关键因素。

层次式交换网络的部署应该从核心网络逐步过渡到用户接入网络，完整的部署进程分为两个阶段：第一阶段，在骨干网部署层次式交换网络，利用骨干网中已有的光纤资源，在已有网络的物理拓扑结构上用层次式交换技术改造 Internet 的骨干网为层次式交换网络，暂不改变用户现有的接入网技术；第二阶段，将层次式交换网络推向用户接入网，逐步用层次式交换机替换用户接入网中的路由器，最终实现全网的层次式交换化。这种分阶段部署的层次式交换网络，不仅使得部署简便，而且能解决 Internet 当前面临的主要问题，同时可以利用骨干网中被替换下来的路由器和交换机实现对用户接入网进行升级改造，有效保护用户的投资。

由于与现有骨干网互联层具有相同的功能，层次式交换网络可以作为骨干网络，其功能是透明地将从一个用户接入网进入的分组原封不动地送到其他网络，实现数据的透明传输，提供 IPv4 网络间通过层次式交换网络的数据传输以及 IPv6 网络间通过层次式交换网络的数据传输。层次式交换网络的部署并不涉及 IPv4、IPv6 节点之间相互通信的所需机制，它通过根节点域直接与非层次交换骨干网互联，非层次交换骨干网包括运行 IPv4 的传统 Internet 以及 IPv6 骨干网（如 6Bone）。由于层次式交换网络采用了 IPv6 的分组和地址格式，层次式交换网络内部传输的分组为 IPv6 格式。因此，层次式交换网络在与 IPv6 网络互联时，无需进行分组、地址格式的转换，使得互联协议更为简单。

与用户接入网的互联层次如图 4-4 所示，有 3 种方式：用户接入网络通过路由器连接 HSnet 的边缘节点：多台主机通过以太网交换机（ES）或者集线器（HUB）连接 HSnet 的边缘节点；单台主机直接连接 HSnet 的边缘节点。图 4-4 中，用户接入网与 HSnet 的边缘节点域相连，节点域中节点 S2 与单台用户主机直接相连，将用户主机接入 HSnet；用户接入网 AN_1 通过一个集线器或以太网交换机连接节点 S3 的某个端口，将所属网络的多台主机接入 HSnet；用户接入网 AN_2 使用路由器（R）连接 HSnet 节点 S3 的某个端口，将所属网络的多台主机接入 HSnet。

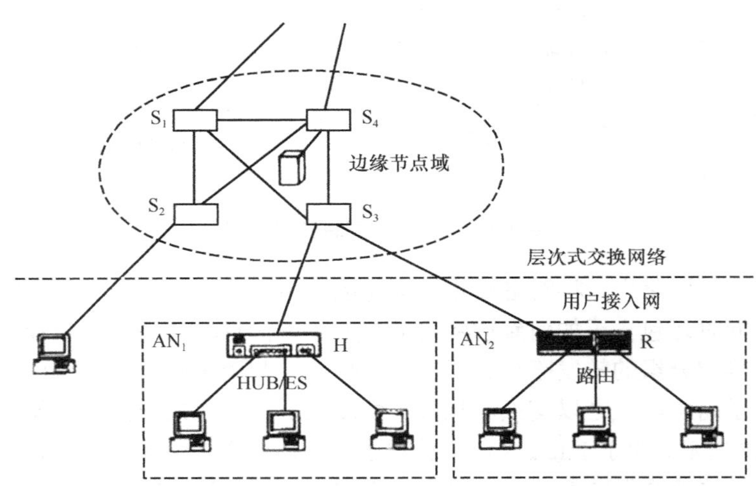

图 4-4　用户接入网（主机）与层次式交换网络的连接方式

4.2.1.2　*层次式交换网的实现*

钱华林研究员的研究团队已经实现了层次式网络的一个原型系统，如图 4-5 所示。首先在通用计算机上实现了层次式交换网络的协议栈，通用计算机中安装多块以太网卡（限于最大接口槽数目，一台计算机最多安装 4 块网卡），构成层次式交换网络的交换机；然后利用多台交换机构成 HSnet 实验网络；最后将 HSnet 实验网络与现有网络连接起来[5]。

该原型系统通过根节点域与 Internet 和 6Bone 相连。连接外部网络的边缘节点，即根节点域中编号为 1 的交换机运行层次式交换网络协议，为了与外部 IPv4 网络互联，配置了一个 IPv4 地址（210.72.11.130），但没有运行 IPv4。路由器运行双协议栈，通过 IPv4 静态路由连接边缘节点，同时与 6Bone 通过隧道连接。层次式交换网络的地址空间为 3fie:bc0:591:/48。与用户接入网（主机）相连的边缘节点包括根节点域的 2 号交换机和子节点域中的 5 号交换机的 IPv4 地址分别为 210.72.11.133 和 210.72.11.145。

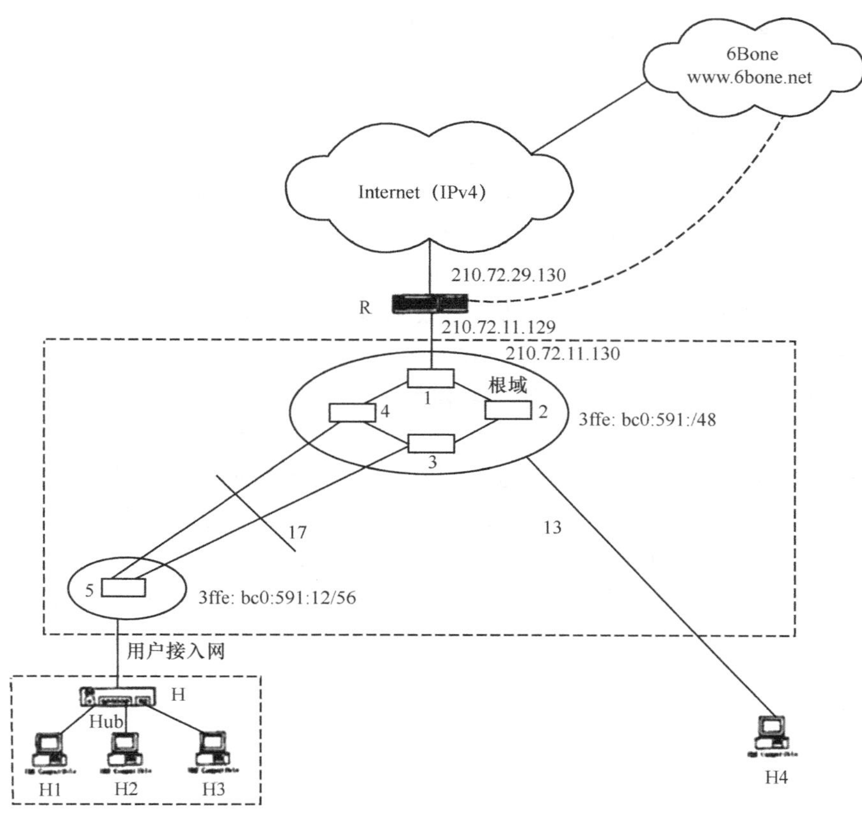

图4-5 层次式交换网络原型系统结构

研究团队通过原型系统进行了如下实验：

- 用户接入网IPv4主机之间的通信，如Hl通过访问位于H4中的WWW服务器；
- 用户接入网IPv4主机访问外部Intenet；
- 用户接入网IPv6主机之间的通信；
- 用户接入网IPv6主机通过HSnet访问6Bone。

实验结果表明，用户接入网主机的协议可以不加任何修改就实现与HSnet的互联。同时，用户接入网主机访问外部网络的结果显示，层次式交换网络与外部骨干网之间的互联方案也是可行的[6]。

在现有Internet体系结构中引入层次结构思想，充分利用层次结构本身固有的属性，简化路由和寻址功能，HSnet有助于解决未来Internet的高性能、可扩展性、可管理性问题。迄今为止，中国科学院计算机网络信息中心的研究人员在HSnet体系结构的基础上进行了一系列的研究，包括原型系统、控制机制、服务质量的实现机制、虚拟专网等，同时提出了各种拓扑扩展模式、网络交换协议和交换控制算法。其中，层次交换网络系统已经实现了多个原型系统和样机，在实验平台上进行了性能测试，并在办公室的网络中进行了长时间的使用，提供对外界IPv6和IPv4网络的访问能力；层次化的IPv6重叠型的虚拟专用网络对于网络运营商提供IP VPN的增值应用具有非常大的借鉴意义[7]。

在层次式交换网络中，网络拓扑结构层次和地址结构层次相互匹配，IP地址不仅能够标识网络中的节点，同时还包含了节点位于网络中的位置信息。节点只需根据分组的目标地址进行简单的地址计算，查询一个尺寸远远小于路由表的交换表就可以确定分组的下一跳，这样，传统网络中的路由器就退化为层次式交换网络中的交换机，便于高速、高效地设计和实现。天然的树型结构可以作为多播核心树的基础，这种严格的结构不仅可以保证多播的本地性，并且可以消除在现有 Internet 中为实现多播所必需的、复杂的核心树生成和管理问题，采用了 IPv6 的分组和地址格式，与 IPv6 兼容，可以充分利用 IPv6 对主机自动配置、与 IPv4 互操作等方面的解决方案。

尽管 HSnet 有显著的优点，但是也存在某些缺点。HSnet 最主要的缺点和它固有的集中式控制相关。实际上，分布式控制和集中式控制一直是对立的两极。它们之间的对立不仅体现在网络结构上，还表现在经济结构和政治结构上。它们有不同的组织和管理思想，一般来说，分布式控制的优点是灵活性和适应性，而集中控制的优点是效率。钱华林研究团队认为，对于 Internet 这样一个功能比较明确的结构而言，通过一定的集中控制来提高效率是可行的，这也是他们提出 HSnet 的核心思想。但是，作为一个大型的结构，集中控制同时意味着实施的复杂性，尽管 HSnet 采用了多种手段来简化设计、实施和部署上的复杂性，例如大量采用现有技术、保持和原有技术很强的兼容性，灵活可选择的实现方式、分阶段的部署等，但是仍然无法避免一些复杂性，包括节点域的实现复杂性、对现有网络改造的复杂性等。HSnet 体系结构的完善还有待进一步的研究。

4.2.2 软交换体系结构

软交换还有其他多个名称，如媒体网关控制器（Media Gateway Controller，MGC）、呼叫代理（Call Agent）等。人们对于软交换的认识也各不相同。从广义上看，软交换是指一种体系结构，是一个可以使任何设备通过 IP 分组网访问电信业务和 Internet 业务的产品、协议和应用的集合，包括媒体网关、信令网关、软交换设备、应用服务器等设备。从狭义上看，软交换指实现与业务无关的呼叫连接控制的实体，如媒体网关控制器或呼叫代理。国际软交换联盟（International Softswiteh Consortium，ISC）将软交换定义为基于软件的呼叫控制实体。这里讨论的软交换主要是指运行在 NGN 控制层的媒体网关控制器，也叫呼叫代理或呼叫控制。

4.2.2.1 软交换的主要功能和特点

软交换是从 IP 电话的基础上逐步发展起来的一个新的概念，呼叫与承载分离、业务与呼叫控制分离是它的最大特点。首先，软交换借鉴了 VoIP 中网关分离的思想。在传统电话系统中，交换由交换设备中的交换矩阵来实现，呼叫控制、业务提供以及交换矩阵都集中在一个系统之中。而软交换将传统电话交换机的各个功能进行分解，并将分解之后的功能分布在各个通用计算机平台之上。这些平台既可以独立演进，又可以通过标准协议进行互联互通，组合成一个有机整体。软交换系统在公网的应用部署已经进入了稳定的发展时期，而在专网通信系统中软交换系统的建设也即将进入快速发展期[8]。从图 4-6 中可以看出，软交换利用媒体网关和中继网关代替电路交换机中的用户板和中继板，利用软交换设备完成电路交换机中基本的呼叫控制、计费、认证、路由、资源管理和分配、协议处理等，利用分组网代替传统交换机中的交换矩阵。其次，软交换吸取了传统电信智能网中业务与呼叫控制分离的思想，通过进一步开放可编程应用程序接口（API）用第三方业务供应商提供一个灵活便捷的业务开发与部署平台，最大限度地满足用户需求[9]。软交换与传统电路交换系统功能比较见表 4-1。

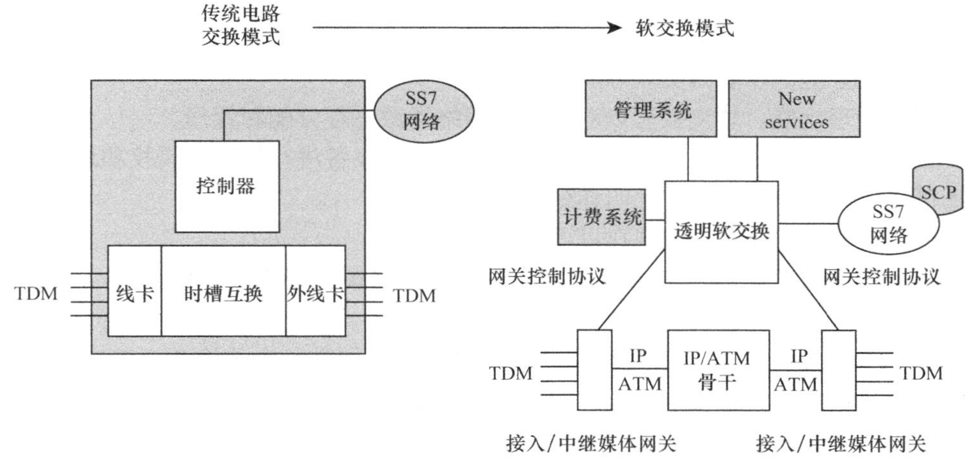

图 4-6　电路交换模式和软交换模式

表 4-1　软交换和传统电路交换功能比较

功能	软交换	传统电路交换
交换的基本方式	基于软件	基于电路
设备控制	策略化、动态干预和集中维护	静态
体系结构	模块化、开放式结构	私有的、封闭的
交换媒体类型	话音、数据、传真、视频	主要是话音，对其他类型的支持有限
灵活性	较高	低
提供第三方业务能力	较高	难以实现
个性服务能力	较高	难以实现
扩展性	从几百个用户平滑扩展到上百万个用户，成本和规模成正比	扩展成本高
会议视频	质量好	可以提供
研发成本	低，启动资金 10 万美元	高，启动资金 3 000 万美元

软交换的主要功能有以下几个方面：

- 媒体接入功能。软交换可以通过 H.248 协议将各种媒体网关接入软交换系统，如中继媒体网关、ATM 媒体网关、综合接入媒体网关、无线媒体网关和数据媒体网关等。同时，软交换设备还可以利用 H.323 协议和会话启动协议（SIP）将 H.323 终端和会话启动协议客户端终端接入软交换系统，以提供相应的业务。
- 呼叫控制功能。呼叫控制功能是软交换的重要功能之一。它为基本呼叫的建立、维持和释放提供控制功能，包括呼叫处理、连接控制、智能呼叫触发检出和资源控制等。可以说呼叫控制功能是整个软交换网络的灵魂。
- 业务提供功能。由于软交换系统既要兼顾与现有网络业务的互通，又要兼顾下一代网络业务的发展，因此软交换应能实现现有 PSTN/ISDN 交换机提供的全部业务，包括基本业务和补充业务，同时还应该可与现有智能网配合提供现有智能网的业务；更为重要的是，软交换还应该能提供开放的、标准的 API 或协议，以实现第三方业务的快速接入。

- 互联互通功能。在 IP 网上提供实时多媒体业务可以基于 H.323 协议和 SIP 两种体系结构。其中，H.323 协议由 ITU-T 制订，SIP 由 IETF 提出，两者均可以完成呼叫建立、呼叫释放、业务提供和能力交换等功能。
- 资源管理功能。软交换可以对带宽等网络资源进行分配和管理。
- 认证和计费。软交换可以对接入软交换系统的设备进行认证、授权和地址解析，同时还可以向计费服务器提供呼叫详细话单[10]。

软交换技术的主要特点表现在以下几个方面：

- 支持不同的 PSTN、ATM 和 IP 等各种网络的可编程呼叫处理系统。
- 可方便地运行在各种商用计算机和操作系统上。
- 高效灵活性。例如，软交换加上一个中继网关便是一个长途 / 汇接交换机（C4 交换机）的替代，在骨干网中具有 VoIP 或 VTOA 功能；软交换加上一个接入网关便是一个话音虚拟专用网（VPN）/ 专用小交换机（PBX）中继线的替代，在骨干网中具有 VoIP 功能；软交换加上一个 RAS，便可利用公用承载中继来提供受管的 Modem 业务。软交换加上一个中继网关和一个本地性能服务器便是一个本地交换机（C5 交换机）的替代，在骨干网中具有 VoIP 或 VTOA 功能。
- 开放性。通过一个开放和灵活的号码簿接口便可以再利用（智能网 IN）业务。
- 为第三方开发者创建下一代业务提供开放的应用编程接口。
- 具有可编程的后营业室特性。
- 具有先进的基于策略服务器的管理所有软件组件的特性，包括展露给所有组件的简单网络管理协议接口、策略描述语言和一个编写及执行客户策略的系统。

4.2.2.2　软交换体系结构和通信协议

CommWorks 于 1999 年最先提出软交换的 3 层结构，即传输边缘层、网关控制层和应用服务层。分层的网络架构预示着网络发展趋势从各种单一的网络向全业务信息网转移。软交换概念一经提出，很快便得到了业界的广泛认同和重视，ISC（International Soft Switch Consortium）的成立更加快了软交换技术的发展步伐，软交换相关标准和协议得到了 IETF、ITU-T 等国际标准化组织的重视。随着近些年的发展，根据国际软交换论坛（ISC）的定义，软交换是基于分组网利用程控软件提供呼叫控制功能和媒体处理相分离的设备和系统。因此，软交换的基本含义就是将呼叫控制功能从媒体网关（传输层）中分离出来，通过软件实现基本呼叫控制功能，从而实现呼叫传输与呼叫控制的分离，为控制、交换和软件可编程功能建立分离的平面。现在的软交换体系结构分为以下 4 层（如图 4-7 所示）：

- 边缘接入层。负责将各种不同的网络终端设备接入软交换体系结构，将各种业务量进行集中，并利用公共的传送平台传送到目的地。接入层的设备包括各种不同的网络、终端设备以及各种网关设备。这些网络或终端设备可以是公众交换电话网、ATM 网络、帧中继网络、移动网络、各种 IP 电话终端及模拟终端等，它们通过不同的网关或接入设备接入核心网络。

● 核心交换层。对各种不同的业务和媒体流提供公共的传送平台。多采用基于分组的传送方式，目前比较公认的核心传送网为 IP 网或 ATM 骨干网。

● 网络控制层。完成呼叫控制、路由、认证、资源管理等功能。其主要实体为软交换设备。

● 业务/应用层。在呼叫控制的基础上向最终用户提供各种增值业务，同时提供业务和网络的管理功能。该层的主要功能实体包括应用服务器、特征服务器、策略服务器、AAA 服务器、目录服务器、数据库服务器、SCP、网管（负责网络的管理）及安全系统（提供安全保障）。

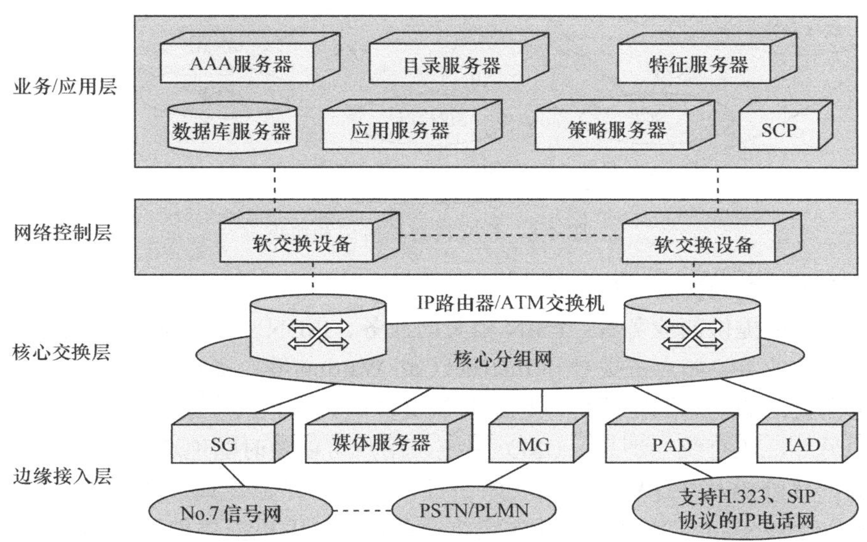

图 4-7 软交换的体系结构

软交换的对外接口及所采用的通信协议介绍如下。

（1）主要协议

软交换要与网络中很多功能实体之间通过标准接口与协议进行交互。常用的协议有[11]：媒体控制协议如 H.248、MGCP（软交换设备—媒体网关、媒体服务器）、RTP/RTCP（媒体网关、媒体服务器、H.323/SIP 终端之间）；呼叫控制协议如 SIP-T/BICC（软交换设备—软交换设备）、H.323（软交换设备一软交换设备或软交换设备—H.323GW/GK 终端）、SIP（软交换设备，SIP 终端）、MTUP/ISUP（软交换设备—信令网关）等；应用支持协议如 Parlay（软交换设备—应用服务器）、RADIUS（软交换设备—AAA 服务器）、MAP（软交换设备—位置数据库/鉴权服务器）、LDAP/TRIP（软交换设备—数据库）、CAMEL/WIN（软交换设备—SCP）等；维护管理协议如 SNMP、COPS 等；承载相关协议如 SCTP（软交换设备—信令网关）、M3UA/SUA/IUA（软交换设备—信令网关）、SCCP/TCAP（软交换设备—SCP）。

（2）软交换对外接口

图 4-8 描述了软交换与各功能部件之间的接口与所需协议。

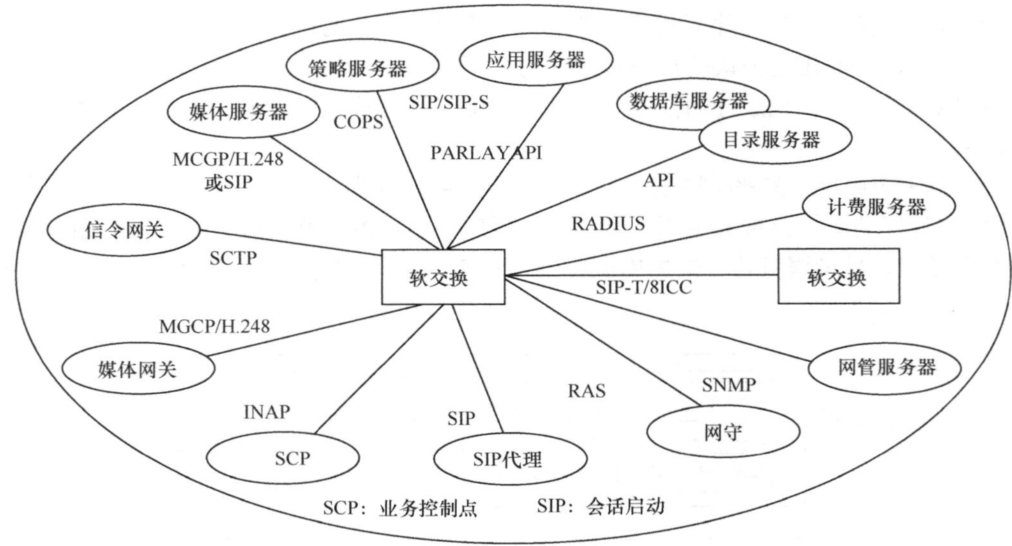

图 4-8　软交换对外接口和协议

（3）基于软交换的新业务

软交换可以提供的业务有：PSIN 相关的业务、ISDN 业务和智能网业务；话音与互联网相结合的业务，如点击拨号和 Internet Call Waiting 等；多媒体业务，如 Web 会议业务支持全面灵活的动态通信环境，包括交流文件的共享、对个别与会者的耳语、会议的控制等：另外，还有统一消息（UM）系统，用户可以随时随地通过电话、传真机、PC 机、手机、寻呼机及 PDA 设备收发如话音、电子邮件、传真、短消息（SMS）、即时消息（Instant Message）等信息；基本定位业务，通过手机提供使用者的实际地理位置；VoD 视频点播、入口业务、文本与话音双向转换、增强型呼叫功能、个人路由策略等业务。

软交换的分布式结构和网络融合能力使个人通信的实现成为可能，运营商可以通过软交换快速地向具有不同特征的人群提供"微型服务"，这一能力带来了无限的创新可能和业界营收潜力。

4.2.2.3　基于软交换的应用前景

软交换出现以后，许多人认为软交换是下一代网络的核心，但越来越多的人已经认识到，软交换只是下一代业务网一个支类（会话类业务）中使用的一种技术，即在下一代电话网里，软交换可以是一个主要核心部分；未来的网络有很多，如电话网、视频网、流媒体网等，软交换只是其中的一个支类。下一代网络是从总体上来考虑，它的范围要比软交换宽得多，包含几个层面：一个是传输层面，比如光交换；另一个是承载层面，比如以后的 IP 网；再一个是业务网，比如以后的业务系统、话音系统。

许多学者很早以前就指出，软交换机也可以看成在 H.323 和 SIP 体系下，智能网关分解的结果。它在下一代网中承担着区域或端局系统平台的重任，肩负着同时控制网络接入话务和控制 PSTN 边缘互联话务的功能[12]。但是，软交换机仍然需要其他关键技术和设备来协同工作，以确保可行的 QoS 和网络安全方案。软交换机提供现有电路交换机的各种话音业务，并支持话音、数据、视频融合的多媒体端点新业务和多样化的第三方业务（包括视频电话、视频电话会议、PC-Phone），但软交换机并不应看成是通用的数据、视频业务和应用的控制平台。因此，只有对软交换机在 NGN 中给予适当的定位，使其担当恰如其分的角色，才是发挥其在 NGN 中重要和关键功能的正确方法。

目前美国的Bell Atlantic、Level 3、英国电信、英国大东、德国电信、日本 NTT 等很多运营商都开展了 NGN 试验，也取得了一些阶段性的成果。由于软交换本身的成熟性，它们的试验绝大部分限于软交换的汇接功能，能够提供一些简单的多媒体业务，但大部分都是单域的小规模的网络。中国电信软交换试验网的技术也要求在 CLASS 4（长途链路）以及 CLASS5（接入层）都实现软交换机制。国际上也有一些专门研究针对话音网的下一代组网技术，例如Telcordia（原 Bellcore）提出的基于软交换的 NGN 方案。

当前软交换还存在着许多问题，举例如下。

（1）协议尚未做到兼容性，标准还在发展之中

设备供应商目前最大的困惑就是软交换的协议标准是否统一规范。不同厂商的软交换在技术标准的选用及协议的兼容性方面还难以做到相互兼容。

（2）API 没有成熟的产品

基于开放的业务平台，采用标准的 API 为网络运营商提供新业务开创了美好的前景，但是相应的产品仍在探索和研发之中，并且 Parlay API 的定义简单，可以用不同的编程语言实现，业务的可移植性和产品之间的互操作性也是一个问题。

（3）业务不明朗

虽然软交换系统在理论上提供了网络开放的体系架构，有利于业务的开发和提供，但目前在应用方面还难以看出诱人的业务前景。现在，大多数软交换的试验是提供基本的话音业务、会议业务（含视频）和网上浏览业务。除话音业务外，提供业务的操作都较为复杂，一个没有业务支援的技术是没有生命力的。

（4）网络 QoS 和网络安全问题没有较好的解决方案[13]

尽管可以采用 ATM 网络作为承载网络来解决 QoS 问题，但是 ATM 网络由于设备造价昂贵和支持运营商较少等原因，市场占有率较低，特别是国内很多 ATM 宽带网络，主要用于低层次的承载，真正接入 Internet 的还只是 IP 网络。采用 IP 网络作为承载话音的网络时，合理有效地调配网络资源、解决 QoS 和网络安全的问题一直希望有较为可行的方案。

（5）IP 地址问题

目前的 IP 电话网络大都基于专网，网络融合后 IPv4 的地址明显不够，从 IPv4 向 IPv6 的过渡又会带来相应的问题。

随着通信网络技术的不断发展和软交换各种标准的制订与补充，不少厂商都推出了软交换的解决方案，各运营商也在积极进行相关实验。目前，国内外许多电信设备制造商，如西门子、阿尔卡特、爱立信、北电、中兴等都在积极发展新的交换机过渡平台，提出了软交换在下一代网络中的解决方案。这里简要介绍一下软交换在 VoIP 中的应用，图 4-9 为基于软交换技术的 VoIP 网络结构。从图 4-9 中可以看出，它的功能非常类似于

现行电路交换传送系统间的交换 / 长途网，C4 交换机用软交换系统和一组中继网关的组合体所取代。

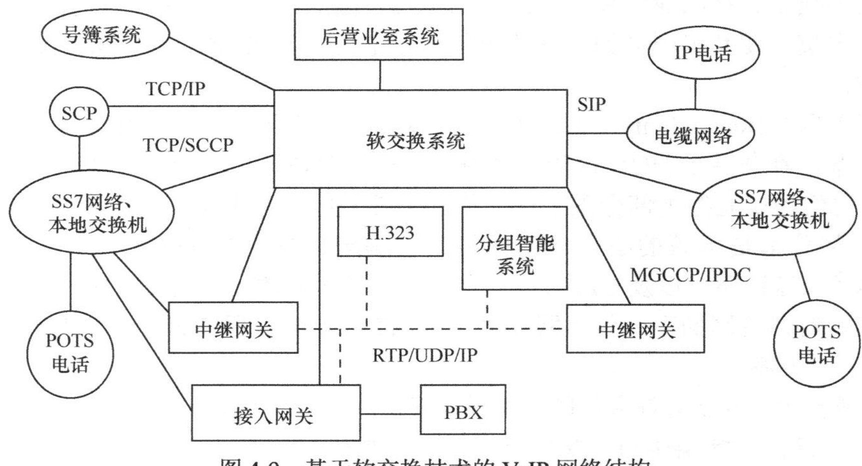

图 4-9　基于软交换技术的 VoIP 网络结构

软交换的架构应该说是非常成熟和稳定的，但是随着业务的发展以及对服务质量需求的增长，人们对这个构架提出了新的要求[14]。根据国内目前所提出的 NGN 解决方案，作为其最重要的特征之一，软交换平台的开放性可以为运营商提供一个灵活快捷的新业务开发模式，让 NGN 真正成为业务驱动的网络。“但是软交换并不是 NGN，甚至可以说，软交换不一定就是 NGN 的核心技术。”国家 IP 与多媒体标准研究组专家蒋林涛指出。他认为：“NGN 涉及的核心技术存在两个层次：一个是承载网层面，备选的核心技术有 TDM、ATM、IP 等，软交换并不在其中；另一个是业务网层面，软交换技术将发挥核心的作用。”未来 VoIP 的核心技术将是软交换。软交换是 NGN 中的话音部分，即下一代电话业务网（包括固定网、移动网）中的核心技术，但是 NGN 所要承载的业务模式今天还不是很清楚，很难断定 VoIP 就是未来 NGN 的核心通信业务。

4.3　基于分组交换的新型网络体系

4.3.1　一体化网络与普适服务体系结构

由北京交通大学等国内多家科研机构根据新的一体化网络设计模式，联合提出了一个两层体系结构的新型模型——一体化可信网络与普适服务新型体系结构模型[15]。该模型包括网通层和服务层两个层次，如图 4-10 所示。网通层完成网络一体化，服务层实现服务普适化，两层模型相结合，构成了一体化网络与普适服务体系的基础理论框架。与 OSI 的 7 层体系结构相比，网通层在功能上对应 7 层模型中的底下 3 层，服务层对应上面 4 层；与 TCP/IP 的 4 层模型相比较，网通层在功能上对应底下 2 层，而服务层对应其上面 2 层。

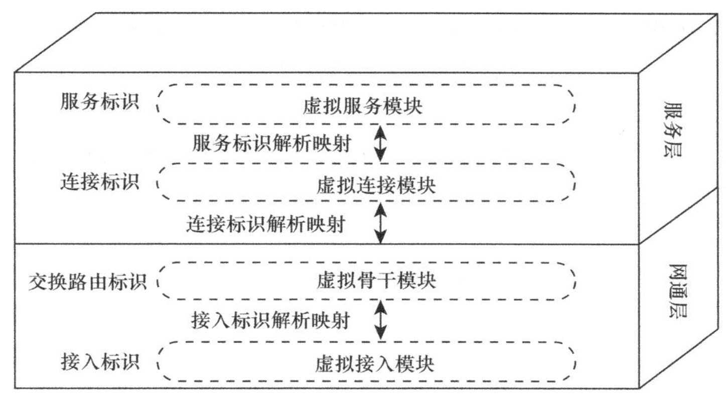

图 4-10 一体化可信网络与普适服务新型体系结构模型

网通层包括虚拟接入子层、虚拟骨干子层及接入标识解析映射。该层建立可信一体化网络理论模型，并解决接纳控制、调度、交换路由、状态控制、可信评估等基础理论与关键技术问题，为多元化的接入网络提供可信的接入和广义交换路由功能，即完成网络一体化。

服务层包括虚拟服务子层、虚拟连接子层以及服务标识解析映射、连接标识解析映射。服务层的普适服务理论模型，可以解决一体化网络下服务的映射、匹配/选择、组合/分解、执行过程等一系列问题，为个性化用户提供多元化服务，即实现服务普适化。

网通层为数据、话音等业务提供可信的一体化网络通信平台。各种业务在网通层中以统一的“特定”分组方式进行传输。网通层采用“间接通信”模式：虚拟接入子层采用接入标识转发数据，在虚拟骨干子层采用内部的交换路由标识替代接入标识转发，到达通信对端的广义交换路由器后，数据分组的交换路由标识被置换回原来的接入标识；虚拟接入子层负责通信终端的接入，虚拟骨干子层解决位置管理和交换路由理论，以在网通层实现用户的隐私性、网络的安全性、可控可管性和移动性。

服务层负责各种业务的会话、控制和管理，这些业务包括由运营商或第三方增值服务商提供的各种网络业务，主要是话音、数据、流媒体等，不同的业务用同一个服务层承载。各种业务、网络资源和用户都采用唯一标识符识别，各个应用都要绑定于服务标识符，并且进行从服务标识符到连接标识符、从连接标识符到交换路由标识符的解析，从而建立普适服务的服务标识和连接标识解析映射理论。运营商或第三方增值服务商将通过一体化网络个性化服务模型向用户提供有保障的个性化服务。服务层还包括多种服务功能组件，其中有媒体转换、媒体分发、计费和位置服务、虚拟归属环境等服务组件和会话管理、资源管理、移动性管理、可信性管理、服务质量管理等管理组件。

由上述可知，一体化可信网络与普适服务体系是一种不同于 OSI 7 层网络体系和互联网 4 层网络体系的新型网络体系结构。一体化可信网络与普适服务体系将用户、业务和网络资源三者有机地统一为一个整体，方便实现网络一体化并为用户提供普适服务。

4.3.1.1 一体化网络模型与理论

一体化网络理论指网通层的机理、原理与模型[16]。如图 4-11 所示，一体化可信网络的体系结构模型提出了一体化网络接入标识与交换路由标识分离聚合映射理论，创建并引入了虚拟接入子层和虚拟骨干子层及接入标识解析映射。

虚拟接入子层定义了接入标识 ID 的概念和机制，实现各种固定、移动、传感网络等的统一接入；虚拟骨干子层为各种接入网络提供交换路由标识 ID，用于核心网络上的广义交换路由和寻路；接入标识解析映射将多个交换路由标识 ID 映射到多个连接标识 ID。

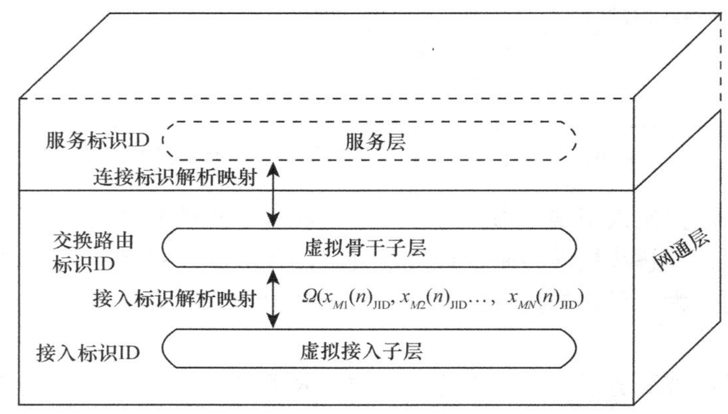

图 4-11　一体化可信网络的体系结构模型

接入标识解析映射定义如下：

$$\begin{bmatrix} z_1(n)_{RID} \\ z_2(n)_{RID} \\ \vdots \\ z_M(n)_{RID} \end{bmatrix} \triangleq \begin{bmatrix} x_{11}(n)_{JID}, & x_{12}(n)_{JID}, & \cdots, & x_{1N}(n)_{JID} \\ x_{21}(n)_{JID}, & x_{22}(n)_{JID}, & \cdots, & x_{2N}(n)_{JID} \\ & \vdots & & \\ x_{M1}(n)_{JID}, & x_{M2}(n)_{JID}, & \cdots, & x_{MN}(n)_{JID} \end{bmatrix}_{M\times N} \tag{4-1}$$

其中，$z_M(n)_{RID}$为网络中的交换路由标识，M为某次选路，RID 为交换路由标识 ID；$x_{MN}(n)_{JID}$为端系统的接入标识，N为接入位置，M为交换路由标识下标，JID 为接入标识 ID；$\Omega(\cdot)$为一对多的映射函数，完成一个交换路由标识 ID 到多个接入标识 ID 的映射；其逆映射$\Omega^{-1}(\cdot)$将不同的接入标识 ID 映射回交换路由标识 ID。

接入标识与交换路由标识分离聚合映射理论具有如下作用。

（1）实现网络统一接入

使得网通层实现了多元化接入网络与终端（如互联网中的固定网络、移动网络和传感网络等，电信网中的各种接入网络和终端等）的统一接入，克服了传统互联网和电信网接入网络单一的问题，拓展了网络服务的范围。

（2）保证用户的隐私性和安全性

各种接入网络的接入标识代表它们的身份，而交换路由标识仅用于核心网络进行交换路由。接入标识和交换路由标识分离后，代表用户身份的接入标识不会在核心网络上传播，使得其他用户不可能通过截获核心网络的信息分析用户的身份，保证了用户的隐私性；也不可能通过用户的身份来截获他们的信息，保证了用户信息的安全性。

（3）保证网络的可控可管性

各种接入网络在申请接入标识时，网络管理者根据用户的签约信息，对各种接入网络进行接入控制和鉴权，鉴权的结果决定是否接受用户连接请求，同时决定为用户提供的服务质量水平。

（4）保证各种接入网络及用户的移动性和传感性

各种接入网络在移动到其他位置之后，仅其交换路由标识需要发生变化，用户身份的接入标识不需要发生变化，只需要改变交换路由标识和接入标识的映射关系。这样，用户的连接不需要中断就可以保证用户继续接受各种服务。

一体化可信网络具备现有多种网络的功能，其中包括一些重要的无线个域网（WPAN）、Ad-hoc 网络、无线传感器网络（WSN）、无线 Mesh 网络以及无线 P2P 网络等，以此为基础建立一体化的网络体系结构。

4.3.1.2 普适服务基础理论、原理与机制

一体化网络下普适服务的服务层模型如图 4-12 所示，实现数据、话音、视频等服务内容的一体化传输[17]。

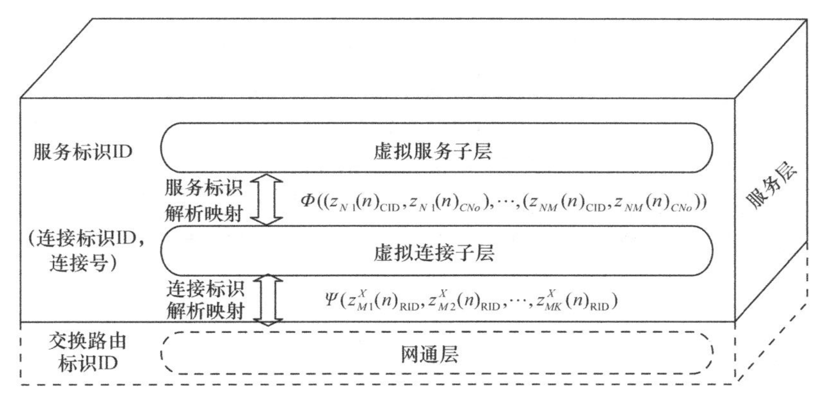

图 4-12 一体化网络的服务层模型

普适服务概念批判地继承了 OSI 7 层模型以及互联网 4 层模型等的已有技术。在一体化普适服务网络模型中，服务层创新地引入两个虚拟子层（虚拟服务子层和虚拟连接子层）和两个解析映射（服务标识解析映射和连接标识解析映射）。

虚拟服务子层：该层是实现普适服务的基础，用于解决统一的服务对象调度，提供服务的可控可管，为支持多种服务提供了可能，引入了服务标识 ID 的概念。服务标识是对各种网络支持的服务进行统一的分类标识和定位，体现普适服务的思想。为了实现更加合理的标识和定位，该体系结构提出了“基于服务触发的标识系统”，如图 4-13 所示，它的基本流程如下：

（1）一体化网络支持的服务向参加标识系统的网络节点发布一个它能支持的服务标识；

（2）用户根据自己的需要获取所希望的服务标识；

（3）用户根据获取的服务标识，通过一定的查找机制找到该标识对应的服务在网络中的位置，得到所需服务。

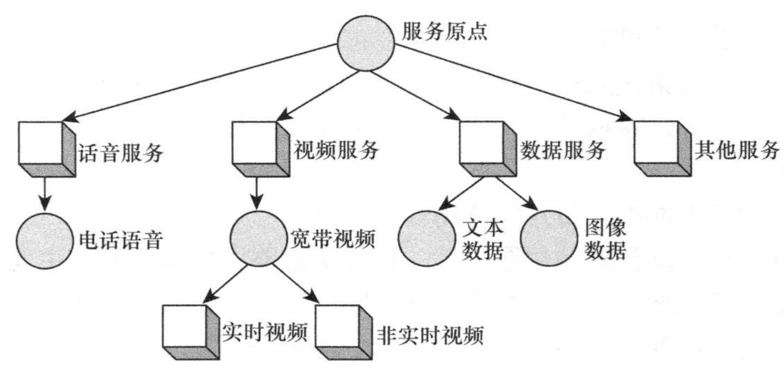

图 4-13　基于服务触发的标识系统

该标识系统的标识定义规则为：服务标识＝属性＋分类值。

属性是对服务的统一分类，分类值是在这次分类下的进一步分类。例如，属性可以是数据服务，而分类值是文本数据服务。图 4-13 中的方形节点代表属性，圆形节点代表分类值。

标识系统需要完成的最核心的工作是根据服务标识解析找出其在网络的位置。为完成这一工作，上述标识树型结构中的每个标识节点需要对应一个记录项：记录该标识对应的网络分布位置、到达该位置的方法等。标识系统查找工作就是在这个标识树中，快速有效地找到需要的标识节点，并提取该节点对应的位置记录项。基于上述树型结构的标识系统的查找办法可以是递归算法，逐渐减小搜索域等。

服务标识解析映射：该映射将虚拟服务子层和虚拟连接子层的工作联系起来，完成服务对象标识到多个连接标识的映射，实现通信设备间的普适服务连接，映射定义如下：

$$\begin{bmatrix} z_1(n)_{\mathrm{SID}} \\ z_2(n)_{\mathrm{SID}} \\ \vdots \\ z_N(n)_{\mathrm{SID}} \end{bmatrix} \triangleq \varPhi \begin{bmatrix} (z_{11}(n)_{\mathrm{CID}}, z_{11}(n)_{CNo}), (z_{12}(n)_{\mathrm{CID}}, z_{12}(n)_{CNo}), \cdots, (z_{1M}(n)_{\mathrm{CID}}, z_{1M}(n)_{CNo}) \\ (z_{21}(n)_{\mathrm{CID}}, z_{21}(n)_{CNo}), (z_{22}(n)_{\mathrm{CID}}, z_{22}(n)_{CNo}), \cdots, (z_{2M}(n)_{\mathrm{CID}}, z_{2M}(n)_{CNo}) \\ \vdots \\ (z_{N1}(n)_{\mathrm{CID}}, z_{N1}(n)_{CNo}), (z_{N2}(n)_{\mathrm{CID}}, z_{N2}(n)_{CNo}), \cdots, (z_{NM}(n)_{\mathrm{CID}}, z_{NM}(n)_{CNo}) \end{bmatrix}_{M\times N} \tag{4-2}$$

其中，$z_N(n)_{\mathrm{SID}}$ 表示一种服务，下标 N 表示服务种类、SID 是服务标识；$(z_{NM}(n)_{\mathrm{CID}}, z_{NM}(n)_{CNo})$ 表示在 $z_N(n)_{\mathrm{SID}}$ 服务下映射出的某一连接，M 种连接类型选择，下标 CID 是连接标识，$z_{NM}(n)_{CNo}$ 为某一连接的连接号，用于区分每种连接中的某个连接号，CNo 表示连接号数；$\varPhi(\cdot)$是服务标识解析映射的函数。从式（4-2）可知，$\varPhi(\cdot)$是一对多的映射函数，完成一个服务到多个连接的映射；其逆映射 $\varPhi^{-1}(\cdot)$完成将连接子层收到的多个连接向一个服务的映射。

虚拟连接子层：该层引入了连接标识 ID，作为服务连接和终端身份的标识，是普适服务模型的核心，可以支持移动性、安全性，并提供一定的服务质量保证。

由以上分析可知，服务层的基本工作原理和机理如下：首先，根据“基于服务触发的标识系统”的命名规则，通过虚拟服务子层定义的服务标识 ID 对各种网络支持的不同服务进行统一的命名标识，以完成统一的服务调度，为在一体化网络上支持多种服务提供可能。当用户需要获得某次特定服务时，可通过“基于服务触发的标识系统”提供的服务标识查询机制，根据服务标识 ID 在网络中定位服务。然后，定位的服务与虚拟连接子层建立一个或多个连接，并通过服务标识解析映射与连接标识 ID 建立多对一的映射关系，根据服务包括的子业务，连接的类型各异，每类又可提供多个子连接，保证连接的可靠性。之后，一个连接再通过连接标识解析映射到一个或多个网通层选路，多个选路可保证连接可靠，并提供负载平衡支持。最后，完成一体化网络下的一次普适服务。

4.3.2　多维可扩展的新一代网络体系结构

4.3.2.1　多维可扩展的新一代网络的研究基础及背景

目前，全球 80%的业务承载都附加于 IPv4 网之上，然而 IPv4 毕竟是几十年前设计的，当面临着当前的诸多挑战时显得捉襟见肘。这些挑战大概来自于几个方面，一个方面是它的可扩展性，应该说过去 IPv4 在计算机互联方面一直表现得非常好，然而随着互联扩展至更大的范围（如智能家庭概念、移动终端等），面临的首个困境就是地址空间。IPv4 地址只有 43 亿，即便是 IPv6 地址空间无限大，但使用现有寻址机制，效率也是比较低的，因此需要在编码和寻址上寻求突破性的进展；安全性是未来要解决的另一个重大挑战，当前大量互联网安全保障靠的是无数安全设备的堆叠，这种“头疼医头，脚疼医脚”的方式并不能从本质上解决它的安全问题；第 3 个挑战就是来自于端到端的高性能，尤其是移动互联网的概念引入后，移动手机系统访问互联网时通常要做反复的地址转换，是非常大的伤害，如果能在互联网上直接移动，性能会大大提高；第 4 个挑战来自于实时性，尽力而为的互联网服务模式当面临实时的应用时，其所要求的特定时间内的响应能力很难保证；最后一个就是移动性，异构网络的出现对于网络融合是一个巨大挑战，因此无论是从移动通信的角度来看，还是从计算机互联网的角度看，移动互联网最后会慢慢融合到互联网的本质环境里实现移动化，使得高带宽能够实施[18]。

中国从 1994 年引入互联网，经过近 20 年的发展，基本了解和掌握了互联网的核心技术，目前考虑为互联网做出重大贡献，因此国家投入大量的人力和物力进行研究与探索。2003 年开始，国家开始了新一代互联网的研究计划，当时几乎所有的运营商、教育网、科技网，凡是应用主干网都参与了这个项目，所形成的主干网覆盖了全国 22 个城市 56 个节点，规模非常之大。其中清华大学吴建平团队承担了教育网部分 CERnet2，该网络从北京连接到欧盟，连接到亚太地区的还有中国电信在上海的交换中心，分别连接到新加坡、日本、英国，全球商业的 IPv6 网是我国新一代的 IPv6 示范网。在此基础上，他们经过多年的研究发现，IPv4 和 IPv6 的双栈网和纯 IPv6 网有很大的区别，把 IPv4 和 IPv6 建在一起的话，很多是不能独立运行的，所以 2003 年他们大胆决策，建了两个纯网。

此外，清华大学吴建平教授团队在 IPv6 研究过程中，对地址认证进行了一个攻关认证，经过几年努力，已经成立了专门的工作组，其所参与推动的 RFC 5210 也正式得到 LTE 的标准，另外在 IPv4 网和 IPv6 网的接入问题上，提出了 4over6 的技术，成立了工作组专门解决过渡的问题，RFC 4925 也得到批准。

目前国内外针对新一代互联网的重大需求展开研究[19]。尽管技术路线各有不同，但是无外乎两种思路：基于现有的互联网体系结构，采用演进的方式面向未来网络的重大需求进行设计，同时兼容现有网络，如在构建 IPv6 的大规模实验网的基础上解决当前网络所面临的重大挑战；借鉴现有互联网的成功经验，如分层分布式体系结构、无连接分组交换、可扩展型，重新设计一套全新的网络体系结构。无论何种思路，一般来说都需要尽可能继承和发扬现有互联网的技术精髓，坚持创新和可扩展，将体系结构作为下一代互联网研究的重点。

4.3.2.2 多维可扩展的新一代网络的研究目标及其体系结构

在“什么是新一代互联网？它和目前互联网的主要区别是什么？”这一关键问题上，清华大学吴建平教授所领导的研究团队经过 10 年的研究，对新一代互联网的需求和基本特征有了清晰的认识，即新一代互联网应该比目前的互联网“更大、更快、更及时、更方便、更安全、更易管理和有效益”。据此分析并总结新一代互联网研究所面临的 4 个基本矛盾：

- “尽力而为”的服务模型在设计上只考虑到了互联互通的可扩展性，当面对复杂多样的网络服务时显得力不从心，服务质量无法保证；
- 现有网络中，对基于分组交换的互联网流量和行为模型缺少有效的研究成果，使得大规模网络管理完全依赖于管理人员的实践经验和直观判断，潜在的风险很大；
- 现有网络中包括了不计其数的硬件系统和五花八门的应用软件，其中的任何一处缺陷和漏洞都可能被恶意攻击，安全性无法保障；
- 考虑到新一代互联网络的复杂性，其规模更大、结构更复杂、异构性更强，相对稳定的新一代互联网络的体系结构与复杂多变的网络服务之间存在巨大的鸿沟和内在矛盾。

基于以上认识，清华大学吴建平等提出了一种多维可扩展的新一代互联网体系结构[20]，如图 4-14 所示。

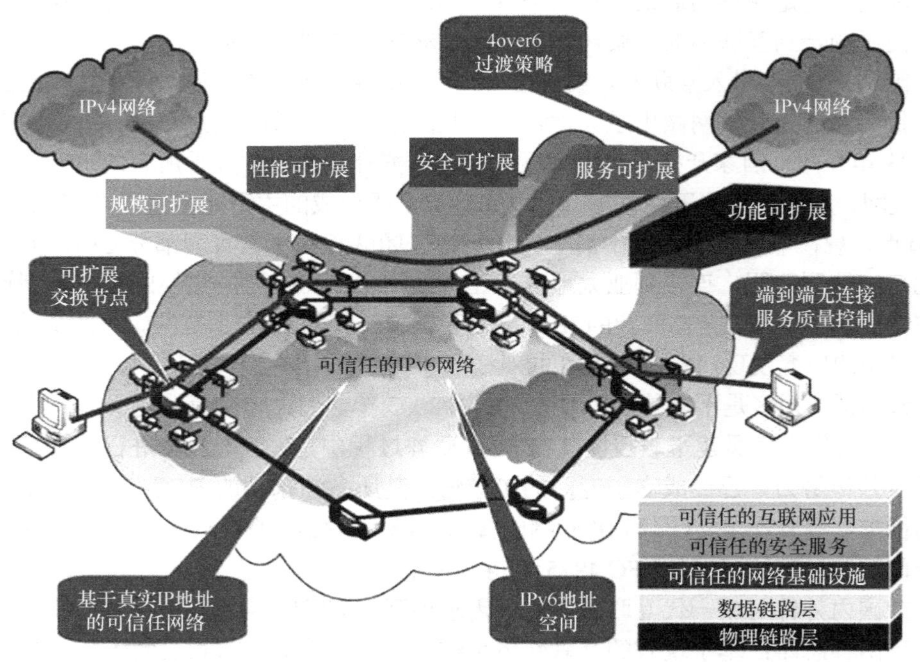

图 4-14 多维可扩展的新一代网络体系结构

该体系结构在多维度（规模、性能、服务、安全、功能 5 个层面）上满足可扩展性的需求，其具体做法是定义一组网络效用函数，该函数与网络特性（如性能、部署代价等）密切相关，通过求解该效用函数值的比较进行评价。为了实现上述目的，多维可扩展的新一代互联网体系结构还特别定义了 5 个基本元素：IPv6，用于解决地址空间不足、安全可扩展和性能可扩展问题；真实地址，新一代互联网设计中要求用户必须提供真实的地址，方便于解决安全和服务扩展问题；网络节点能力可扩展，新一代互联网规模化组网时其核心交换节点的分组处理能力必须可扩展；无连接的服务质量保证，互联网中分组逐跳路由环境下实现服务质量控制，是实现服务可扩展的必由之路；IPv4 over IPv6 的过渡，有助于解决网络规模扩展问题，也是一条成本最低、可行性较高的技术路线。

4.3.2.3　关键技术及相关研究成果

多维可扩展的新一代网络体系结构的研究过程中，以 IETF ForCES 为基础，提出了一种开放可扩展的通用路由器体系结构—OpenRouter 模型，如图 4-15 所示。

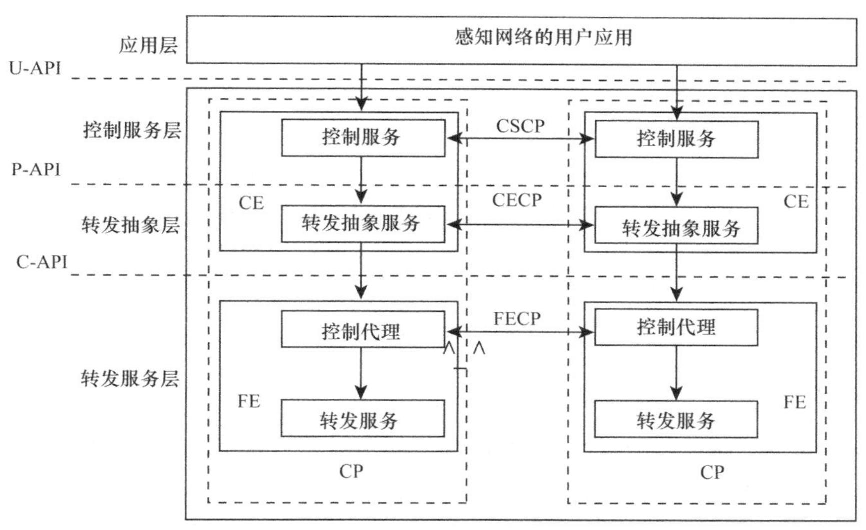

图 4-15　OpenRouter 体系结构模型

基于 OpenRouter 模型，提出了一个全新的、大规模可并行转发交换的网络体系结构 MPFS（Massive Parallel Forwarding and Switching）[21]，该体系结构采用了一种交换前转发（Forwarding Before Switching，FBS）技术，将报文转发思想融入分组交换，转发与交换并行发生，大大提高了数据处理速率。

在规模化的网络中，为了防止 FIB 的快速膨胀和提高路由效率，沿用了现有网络中的分域设计，提出了基于流量平衡的域间路由优化框架 BGP-RCS，通过检测网络事件联动各个 BGP 路由器，实时更新控制规则，实现路由的稳定性、流量平衡性和控制的灵活性。

多维可扩展的新一代网络体系结构在对网络动态行为的研究过程中，发现未知的网络行为是导致网络不可控的重要原因。因此，基于流数测量等技术，提出了一种名为 Bloom Filter 的超点检测方法，实时检测超点信息，节省了测量过程中的网络资源开销，提高了检测精度。将网络行为分为：基于最大属性熵的报文分类、TCP 宏观平衡型测度、基于统计的 IP 流分布、BT 流 4 个方面。每种行为的解决方案各有不同，具体见表 4-2。

表 4-2 网络行为与和检测手段

网络行为	基于最大属性熵的报文分类	TCP 宏观平衡型测度	基于统计的 IP 流分布	BT 流
技术手段	GRIDS 的经典分类法	自然着色法	Pareto 模型	Weibull 分布

多维可扩展的新一代网络体系结构从身份认证、访问控制、信任和荣誉 4 个方面构建了网络的可信任互联网的信任模型[22]。该模型的前提是互联网传输的分组源地址必须是自己授权的用户，在此基础上，下一代可信任互联网采用从基础设施、安全服务到可信应用的 3 层结构。信任的保障过程分为自治系统 AS 间和 AS 内。AS 间基于真实源地址认证和签名认证实现，AS 内在入口部分进行地址过滤并绑定真实源地址。针对复杂网络中用户间的动态信任问题，提出了支持噪声过滤的动态信任数学模型，配合一种基于用户角色的访问控制模型 T-RBAC，对用户的访问过程进行实时监控和控制，避免恶意用户的破坏行为。

网络环境和用户需求的改变，需要开发各种新的服务给予满足，这是一项十分繁琐的工作，浪费大量的人力和网络资源，进而又限制网络服务的创新和发展。因此，多维可扩展的新一代网络体系结构研究中根据用户的需求能够快速地生成和部署服务并进行有效管理。从组合论和专家系统的角度出发，他们创新性地提出了用服务组合的方式满足用户新需求。所构建的基于范例推理的服务组合框架，按照行为时序约束特征对用户行为进行描述：以用户间端到端的 QoS 保障为例，提出了分布式环境下的服务组合的迭代选择算法，获得了良好的性能；对于全局的 QoS 保障问题，设计并实现了一个遗传算法中间件，通过全局规划，找出最优的行为组合方案。

工程上，经过多年的努力，建设完成了新一代网络远程实验室 DRAGON-Lab，其功能类似于美国的 GENI，该实验室可长时间、大跨度地监视各种真实网络行为，随时摄录和回放网络运行过程，支持研究者远程地申请网络资源和实验时间进行各种创新性的网络实验[23]。目前，该实验室可提供网络实验、系统验证、真实流量和路由信息、流量研究中心、路由研究联邦 BGP-Grid、全球分布式性能测量 GPERF 等服务。

4.3.3 面向服务的未来互联网体系结构与机制

现行互联网是基于 TCP/IP 体系结构建立的，其假设用户和终端是可信和智能的，网络本身仅仅需要提供“尽力而为”的数据分组转发服务，这种理念符合最初以主机互联和资源共享为主要目标的互联网设计需求。随着应用及计算模式的日益丰富及社会对互联网依赖程度的增强，互联网接入方式和网络功能定位发生了巨大的改变，TCP/IP 体系结构已经无法满足互联网持续发展的需求，在可扩展性、动态性以及安全可控性等方面呈现出无法解决的问题。为了从根本上解决上述问题，适应互联网未来持续发展的需求，刘韵洁院士主导的“973”项目提出了面向服务的未来互联网体系结构及其相关关键机理[24]。

4.3.3.1 面向服务的未来互联网体系结构的研究背景

（1）转变互联网设计理念：从传输通道到服务池

在互联网设计之初，用户主要关注与特定位置的其他用户实现互联，按照该场景设计的 TCP/IP 体系结构能够很好地满足这种需求。而如今，互联网应用范围已经远远超越了互联网的设计初衷，成为当前信息社会的重要基础设施之一。用户更关注服务本身，例如信息搜索、内容分享、云计算服务等，而不再特别关注服务提供者的位置。从这一设计理念来说，未来的互联网有理由被看作服务池，而不是简单的数据传输通道。

（2）硬件技术进步：新的互联网设计理念的支撑技术

硬件技术按照摩尔定律快速发展，计算和存储价格也以近乎直线的速度下降。研究报告指出，过去 25 年每字节的存储价格以每周 3%的速度下降。恰恰相反，长距离传输的价格却几乎保持不变，而且高于存储的价格。这种变化促使考虑用存储和计算来换取带宽，即在网络中增加存储和计算功能，从而把纷繁复杂的服务推向距离用户更近的位置，提升互联网服务的性能，提高用户的服务质量。

综上所述，面向服务的未来互联网体系结构（Service-Orientated Future Internet Architecture，SOFIA）中，服务可以理解为“数据”和“处理”的结合体，其中“处理”包含对数据的计算和存储。该体系结构的基本理念是以服务驱动路由，增加网络侧的智能使得互联网成为集传输、存储和计算为一体的服务池。

4.3.3.2 面向服务的未来互联网体系结构及相关机理

（1）面向服务的体系结构层次模型及理论

充分分析互联网现状、需求以及未来互联网的发展趋势，借鉴 TCP/IP 体系结构的成功经验，遵循沙漏分层模型，构建以服务为中心的未来互联网体系结构模型，定义各层功能和上下层接口。根据服务属性及网络状态的变化，自适应地进行服务与网络资源的最优映射，形成服务感知的路由机制。研究基于海量数据的大规模互联网生长机理，研究网络虚拟化和可编程关键技术，设计支持可编程、虚拟化的未来互联网路由节点模型。基于并行多核及虚拟机技术，研究可编程及虚拟化方法，设计支持未来互联网体系结构的节点模型，为未来互联网的实现和部署奠定基础。

（2）服务标识及迁移机理

针对纷繁复杂的网络服务，研究服务的描述及统一标识理论，探索位置无关的、层次化的、可扩展的服务命名体系；根据用户及网络行为，研究环境上下文敏感的服务动态迁移方法及大规模复杂服务的本地化自适应运行机制；针对由于服务迁移造成的多服务副本分散运行情况，研究服务的一致性管理和自动维护方法；从服务可靠性的角度，研究服务隔离模型以及路由节点多服务多租户的运行方法。

（3）高效路由与智能传输机理

针对未来互联网面临的提供复杂服务与传输海量信息等需求，研究面向服务和信息的高效路由与智能传输机理，重点解决可扩展服务路由协议、海量信息转发与分布式存储、面向服务的智能传输控制、服务与网络环境的感知技术以及网络虚拟化技术等关键问题，实现对超大规模服务及海量信息的高效支持，提高网络路由和传输的性能和效率。

（4）安全与可信机理

针对以服务为中心的未来互联网体系结构的安全与可信问题，从未来互联网安全架构、互联网访问控制机制、服务安全性的自包含验证机制、服务定位的安全保障机制、服务迁移的安全保障机制、在线监控和网络恢复机制等多个方面开展研究，在网络体系结构中内嵌服务验证、访问控制、监控审计、隐私保护等基础安全功能，为构建安全可信和可控可管的未来互联网奠定基础。

（5）网络科学模型

通过研究用户主体特征等基本要素，挖掘用户的业务使用偏好，刻画未来互联网用户行为模型；针对典型服务，刻画网络服务行为的静态和动态特征，构建未来互联网服务行为模型；研究业务感知的流量建模及识别方法，构建未来互联网网络业务流量模型；通过对大规模网络的采样，刻画未来互联网网络拓扑模型；研究未来互联网组织治理与运行机制，建立组织激励及互动博弈模型，并提出可持续性生态链发展机制；研究未来互联网对社会经济活动的影响。

4.3.3.3 面向服务的未来互联网体系结构研究思路

面向服务的未来互联网体系结构的基本思想是以服务标识为核心进行路由，将互联网设计为集传输、存储和计算功能于一体的服务池。与基于 TCP/IP 体系结构的互联网相比，基于 SOFIA 的互联网具有更多的智能，终端仅需要表达服务需求，网络会自动完成服务定位、传输及资源动态调度等功能为用户提供服务，这种设计理念适应了互联网终端异构化的现实需求。SOFIA 体系结构是一种革命型（Clean-Slate）体系结构设计思路，将充分借鉴 TCP/IP 体系结构的优点和成功经验，以面向服务为核心设计理念，在体系结构和核心机理层面进行有针对性的研究，解决互联网面临的可扩展性、动态性、安全可控性等问题。在 SOFIA 体系结构中，以服务标识作为沙漏模型的“细腰”，并以服务标识驱动路由和数据传输。服务是由一组多维度属性标识，即 Service *F*（*p*1，*p*2，*p*3，…，*pi*），其中 *pi* 是服务的第 *i* 个属性。属性可以是静态的，如文件名、作者等，也可以是动态可调整的，如服务的优先级等。服务标识是服务的逻辑描述，与之对应的是服务的位置。服务标识和地址的映射信息在服务启动时注册到互联网上，注册信息由路由器分布式保存（如基于分布式散列表）。标识和位置分离的思想有助于物理地址的聚合，解决互联网核心路由器路由表膨胀的问题，也有助于对移动计算进行高效支持。服务在移动时，服务位置将发生变化，但服务标识并不会发生改变，以服务标识为驱动的路由对上层屏蔽了地址的变化，保障了服务的连续。服务请求以服务标识驱动，根据网络中保存的注册信息实现标识到地址的映射，从而实现服务的定位。映射和定位操作均由网络完成，减轻了终端的负载，适应了终端异构化、弱智能化等趋势。如果服务在本地网络，服务请求也可由服务标识直接定位，无需进行地址映射等操作。

SOFIA 互联网是集传输、存储和计算的服务池。路由节点除具有传统的路由查找、数据分组转发等功能外，还具有存储和计算功能。路由节点缓存那些经常被访问的静态数据服务（如流行的音视频等），而计算功能使得服务迁移到路由节点成为可能。存储和计算功能增强了网络的智能，解决了流量激增带来的互联网扩展性问题，提高了用户服务质量。存储从另一方面提供了数据分组的存储转发功能，解决了时延容忍网络（Delay Tolerant Network，DTN）物联网等接入问题。路由节点存储采用网络编码技术对存储空间和传输效率进行优化利用，而服务迁移采用轻量级虚拟机技术在路由节点上实现服务隔离和动态迁移。

SOFIA 网络提供网络虚拟化功能，利用组合优化基本理论形成虚拟网络到物理网络的近似最优化映射。不同的虚拟网络拥有不同的资源，可根据需要承载不同的服务，满足服务多样性的需求。SOFIA 根据服务的需求和网络状态，实时感知用户行为、服务分布以及网络拓扑、网络流量等网络资源状态，动态调整网络资源，实现服务质量和网络资源的可管控。服务的需求由服务标识中的某些属性表示，网络状态由路由节点中的性能监测功能提供。

SOFIA 体系结构提供内在的安全机制，采用认证鉴权机制确保只有合法的服务提供者和服务请求者才可以访问网络，设计一系列安全机制确保服务注册、服务迁移、服务查询、服务获取等各个环节都处于安全可控的状态。SOFIA 从体系结构、路由、存储、计算、传输各个层面系统地提出未来网络安全性设计机理，保证未来互联网传输通道、基础设施与应用的安全与可信。

4.4 基于电路与分组交换混合的新型网络体系

4.4.1 高性能宽带信息网（3TNet）

互联网的体系结构正由扁平化平坦结构向分层化结构演进，互联网络已经演变为核心层、边缘层和用户业务层 3 层结构。面对交换技术的 IP 化趋势、基础光传输设施的宽带化趋势和光传送网的智能化趋势，影响目前互联网发展的关键技术在于宽容传送带宽、分层网络拓扑、新一代 IPv6 和基于软交换的业务成型体系等。基于上述关键技术的应用支撑平台，将会使得互联网向着更快、更便捷、更安全、更可信的方向发展。目前，网络有 3 类基础设备，即交换设备、传输设备和终端设备。我国进入下一代网络的目标是实现“三网合一”，它能够利用多种宽带和传送技术以及对不同业务提供商网络的接入，实现无缝漫游。

邬江兴院士所提出的“高性能宽带信息网——3TNet[25,26]”利用我国自主研制的 Tbit/s 级的路由、交换、传输等新一代网络核心设备及应用支撑环境，在长江三角洲地区促进地方政府和网络运营公司自主建设成新一代的、可运营的、能支持大规模并发流媒体业务和交互式多媒体业务的高性能宽带信息示范网为总体目标，面向应用从宽带互动业务入手，重点研究面向大规模进发式 DTV / HDTV 宽带流媒体和 P2P 业务应用。3TNet 采用核心网+边缘网的网络框架，在核心网使用电路交换自动交换光网络（ASON），支持太比特传输；边缘网采用电路和分组混合的交换体制。3TNet 建成后具有太比特交换容量、多类型业务接入、动态资源分配、自动连接控制、网络保护恢复、多播等功能；链路层则具备突发交换式连接、多播的功能。探索使端到端带宽达到 40 Mbit/s 的实用化的、可管理、可运营的广域高性能宽带信息网的方法和途径，“高性能宽带信息网——3TNet”开创性地提出了一种全新的网络体系结构，在国际上率先实现了一种电路交换和分组交换相融合的网络技术新体制，从根本上突破了传统网络体系的服务理念及技术极限，为我国新一代信息基础设施的建设提供了坚实的技术保障。

4.4.1.1 3TNet 的分层结构

3TNet 从分析宽带流媒体业务的特征着手进行理论研究，基于理论分析和实验模拟手段，研究 3TNet 构架是否能够支撑宽带流媒体业务（例如视频点播和网络数字电视等）；然后，从未来各种新型业务（特别是宽带多媒体业务）开始，分析其特征以及对网络的要求，预测未来高性能宽带信息网的发展趋势和技术走向，提出新的网络架构和关键技术。

3TNet 具有清晰的层次结构，其核心网采用电路交换，边缘网采用 IP 分组交换。通过对传统 IP 网的深入思考与分析，项目专家组认识到 3TNet 应该是有清晰层次结构的超扁平的网络，包含核心网和边缘网，这样才能为安全管理、QoS 保证、资源分配和行为控制等提供可能，才能解决目前 Internet 存在的许多难题，为 HDTV/SDTV 等宽带流媒体服务提供保障。

图 4-16 给出 3TNet 核心交换网的拓扑结构示意，其涵盖长途骨干网和城域骨干网，可通过 ASON 实现全国性网络覆盖。

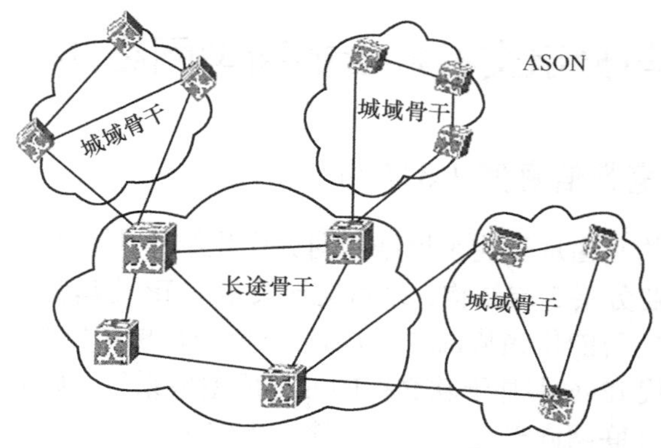

图 4-16　3TNet 核心交换网的分层结构

图 4-17 给出用户接入网的拓扑构架，其最大特色是用一台大规模的用户接入路由器 ACR-S 为数以万计的家庭用户提供 FE 端口、为企业用户提供 GE 的 IP 接入服务，从任何一个终端用户的端口来看，仍然提供 100%的 IPv4/IPv6 接入服务，支持任何符合 IP 要求的终端设备。

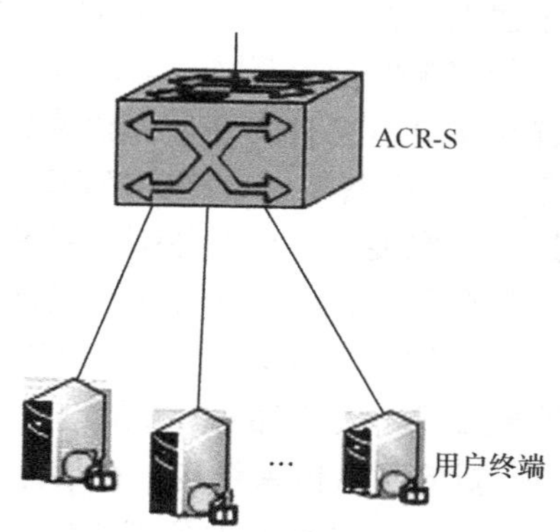

图 4-17　可连接数万用户的接入网架构

用户接入网的拓扑架构实现了最大可能的简化，即从复杂网络结构（现实中用很多不同规模的 IP 路由器和交换机等互联形成复杂网络拓扑）简化为只有一层的超扁平的树型结构，以大规模接入路由器 ACR-S 为树根节点实现 IP 交换，任意两个用户之间互相访问需要通过 ACR-S，且传输路径只有两跳；这就从体制上保证了接入网具有以下关键特征：可确保用户端到端带宽、便于对用户带宽进行资源的灵活配置、集中管理和接入控制、便于引入新的运营策略和业务、多达数万用户的规模效应将在 ACR-S 上形成流量汇聚效应等。

从整个 3TNet 来看，每个 ACR 作为 ASON 交换机的一个用户，可实现“用户接入网”访问“核心交换网”。借助 ASON 各种类型的交换，任意两个 ACR 之间通过光网络实现互联和流量分配，例如可以实现两个 ACR 之间的电路连接，从而充分保证了任意两个 ACR 之间的网络资源预留和动态配置等。当 ACR 之间采取电路连接时，3TNet 的电路和分组混合交换体制实现了层次化的网络拓扑构架，大大简化了整个互联网，较好地解决了现存互联网的许多问题。

3TNet 提供对宽带流媒体业务的有效支持。流媒体业务本质上要求网络提供实时、持续且带宽稳定的数据传送服务，这对 Internet 来说就必须在一定长的时间内、在端到端之间链路上确保 QoS，即足够大的带宽、足够小的时延。尽管 IETF 为 Internet QoS 提出了很多措施，例如 DiffSrv、IntSrv、MPLS 等，但是这些技术方案不仅没有解决任何问题，反而增加了路由器的复杂性，特别是路由器软件实现的难度，由于缺乏 QoS 保证，如今 Internet 的突出表现就是很难支撑流媒体业务，不能满足未来三网融合业务的要求。

实现 IP 网的 QoS 至少要解决资源管理、准入控制、动态调度等问题，这些困难在传统 Internet 架构上（以 IP 路由器互联、复杂、无序、变化的拓扑）是无法解决的。3TNet 在体制上为解决 QoS 问题提供了可能途径：以 ASON 构成的核心交换网允许电路和分组等多种类型交换，且带宽等资源丰富足够分配，保证了任意两个 ACR 之间以足够带宽资源实现互联互通，确保了两个 ACR 之间的服务质量；一台 ACR 直接负责其所辖接入网内所有终端用户的接入任务，可以对每个端口进行管理、配置与控制等。

3TNet 这种层次清晰的拓扑特性，在很大程度上消除了多种网络行为的不确定性，如路径、流量、时延的不确定性，在不同用户接入网的任意两个用户终端之间，其各种行为都是可以预测的，借助流量工程等成熟措施，可确保 3TNet 中任意两个终端用户之间的 QoS，同时可保证整个 3TNet 的稳定运营且不出现异常行为，并可大大提高“核心交换网”的带宽网络资源利用率。

2006 年 12 月 12 日，我国“十五”期间“863”计划信息领域重大专项“高性能宽带信心网——3TNet”在上海通过了国家科技部等组织的专家验收，该网络已在长江三角洲地区的沪、宁、杭三市正式投入示范运行。3TNet 已实现为网内每个用户提供平均 415 Mbit/s 以上的接入带宽。用户可同时享用高清电视、数字电视、高保真立体声、网上冲浪和互动视频电话等原来由互联网、电信网和广播电视网分别提供的服务。此外，这一网络还可以提供和发展传统网络难以大规模承载及有序管理的远程医疗、远程教育、电子娱乐、居家办公等新兴社会服务。另外，“高性能宽带信息网——3TNet”能根据用户的权限进行管理和控制，精细地提供各类独享业务，制止不良信息泛滥，这就较好地解决了当前有线电视网由大众化广播服务向互动式分众服务直到个性化服务转变过程中面临的各种安全管理问题。

4.4.1.2 3TNet 关键技术与示范系统功能

3TNet 技术上突破了关键技术屏障，自主研制了 Tbit/s 级光传输系统、Tbit/s 级自动交换传送网络、Tbit/s 级双协议栈路由器等核心节点设备，并研究开发相应的网络应用支撑环境，使用上述 Tbit/s 级节点设备、相应的网络支撑环境技术和相关的业务资源促进地方政府和运营公司，建立一个实用化、可管理、可运营的广域高性能宽带信息网。在此广域高性能宽带信息网上，从宽带流媒体和互动式多媒体底层业务入手，发展新型的视频、音频实时服务，面向多种增值业务，推进示范区域信息一体化进程；支持基于互联网的 DTV、HDTV 和互动式多媒体等典型应用。

3TNet 集成了 Tbit/s 级高速光传输、Tbit/s 级自动交换传送网络、Tbit/s 级双栈路由器和宽带流媒体、多媒体应用支撑环境。基于波分复用（WDM）技术，传输容量可扩展到 160×10 Gbit/s 或 80×40Gbit/s，铺设于上海—杭州和上海—南京省际干线。由 13 台 Tbit/s 级智能交叉连接设备构成的新一代自动交换传送网作为长江三角洲地区 3TNet 光传送平台。由多台 Tbit/s 级路由器构成高性能信息示范网的 IP 核心交换平台，作为网络的边缘设备，双台接入汇聚路由器（ACR）连接若干综合汇聚接入网。由内容分发平台（CDP）、电视频道直播系统（DVB-IP）、用户宽带媒体网关（BMG）、用户管理系统（BOSS）等组成的应用支撑平台为用户提供宽带多媒体和流媒体服务。

3TNet 宽带信息网运营示范系统需求[27]包括以下几方面。

（1）对高性能宽带流媒体应用的支持

宽带流媒体应用系统作为 3T 高速网络的宽带流媒体应用环境支撑平台，需要支持高性能的宽带流媒体应用，主要包括以下几方面。

- 视频流传输及网络电视功能。直接从 IP 网上观看电视节目，实现网络电视的功能，解决鉴于我国广电系统分而制之格局下观众收看异地电视节目的困难。在重点骨干地区将本地电视节目以 IP 方式传送至跨区域的 3TNet 骨干网，并在与 3TNet 骨干网相连的城域网内进行电视、实时视频等节目的网络播放，可集中各地的优秀节目，同时结合互联网的特点，参考目前电视业务模式，通过一定的业务模式实现媒体内容的网络传送及运营。
- 点播服务。为各方节目制作和内容提供商提供点播服务支持，建立基于 3TNet 的统一平台，由系统提供的高可靠性连接确保用户所获得服务的 QoS。
- 远程教育等。通过网络进行异地的教育、培训、医疗等各种服务。远程教育发展迅猛，也是大范围提高国民素质的一个重要手段，将广播电视实时的海量传递视听信息的特点与 Internet 交互双向传播的特点相结合，利用这种技术传播交互性多媒体课件，形成一种崭新的远距离教学方式，充分进行地域间教育资源和教育内容的共享，为提高全区域内的教育质量提供平台。
- 网络游戏、视频会议、网上会议电视等。上述应用对单个流的带宽、带宽容量、访问并发量、媒体传输服务质量等有很高的要求。结合 3TNet 提供的底层网络传输能力，宽带流媒体应用系统要能够为这些应用提供很好的支撑。特别是宽带流媒体应用系统的传送平台需要提供可靠的基于内容分发的流传输能力。

（2）研究建立高性能、高可靠性的可运营系统

3TNet 不仅是一个示范网，还是一个可运营的商业网。宽带流媒体应用系统作为支撑环境，最终的目标是成为一个可在 3TNet 中运营的商业业务平台。因此，宽带流媒体应用系统必须满足一个商业可运营系统的功能和性能要求。功能上必须具备强大的业务管理能力，如用户管理能力以及对计费、记账、认证等 AAA 系统的支持；性能上则需要维护整个应用系统的安全性、稳定性、可靠性、可用性等。

应用示范系统中含有多个关键设备和子系统，按照确立的网络环境、业务模式和业

务流程，开展了各关键技术的研究，并完成了各子系统的研制，包括媒体网关（DVB-IP）、媒体内容管理（MCP）系统、内容分发平台（CDP）、流媒体服务器（MS）、宽带智能网关、业务运营支撑系统（BOSS）、业务网络管理系统等。

由此可见，3TNet 宽带信息网运营示范系统，包含 3 个层次的功能：业务提供，面向用户，通过业务应用功能的实现和整合向用户提供应用业务，例如，对于远程教育应用，业务提供是指将信息业务的教学资源组织成有计划、有步骤的教学课程系列提供给用户；业务支撑，包括业务相关的管理功能，如用户管理、内容管理、认证、授权、记账、计费等；媒体内容传送，在承载网上有效的传送流式媒体内容是业务提供的基础。

4.4.1.3　3TNet 示范网络组成

高性能宽带信息示范网——3TNet 的网络示意如图 4-18 所示。3TNet 的组成包括：两条省际 WDM 干线、一个省际和城域 Tbit/s 级 ASON 光传送网、一个由双协议栈 Tbit/s 路由器连接的 IP 网、一个应用支撑平台、两个驻地网和 3 个校园网以及若干演示中心。

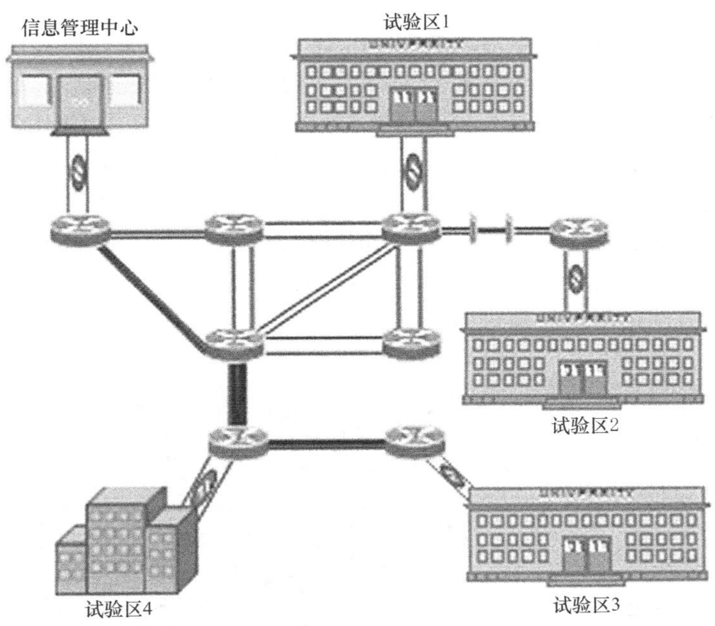

图 4-18　高性能宽带信息示范网——3TNet 的网络拓扑示意

3TNet 是我国“十五”期间实施的国家最重要的网络示范和试验工程，其在很多领域实现重要创新，包括网络体系创新，提出以核心网基于 ASON 电路交换、边缘网基于 IP 分组交换的混合交换体制为基础的新型网络架构，大大简化了边缘网络拓扑结构，为构造可信的边缘网络奠定了基础。在光传输技术领域，研制并建立了 80×40 Gbit/s DWDM 试验平台，实现 4×300 km 无 FEC 情况下 BER 为 3×10^{-4} 的远距离传输。在光交换技术方面，是业界首次提出将标准化 ASON 扩展到支持多播和业务驱动的突发调度的 ASON；实现支持业务驱动的突发传送 ASON 节点设备，交叉能力达到 1.28 Tbit/s，其中 Mesh 网恢复时间达到了世界领先水平。在路由接入技术方面，完成了大容量 BRAS 设备的研制，实现全分布式无阻塞交换结构——第 5 代路由平台，总交换容量达到 640 GB；在国际上首次实现了 EPON 系统芯片级互通，制订中国通信标准化协会行业标准。业务运营支撑技术方面，研制实现可控可管、支持多格式的标清和高清等视频业务的运营级的业务运营支撑系统，使我国首次在 IP 网上实现高清晰度电视业务。目前 3TNet 项目共申请发明专利 141 项，授权 35 项，制订 17 项国际/国家标准；同时也取得了良好的经济效益，相关产品和技术在华为、武邮等公司的产品中得到广泛应用，累计经济效益超过 34 亿元。

4.4.1.4 3TNet 上海示范网简介

“十一五”期间，项目组在 3TNet 试验示范网的基础上通过科技部和上海市合作的方式，建成一个用户规模不小于 10 万户的全球领先的下一代网络与业务国家试验床，广泛连接国际主流新一代互联网试验网，提供网络创新环境（研究新体制、试验新技术、验证新装备、示范新业务），从战略高度建立了以上海为中心、覆盖长三角地区，并可服务通信网络与现代服务业的高性能宽带网络试验环境。同时，利用 3TNet 技术的网络架构和设备技术，被国家广播电影电视总局采纳，并将以 3TNet 技术为基础发展出互动新媒体网络行业标准，推动我国的有线电视网向双向新媒体网络发展。

3TNet 上海交通大学子网作为国家“863”计划专项课题的子课题和 3TNet 上海网的一个重要组成部分，上海交通大学充分发挥了其校园网用户覆盖面广、高智年轻、信息消费量大、层次高等特色，同时其校园网处在 CNGI-CERNET2 及 CERNET 核心节点地位，信息资源丰富。基于以上优势，3TNet 上海交通大学子网建设了一个跨城域（校区）的光纤传输网络，作为 3TNet 子网的底层基础和重要的光通信试验平台，如图 4-19 所示，形成一个体系结构完整、技术先进、具有一定规模、符合 3TNet 标准的高速宽带试验网，成为一个具有较高试验价值和较强展示功能的 3TNet 示范区，从而为我国在新一代信息通信网核心技术方面进入世界前列做出重要的贡献。

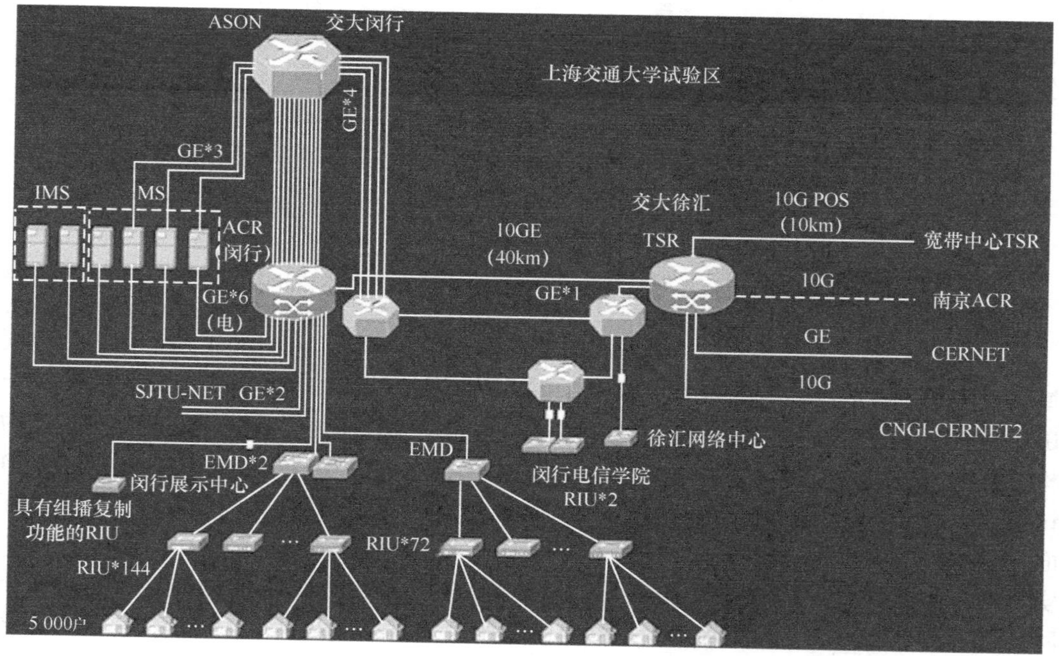

图 4-19 3TNet 上海交通大学子网

3TNet 上海交通大学子网完全遵循 3TNet 技术规范，运行 IPv4/IPv6 双协议栈，并和上海交通大学校园网 SJTUnet（IPv4/IPv6）互联互通；此外，可与 CNGI-CERNET2 采用 IPv6 互通，与 CERNET 采用 IPv4 互通。

3TNet 上海交通大学子网包括：

- 光纤传输网（ASON 子网），提供宽带、灵活、可靠、快速的电路连接。徐汇校区和闵行校区共 3 个光节点通过光纤成环，并在闵行校区网络中心建设一个上海城域光节点和上海长宁 3TNet 中心互联；
- IP 网络，可实现 3TNet 与 CNGI-CERNET2（IPv6）、CERNET（IPv4）和上海交通大学校园网 SJTUnet 的互联互通，并可以承载和演示 3TNet 流媒体业务；
- 具有 5 000 个左右用户的试验示范区网络，在闵行校区西北片的学生宿舍建立试验示范区，在新建的 11 幢楼中建设 3 500 个信息点，改造已经使用的 7 幢楼的网络，约 1 500 个信息点。

3TNet 上海交通大学子网开展的大规模多播应用试验是 3TNet 上海交通大学子网建设的重要组成部分，是对建成的 3TNet 上海交通大学子网运行效果的检验。

目前，3TNet 技术在长三角地区建成了下一代可运营级的、能支持大规模并发流媒体业务和交互式多媒体业务的高性能宽带信息示范网。示范网覆盖用户达到 3 万，其中包括 1 万户社区家庭用户，用户平均接入速率超过 40 Mbit/s，成为全球规模最大的能够提供高清晰度视频服务的宽带流媒体互动业务试验示范网络。试验示范网一方面组织了大规模用户试验，对网络架构、网络设备和业务系统进行真实用户的验证和试验，组织 8 次累计近万真实用户参加的规模试验和同步测试，收到认证时延、频道切换时延、节目收看质量等调查问卷数千份，从而从实际网络试运营的角度验证了 3TNet 技术架构的先进性、可行性和合理性，试验得出的大量数据，对未来网络技术的研究有着十分重要的参考意义，对 3TNet 相关技术设备的进一步改进有很好的导向性；另一方面，对未来宽带网络上的各种新业务进行探索，在示范网上实现 116 路网络标清电视、1 路网络高清电视的直播能力，支持 1 万小时的视频点播和时移电视功能，并且进行了 IPTV、E-Health、E-Learning、E-Show 等多种增值业务的试验示范，借助高性能网络服务于老百姓的切实需要，并为产业发展带来了新的业务增长点，有利于我国的通信网络、数字媒体和现代服务业等技术革新、产业发展，上海文广传媒集团就是在参与本项目后，率先打破了行业界限，大力拓展 IPTV 运营市场，成为推动产业发展的第一个 IPTV 运营商，改变了观众多年来被动的收视模式，创造了全新的电视概念，真正使电视产业进入数字化交互时代。

4.4.1.5 小结

3TNet 在全国 53 家企事业单位、大专院校和科研院所的共同参与下，历经 4 年多的时间，完成了网络体系创新、关键技术突破、成套设备攻研、规模试验开展、组织模式探索等工作，推动了我国宽带网络技术及产业的跨越式发展。实践证明，本项目宽带网络技术创新和研究，特别适合于我国有线电视网向支持互动宽带流媒体业务的升级换代，为我国实现三网融合的目标提供了一条技术上可行的规模化应用的有效途径，并使我国在新一代信息通信核心技术方面进入世界前列。

4.4.2 播存网

播存网是一种以电路交换与分组交换混合方式工作的新型网络体系，本节首先介绍播存网提出的背景和体系结构，然后介绍播存网的工作过程以及应用实例，最后剖析播存网的优缺点。

4.4.2.1 播存网体系结构

目前的互联网已发展成为内容无所不包的巨大信息库。随着网民、网页规模以及访问量的急剧扩张，互联网逐渐显现出一些问题，如带宽受限、服务范围以城镇为主、普及程度不如广电网等；而相对的，广电网带宽资源丰富，服务范围覆盖城乡全部。同时，广电网也存在一些问题，如内容种类受限、服务类型以文化共享服务为主、信息服务方式为直接推送到家等；而相对的，互联网则内容种类丰富，服务类型全面，信息服务方式则是随时按需待取[28]。由此中国工程院院士李幼平提出了双结构联网思想，在保留互联网主体结构的基础上，增添一种专门用于传播主流资源的次级结构。采用互联结构与播存结构并存，可以让主流资源通过卫星广播直达全国城乡，实现“适当的人在适当的时候享用适当的信息”的目标[29,30]。基于这种双结构联网思想，又提出了互联网信息播存体系，将互联网上的信息通过这个“播存体系”到达终端用户。这个体系是互联网与广播网的融合，可以发挥它们各自的优点，弥补各自的缺点。互联网信息播存体系，也被称为播存网。

2006～2007 年，中国工程院信息学部设立题为《播存网格工程构思》的咨询项目，设想播存结构作为下一代广播 NGB 的主导结构，把 NGB 看成一种“可互动”、“可监管”的计算机广播网。图 4-20 为播存结构示意，该结构中，互联网和广播网串行共存，结合互联网信息资源丰富和广播网带宽丰富的优点，定时提取互联网上的热门视频、主流网页等优秀资源，通过广播网卫星推送到遍及城乡的本地服务器。终端用户的每次访问，都会先问本地服务器有吗？如果有，则本地回应，又快又省；如果没有，则通过互联网远程回应。

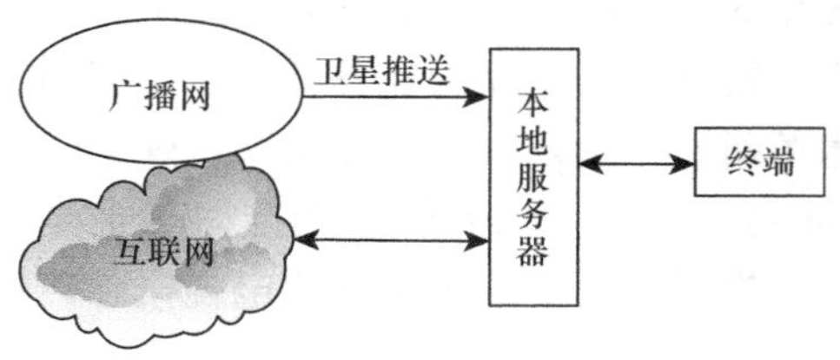

图 4-20 播存结构示意

播存体系的大致工作过程如图 4-21 所示。对受众大、点击量高的网站上的优秀信息进行整合，添加一些信息属性，再将这些信息发射到卫星上进行缓存，然后通过广播把信息根据需求自动广播地发送到遍布全国的本地存储服务器，最后用户可以直接从离自己最近的本地服务器上检索自己需要的信息。通过这个播存体系，每天可以把互联网当天新产生的大部分经过筛选的优秀信息通过卫星传递到用户手中，满足多数人享用多数信息的要求，从而避免了用户通过互联网线路层路由获取信息的种种不利，例如带宽拥挤、服务质量、网络安全等；同时也克服了广播网信息种类受限的缺陷。

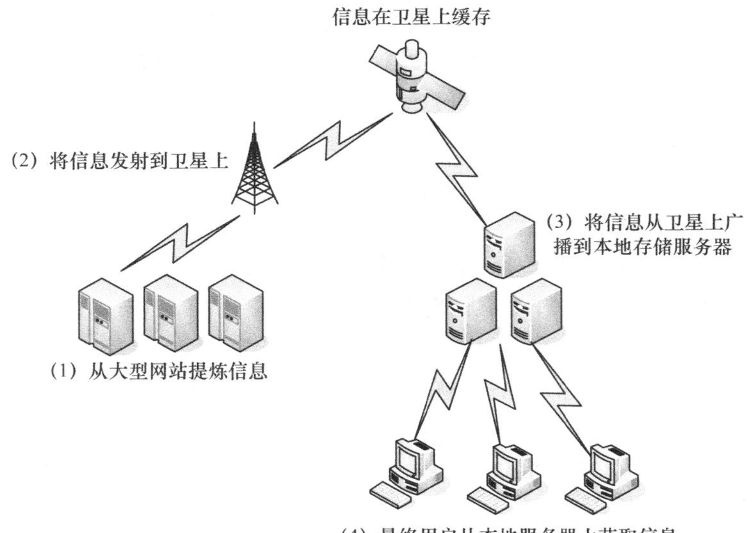

图 4-21　播存体系示意

4.4.2.2　播存网工作过程

播存网的工作过程主要包含提炼互联网上的优秀信息、优秀信息上星和优秀信息落地存储 3 个步骤，以下详细介绍 3 个步骤的工作过程。

（1）提炼互联网上的优秀信息

播存网工作的第一步就是从互联网上选择、整合优秀信息，详细过程如下。

第 1 步：考虑到互联网上的信息种类丰富，先对所有网站进行分类，比如可以分为政府、综合门户、新闻、搜索引擎、即时通信、电子商务、网络游戏、视频分享、财经、房地产、健康、教育、科研、报纸、期刊、杂志等。目前互联网呈现领域细分趋势，分类很复杂，分类总数也可能会很大（例如 100）。

第 2 步：定期对我国所有网站的日均访问量进行统计，并归到第 1 步的各个分类里，即可得出每一类里包含的网站数以及每家网站的日均访问量。

第 3 步：计算出优秀网站的数量。按照无尺度网络理论，定义大型集散网站占所有网站的比例（初步设该比例为 1%，为常数），这些大型集散网站即可认为是我国的优秀网站，则可以计算出我国优秀网站的数量为全国所有网站数量乘以设定的比例。

第 4 步：计算出每类网站里需要提取的优秀网站数。由于我国在互联网某些领域里的服务企业数很少，按第 3 步确定的比例计算某些领域的优秀网站数量可能会小于 3，甚至小于 1，在这种情况下，规定强制取为 3。例如，搜索引擎虽然在我国是互联网一个非常大的分类领域，但目前我国的搜索引擎服务提供商却只有几十家，按照第 3 步确定的比例算下来，要在搜索引擎这一类里提取的优秀网站数就不到 1 个，但仍会强制选择其中的前 3 家作为这个细分领域里的优秀网站。

第 5 步：根据每一类中的网站按日均访问量排序，得到该类网站中的优秀网站列表，按照排名从前往后的顺序，确定这类网站中的优秀网站，优秀网站的数量已经在第 4 步中确定。

第 6 步：整合所有类中的优秀网站，得到按照日均访问量整理出的优秀网站列表。

第 7 步：补充优秀网站。有些内容很偏或者专业性很强，但内容很不错的网站的访问量很小，按照前面的算法，可能不能进入优秀网站列表，这种情况主要是由于这些网站的读者群很小。针对这种情况，可以将这些网站单独补充进优秀网站的队列里。

第 8 步：形成从互联网上提炼出来的优秀信息。根据前面得到的优秀网站列表，就整合得到了从互联网上提炼出来的优秀信息。由于是按照网站的日均访问量提炼优秀网站，所以这些被提取出来的网站实际上是我国网民民主选举出来的，是大家公认的好网站，所以称其为优秀网站也是理所当然、顺应民意的事情。这些访问量较大的优秀网站上的信息整合为代表整个互联网的优秀文化。

（2）优秀信息上星

提炼出互联网上的优秀信息后，就可以将其发射上卫星。但在此之前，还要做一些准备工作。

第 1 步：提取需要上星的信息。如果是整个互联网信息播存工程启动时的第一次上传，则将上节中选取的所有网站上的所有信息全部提取出来；如果不是第一次上传，则只把这些网站上当天新增的信息提取出来。

第 2 步：添加语义标签 UCL（Uniform Content Locator）。将所有提取出来的信息以文件（如网页等）为单位，加上一个称之为 UCL 的标签，它是与网页在互联网上的 URL 相对应的一种信息定位器，用于记录网页的一些属性，例如来源、分类、内容的可读性级别（如色情、暴力级别等）、版权问题、是否免费、产生时间等。

第 3 步：形成广播中心的优秀信息数据库。将加完标签的所有待发射的优秀信息通过互联网或电信网专线瞬间送到广播中心，进入广播中心的优秀文化数据库。

第 4 步：优秀信息上星。广播中心采用并播技术，从数据库中有序地取出数据，通过单一载波，以适当的速率和适当频次的重播，逐渐将所有待传信息发射上星，并在卫星中缓存，等待向地面分布在城乡各地的本地存储器分发。

（3）优秀信息落地与存储

广播中心通过同步卫星转发，将互联网上的优秀信息直接落地于事先部署好的、遍布全国城乡的本地存储服务器。中途没有路由转接，没有信道拥堵，也没有用户数的限制；不分先后顺序，瞬间、全部到达。具体步骤如下。

第 1 步：卫星定时将缓存的、从地面发来的互联网信息转发向地面接收装置——本地存储服务器。

第 2 步：本地存储服务器通过码分并存技术，按照 UCL 对信息进行分类、过滤，将本地存储服务器上所有用户订制的信息及时接收下来，并进行存储。

第 3 步：根据本地服务器中各个用户订制的不同信息，本地存储服务器在用户开机时将用户所需信息经 UCL 过滤，主动传送到用户的信息终端。传送方式可以是局域网、光纤等，由于各个本地服务器的用户数量很少，所以不论采用哪种方式，都不会存在带宽瓶颈问题，传输速度都会比直接从各网站上访问要快得多、内容也要丰富得多且更具针对性。

鉴于信息播存体系的种种优点，国内已经有企业开始尝试了。北京市科学技术委员会已在资助北京歌华有线数字媒体有限公司开展大平台的工程研发，力图将几百种电视栏目、热门网站，自动组织在单一频道上，每天播出超过 300 GB 的内容。北京星线空间信息技术有限公司（以下简称星线空间）则已利用这种播存技术成功开发了多种产品，并且取得了不俗的业绩。星线空间致力于解决互联网上大容量内容分发问题。以中国工程院李幼平院士的“播存理论”为基础，用创新的技术和体系架构为在互联网上高效率、低成本地分发大容量内容提供平台和服务。过去两年，公司依托多年的技术积累，以网吧影视市场为契机和切入点，顺应网吧行业的发展和变化，以拥有专利的卫星安全传输技术为基础，逐步树立起网吧影视平台新标准：每日 10 GB 以上内容更新；高清“影”“视”内容体验。公司旗下产品——星线宽频，正在快速被网吧行业认知和认可，成为行业内发展最迅猛的网吧影视平台。公司广泛建立起了与中央电视台、中影集团、辽宁电视台、天盛传媒集团、悠视网等多家影视单位的战略合作伙伴关系。星线宽频由星线空间与北斗传媒（辽宁电视台全资子公司）联合运营，拥有数万小时的正版影视节目资源。公司得到了国家广播电影电视总局、文化部、北京市政府、中国工程院、清华大学等政府和学术机构的肯定和支持，具备各类完整的相关资质。公司注重与渠道商建立战略合作伙伴关系，与渠道商共同发展，从网吧起步，正致力于共同将播存网拓展到更广阔的互联网领域。

4.4.2.3 播存网优缺点

播存网的提出具有重大意义，具有单纯互联网或者单纯广播网所不具备的优点，总的来讲有以下 5 项创新，被认为是下一代广播网。

（1）用户拥有时间的自由

现在广播网的工作方式是电路交换，互联网的工作方式是典型的分组交换，播存网将两者结合，其工作方式属于电路交换与分组交换混合的方式。现在的广播内容，播出后立即消失，用户没有时间上的自主权。播存结构继承分组交换“存储转发”的核心思想，本地存储环节把“瞬态”变“常在”，用户可以自主从就近的本地服务器中读出自己感兴趣的内容，并且可以自己控制进度。广播服务由此实现历史跨越：由单向定时服务转变为互动式的按需服务。

（2）通过语义直接沟通需求

播存网利用语义代码 UCL 实现了中国特色的语义网。播存体系采用 IP 格式封装 TS 流，并在数据报头的 Option 段，添加语义代码 UCL，用来定位 IP 数据分组的分类学地址。终端用户通过语义代码 UCL 表达需求，广播内容通过 UCL 主动寻找用户。使需要该内容的本地服务器，得以过滤大量自己不感兴趣的内容，实施主动意义上的“网页找网民”。相比之下，互联网仅是“被动待取”和“被动挖掘”。

（3）内容依法科学监管

播存网可以通过只对公共传播内容添加 UCL 标引的方法，辨别“个案交流”和“公共传播”这两种不同性质的数据分组。政府只对公共传播内容实施无害性监管。加盟巨库（从互联网网站上提炼信息的服务器上的数据库）的每一种传媒，都是一个独立的法人，都要对内容的无害性承担法律责任。如同世界各国对公共药品、公共食品实施依法监管那样，实行许可制度。国家依据法律既保障个案交流的私密性，又保障公共传播的无害性。

（4）推动三网自然融合

三网融合呼声很高，但成效甚少。原因是融合没有带来生产力的提升。播存网通过两种途径营造了广播网和互联网的自然融合：第一，让广播网帮互联网克服带宽瓶颈；第二，让互联网帮广播网克服内容不足。通信与广播彼此串行相助，而不是并行对决。彼此提升生产力，才是三网融合的“第一推动力”。

（5）营造自立的经济生态

借助于UCL代码，用户何时享用，享用时间长短、是否属于免费内容、版权属谁、如何收费等都有详细记录，这就为精细计价奠定了基础。新概念传媒同时支持免费服务与收费服务，用知识产权DRM营造自立的经济生存状态，用经济利益鼓励文化单位向巨库提供内容。文化产业不再主要依赖广告收入维持生计，它将有利于把“十七大”提出的“社会效益放在首位，做到经济效益与社会效益相统一”方针落到实处。

虽然播存网有很多优点，但也不可避免地存在一些缺陷。与当前的互联网相比，至少存在以下两方面的明显不足。

（1）缺乏互动性

互联网一个非常突出的特征就是互动性，这也是互联网活力的表现，但在这个播存体系中，信息基本上是单向流动的，用户只能接受信息，用户对信息的评论、反馈以及与全国、全球用户的交流都难以实现。

（2）内容不能满足全部需要

这个体系的设计思路出发点就是信息取精，所以被传上卫星的信息只是互联网上的大部分主流信息，并非全部。也就是说，互联网信息播存体系只能满足多数人的多数需求。显然，有少数人没有被服务到。只上传了比例极小的一部分网站（也许只有1%～2%）上的信息。

4.5　可重构信息通信基础网络体系结构

在经历了40余年的迅猛发展后发现，当今互联网单一、不变的基础互联传输能力虽然具有功能意义的普遍适应性，但其致命缺陷却是不具备对多样、庞大、复杂和演进的网络需求及应用在性能意义的针对性。互联网上多样、庞大、复杂和不断演进的网络应用需求和与互联网单一而简单的基础互联传输能力之间形成了鲜明和巨大的反差，正是这种反差构成制约整个互联网网络总体功能的结构性瓶颈，换言之，网络的内在能力与结构缺乏对多样、多变应用需求的固有适应性，是导致网络对融合、泛在、质量、安全、扩展、移动、可管可控等支持能力低下的一个根本的结构性原因。

信息工程大学牵头并联合香港中文大学等单位承担的国家“973”计划项目“可重构信息通信基础网络体系研究[31]”一改“以不变应万变”的理念与结构，确立了“以变应变”的未来网络或下一代互联网设计理念和体系结构，在充分借鉴、吸收并发展国内外已有研究成果的基础上，以“强化基础互联传输能力”为突破口，从信息网络内在核心能力这一根本性的制约因素入手，突破网络体系基础理论的局限性，创立全新的“能力复合”作为可重构基础网络体系结构设计的基本理论，提出可重构信息通信基础网络体系，构建可根据动态变化的特征要求和运行状态自主调整网络内在结构的关键机理和机制。

该项目重点解决的4个关键问题分别是：提供可扩展的、业务普适的、可定制的、多样化的基础网络服务，实现对多样、多变网络业务支持的强针对性；具备强化的基础互联传输能力，解决IP网络层功能单一、服务质量难以保证、安全可信性差、可管可控可扩能力不足、移动泛在支持困难等瓶颈性问题；实现网络层面的结构可重构、资源自配置和状态自调整，解决网络自主重构其内在结构的核心机理机制问题；实现网络的安全可管可控，解决在网络空间确保国家安全利益的迫切现实问题。

4.5.1 可重构和扩展的基础网络FARI

该项目以上述挑战性问题为切入点，针对未来信息通信基础网络的根本需求，构建了一个功能可重构和扩展的基础网络FARI（Flexible Architecture of Reconfigurable Infrastructure），在FARI中为不同业务提供满足其根本需求的、可定制的基础网络服务，通过增强OSI 7层网络参考模型中网络层和传输层的功能，以解决目前IP网络网络层的功能瓶颈，使之与日益增长的应用需求和丰富的光传输资源相匹配。具体而言，FARI的总体功能凝练如下。

（1）提供可扩展的、业务普适的、可定制的、多样化的基础网络服务

业务的特征和需求通常是多样和变化的，而网络服务能力却是相对有限和确定的。业务与网络之间这种愈发显著的差异性成为制约网络发展的一个显著瓶颈。可重构信息通信基础网络研究并建立面向业务需求的网络可重构机理、模型与方法，创立网络原子能力理论，即通过对各种业务需要提供的服务的基本网络服务元素（原子服务）进行聚类构建原子服务模型，通过对各种原子服务需要网络提供的基本网络功能元素（原子能力）构建网络原子能力模型，通过原子服务与原子能力的适配实现网络对多种业务的普适。

（2）具备强化的基础互联传输能力

为了解决IP网络层功能单一、服务质量难以保证、安全可信性差、可管可控可扩能力不足、移动泛在支持乏力等瓶颈性问题，可重构信息通信基础网络将网络层和传输层的功能进行有机融合，提出"可重构多态网络层"的概念和功能模型，直接增强基础网络互联传输能力；提出新型多态寻址路由机制，通过定义网络寻址路由机制的基本"微内核"构建基态模型，基于基态模型进行扩展的寻址路由机制构建多态模型，从而使得网络基础互联传输能力得以动态增强，并且支持网络的多模多态共存。

（3）实现网络层面的结构可重构、资源自配置、能力自调整

为了解决IP网络结构和功能较为刚性、难以支持普适业务的问题，可重构信息通信基础网络基于原子能力理论，对网络节点能力进行组合、对网络资源进行调配，通过资源和节点能力的灵活组合实现网络能力对业务的普适，然后通过设计重构过程中的资源虚拟管理机制、节点能力组合机制、逻辑承载和控制管理之间的配合机制，构建完整的基础网络重构机理和结构，实现网络层面的结构可重构、资源自配置、能力自调整。

（4）实现网络的安全可管可控

为了实现网络安全管控能力的内嵌，可重构信息通信基础网络首先建立安全可信模型，设计具有多级强度的安全基片结构及安全管控机制，探索逻辑承载网间和逻辑承载网内的业务隔离机制，然后通过多类安全需求共同依赖的基础安全机制和具体结构建立基于证据推导的安全强度度量，并提出针对逻辑承载网内用户和终端的辨识和管控机制，

最后通过智能的多维态势分析解决安全行为的追踪溯源问题。

上述功能的实现将使得可重构信息通信基础网络成为一个支持目前业务和未来新业务的不同服务质量需求，功能灵活扩展，满足泛在互联、融合异构、可信可管可扩需求，支持现有网兼容演进和适于规模应用的新型网络通信信息基础设施。

FARI 采用三平面的功能结构模型，其与网络重构相关的部分如图 4-22 所示。管理平面的主要功能是获取应用传送要求、网络资源配置和网络运行状态信息，依据可重构管理策略向控制平面下达网络重构操作命令。控制平面从管理平面获取网络重构操作命令，将其转换为相应的流程命令并实施具体的网络重构操作。例如，在网络和节点两个层面构造或者调整相应的数据传送通道。数据平面的核心功能是按照控制平面的要求构造数据传送通道，具体实施网络应用、管理面和控制面数据的传送。

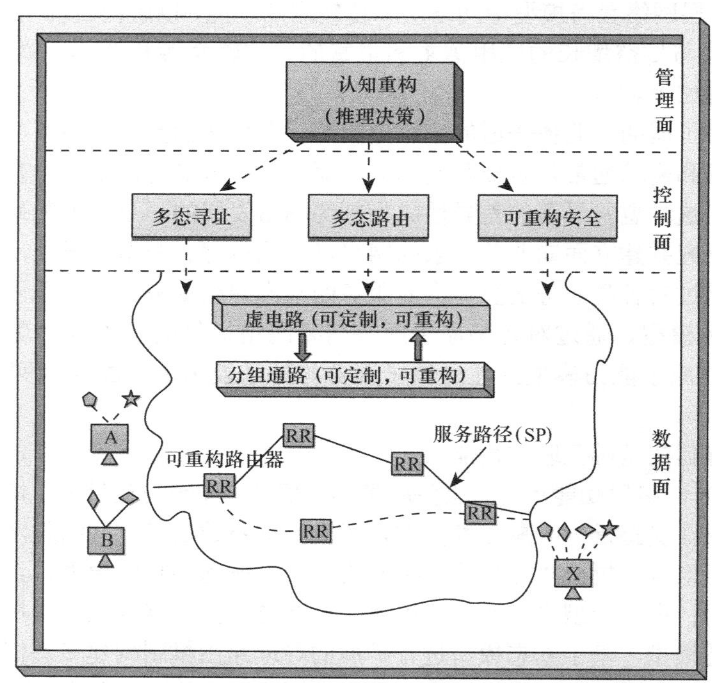

图 4-22　可重构信息通信基础网络的基本功能模型

4.5.2　基本网际传送通道

分组通道和虚电路通道是 FARI 内数据平面的两种基本网际传送通道。

4.5.2.1　分组通道

分组通道（Packet Passway，PP）是网络以无连接分组交换方式实现数据传递功能的基础数据传输通道。它相当于传统互联网中的网际互联协议（IP），并对 IP 进行了功能扩展，它是基于无连接分组交换并根据应用要求和网络状态动态建立以及动态调整的数据传输通道。

PP 的主要特征包括以下 4 点：

● 数据传递方式是无连接分组交换。该方式决定了 PP 的功能需要依赖于路由和转发技术来实现。

- 区分业务类别。数据流根据其传输 QoS 需求分类，不同类别的流量使用不同类型的 PP 进行数据传输。
- QoS 保障。网络根据应用要求有针对性地量身定制 PP，使其提供相应的 QoS 服务。
- 动态性。网络根据网络状态的改变而对 PP 进行动态调整，以达到合理分配网络资源、提高网络效率并满足不断变化的网络流量 QoS 需求的目的。

PP 为网络提供了最基本的基于无连接分组的数据传递功能，同时能够动态保障数据传输服务质量，是可重构网络网络层的基础性功能结构单元。

4.5.2.2 虚电路通道

虚电路通道（Virtual Circuit Passway，VCP）是网络为一组具有共同传输路径的同类业务流动态建立的自适应型虚电路，换句话说，它是网络根据应用要求和网络状态而智能动态建立的以虚电路通道作为基础数据传递模式的数据传输通道。VCP 的特征包括以下 4 点：

- 虚电路连接。通过标签交换实现虚电路连接。
- 区分类别。为特定业务种类服务，根据特定数据流传输 QoS 需求分类，为特定类别的流量设定不同类型的 VCP 进行数据传输。
- QoS 保障。能够根据应用要求建立保障其 QoS 需求的数据传输服务。
- 动态性。能够根据网络状态的改变进行调整，以满足不断变化的网络流量 QoS 需求。

VCP 为网络提供了有服务质量保障的可靠数据传输服务，是网络能够满足多样化业务数据传输的有效工具，是可重构网络中重要的基础性数据传输方式。

虚电路通道与分组交换是可重构网络中的两种基础数据传递模式，两者之间的服务依赖关系如图 4-23 所示。

图 4-23 可重构网络基础数据传递模式

4.5.3 原子能力与原子服务

原子能力（Atomic Capability，AC）是实现网络基础传递能力的最小功能抽象，是支持网络核心功能扩展和服务定制化的基础。一般而言，网络原子能力是支持端到端数据通信语义的“局部网络处理功能”或“网络处理子功能”。网络原子能力是细粒度的网络服务，它们表现为网络节点对协议数据单元的各种基本处理，这些处理单元可以是硬件，也可以是软件。

原子能力位于可重构多态网络层，它是将当前互联网体系结构中网络层和传输层的功能分解、粒度细化，构建具有细粒度网络功能的集合。例如，转发、拥塞控制、流控、分片、安全等功能。原子能力分为基本原子能力和扩展原子能力。前者是网络节点必备的原子能力集合；后者是完成特定功能的具有扩展性的原子能力集合。

由于很多功能分解后形成的原子能力并不具有业务意义，即很多原子能力更多地表现为节点资源的访问接口，只有将多个网络原子能力组合而形成具有特定意义的实体，业务才能“理解”原子能力的位置和作用。这种位于业务和原子能力之间的实体称为原子服务（Atomic Service，AS）。

网络原子服务是指支持端到端数据通信语义的基础网络处理功能。例如，可定制分组通道、虚电路通道、TCP 流通道、UDP 消息通道等。其中，可定制分组通道的含义是指对“传送质量要求”和“传送安全要求”进行结构定制和修改的无连接分组协议运行而实际得到的数据传递结构。

4.5.4 服务路径和服务链

对于网络业务，原子能力之间需要不同的组合才能“适应”业务的需求变化，最终实现针对业务的服务定制化。当业务发送服务请求后，可重构网络从节点到网络做出一系列的内部调整，以适应这类业务。这种调整分为节点级（Node-Level）和网络级（Network-Wide）两种类型。

对于节点级，节点内原子能力动态地组合成具有一定顺序的原子能力序列，形成服务栈，称为服务链（Service Chain，SC）。服务链是节点提供数据传递的逻辑结构，同时也是一个临时的协议操作单元组，它在完成业务数据传递后，会存活一段时间，这段时间称为空闲期。若在此期间，该类业务发起了同样的请求，则该服务链的消亡倒计时被重置，否则，该服务链会被删除。

与原子能力相对应，服务链分为公共子服务链和私有子服务链。前者是业务必需的基础原子能力组合成的服务子链；而后者是业务的特定需求组合的服务子链，是区分服务链的根据。

对于网络级，网络选择能够达到目的的一条最优路径，且路径上的节点和链路都必须“有能力”满足相应的业务请求。这种跨越全网、满足应用传送要求的“节点—链路”序列称为服务路径（Service Path，SP）。

本质上，服务路径是路由和服务链的综合体。服务路径在业务传输数据前通过控制信令建立。基于该机制，业务可在其上建立无连接分组交换通道（PP）或者虚连接虚电路通道 VCP。

4.5.5 多态寻址与路由

多态寻址与路由主要解决由原子服务驱动的、支持多种网络体系并存、满足多种应用要求的网络寻址及路由问题。

可重构网络仍沿用域间—域内两级路由方式，自治域的划分参照传统网络的组织方式。然而，可重构网络的域间和域内路由协议不同于传统网络使用的 OSPF、RIP、BGP 等，而是采用原子服务驱动的路由协议，以满足多种不同服务质量和多种不同安全需求的约束。

可重构网络寻址方式支持身份与位置的分离，标识结构借鉴 IPv6 地址采用结构化方式，定义统一格式的基态寻址方式，包括类型前缀（Type）和标识数值（Value）两部分，并依据统一格式可特化出包括位置、身份、服务和内容在内的 4 种标识，取代传统 IP 地址进行寻址：

- LID，位置标识，对应于传统 IP 地址，用于 IP 体系下的寻址。
- HID，主机标识，用于以主机为中心的寻址。将主机作为网络通信的主体，与主机交互、获取内容或服务都是通过主机标识 HID 达到通信目的，只是获取内容或者服务的最终目的都隐藏在以主机为瘦腰结构的分组数据负荷中，只有到达主机后，将分组内容交付上层应用进程，才能获取通信的真正意向。

• SID，服务标识，用于以服务为中心的寻址，是一种更为直接表达通信意向的手段，消除了从服务名称到网络层地址的转换冗余，直接以服务标识作为网络寻址的依据。在该方式下，服务标识 SID 作为基本的通信主体。

• CID，内容标识，用于以内容为中心的寻址，主要应用为内容获取类。将内容作为网络通信的主体，在路由节点引入缓存功能，通过内容标识（CID）达到通信目的，满足面向数据内容的寻址需求。

物理网络节点可同时支持 4 种寻址标识，每种寻址标识仅在一个或多个服务承载网内实现。

多态寻址（Polymorphic Addressing）是对统一网络报文格式进行特化，进而生成具有多种运行形态的寻址方案，即由统一报文格式派生出 4 种寻址标识下的特定报文格式，生成可用于数据传输的 4 种具体的报文头部。

与多态寻址方式和不同传输要求的业务流对应的路径计算与更新过程，即多态路由（Polymorphic Routing）。多态路由与传统路由的不同之处，主要体现在以下几个方面。

路由计算过程由网络认知功能得到的网络视图和应用要求决定，其中网络视图不仅包含网络的稳态拓扑信息，还包含网络资源的瞬态能力，比如链路利用率的多少、节点处理能力的大小等；应用要求主要是由用户（或业务）提出的端到端的具体传送指标，如时延、分组丢失率或者安全要求。

多态路由计算的结果为满足应用要求的服务路径（“节点—链路”序列）。该路径中的具体数据传送方式，可采用无连接分组交换通道（PP）或者虚连接虚电路通道（VCP）。

服务路径建立后，路径的传送能力继续受认知功能的监测。若不能满足应用需求，达到路径重构的约束条件时，则执行新一轮的多态路由（Polymorphic Routing）计算。多态路由工作流程如图 4-24 所示。

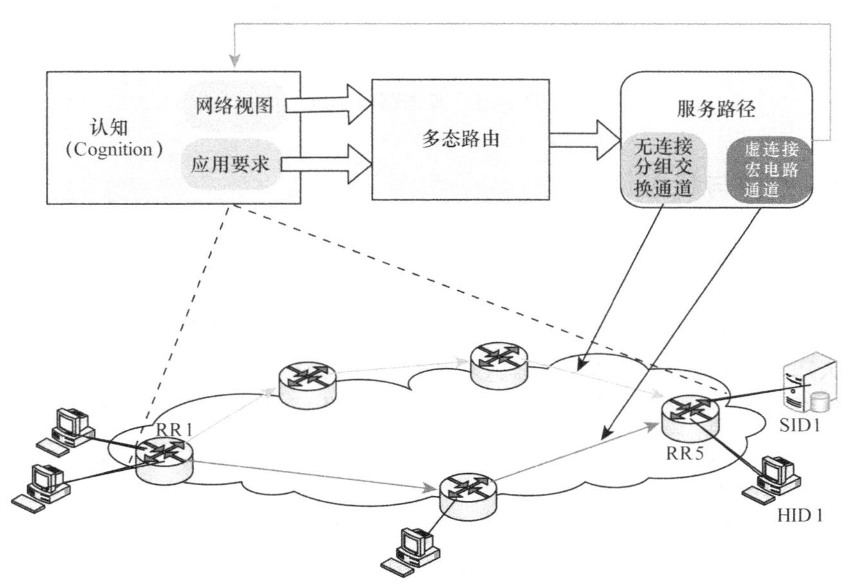

图 4-24　多态路由工作流程

多态路由具体过程如下：可重构路由器节点根据网络状态和资源认知获取网络拓扑连接关系和业务传输约束（包括服务质量约束和安全约束），运行多态路由算法，如图 4-25 所示，不同约束对应不同的路径搜索算法，得到转发信息表（4 种标识分别对应 4 种转发信息表），各个路由节点通过下一跳节点的指向性连接，串接成一条服务路径（如图 4-25 中安全约束路径或者服务质量约束路径）。在可重构网络分组头部中定义了流标号的字段，用以描述特定业务的服务质量和安全约束，路由节点查表时，需由目的标识和流标号共同决定下一跳节点，提供到达目的标识的约束路径。

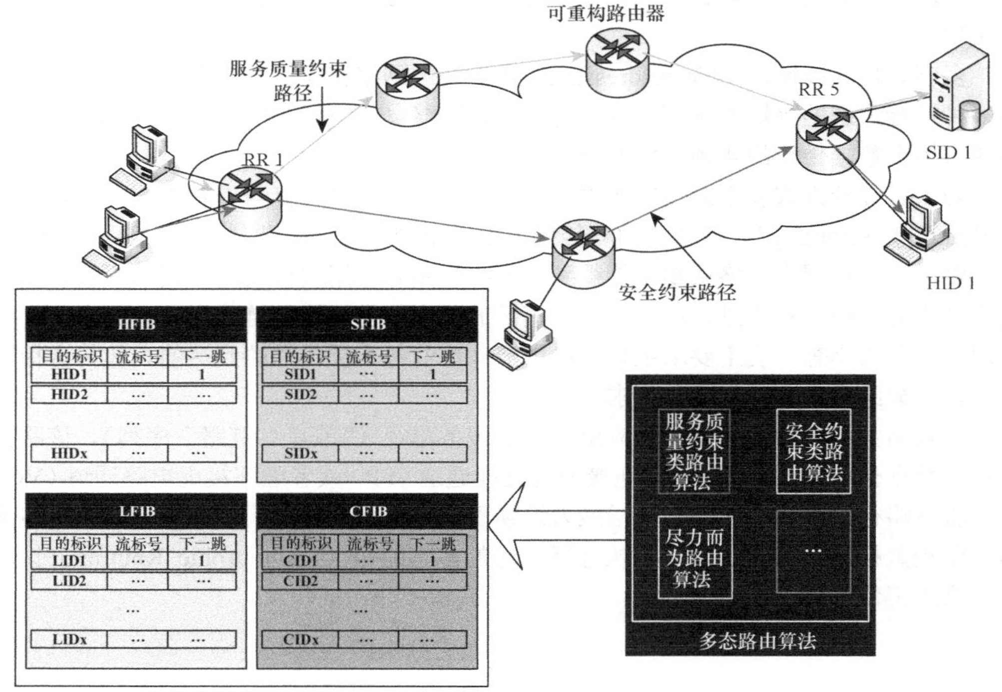

图 4-25 多态路由示意

4.5.6 资源与状态认知

认知（Cognition）是指网络借助从局部到整体的自学习、自适应、自管理和自进化等内在能力，对其自身的实时运行状态、资源分布以及应用状态进行全方位多维度的提取、分析和融合，为虚电路通道的建立、网络重构等上层操作提供基本的信息依据。

网络认知可以具体分为网络状态认知和网络资源认知。网络状态认知通过对网络业务流量的分析，获取网络上所有业务的传输需求，并形成网络流量分布视图，为网络重构提供需求信息；网络资源认知是对网络设备的能力和运行状态进行分析与抽象，从而实现网络资源的原子能力表述。

从逻辑关系上看，网络状态认知是网络重构需求分析的关键步骤，为重构的触发提供必要凭据；而网络资源认知为网络重构提供底层设备的重要信息，是实现网络重构的必要前提。重构是增强信息通信网络基础互联传输能力、实现业务自适应承载的主要实现方法。

认知与重构的逻辑关系如图 4-26 所示。

4.5.7　网络重构

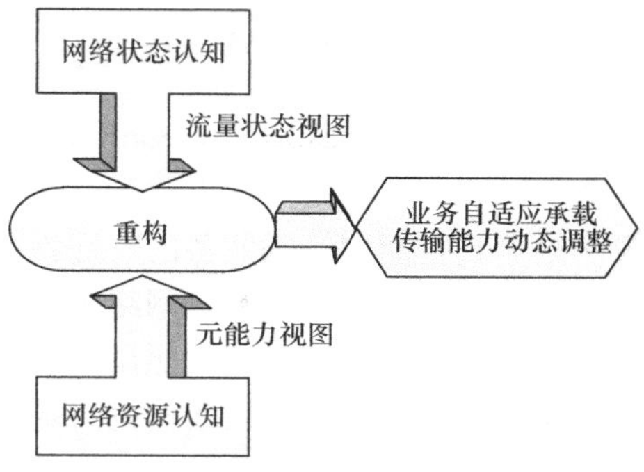

图 4-26　认知与重构逻辑关系示意

重构（Reconfiguration）指为网络按照业务需求动态地进行结构重组、功能重构。重构是在网络状态认知和网络资源认知的基础上，动态调整网络服务以满足业务需求变化的全部拟合操作。重构的目的是解决网络服务能力与业务需求（包括功能需求与性能需求）的适应性问题。重构的操作对象是原子能力，即通过原子能力的不同组合方式和原子能力不同的参数配置得到相应的服务能力。重构的表现形式可分为节点级重构和网络级重构，节点级重构即进行服务链重构，网络级重构即进行服务路径重构。

重构功能模块可分为网络级和节点级两部分，分别部署在可重构网络管理平台和可重构路由器中，功能组织结构如图 4-27 所示。可重构网络管理平台中的重构功能模块由业务—服务映射模块、服务—原子能力映射模块和重构判决模块组成，主要完成“业务—原子服务—原子能力”的逻辑映射，得到原子能力组合方案与参数配置方案，并将其下发给节点重构代理解析部署。可重构路由器中的重构功能模块由节点重构代理和原子能力实例支撑运行环境组成，主要完成从网络重构代理接收解析原子能力组合方案与参数配置方案，并将其部署于原子能力实例支撑运行环境之中。

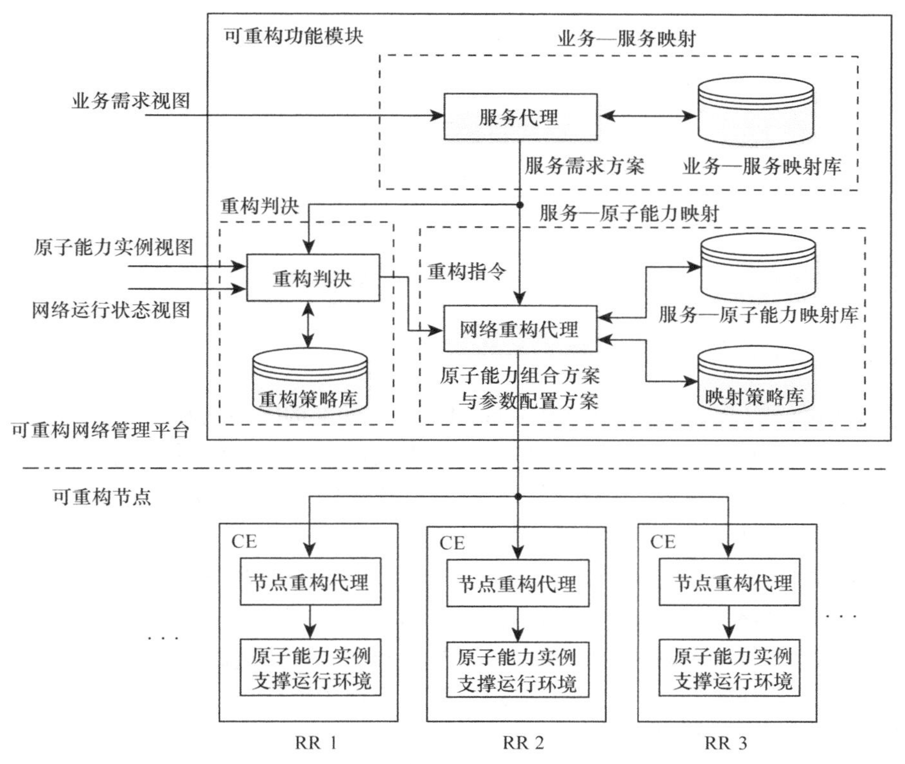

图 4-27　重构功能模块总体结构

4.5.8 可重构服务承载网

可重构服务承载网（Reconfigurable Service Carrying Network，RSCN）是根据网络服务提供能力以及用户的需求和业务特性，在可重构信息通信基础网络上构建的专用虚拟网络，具备面向一类业务的特殊性，能动态调整与伸缩，具有高度灵活的服务能力。

在可重构信息通信基础网络中，网络服务主要通过为用户构建可重构服务承载网的方式来提供。网络运营商按照用户的需求为其构建好可重构服务承载网后，服务提供商可以作为“虚拟”网络运营商为终端用户提供基于该可重构服务承载网的业务服务，比如构建了支持视频业务的可重构服务承载网后，可以为终端用户提供高质量的视频点播、IPTV、视频会议、视频电话等业务，并且可以根据网络运行状态对资源配置进行调整，以保障网络服务质量。可重构服务承载网实例如图 4-28 所示。

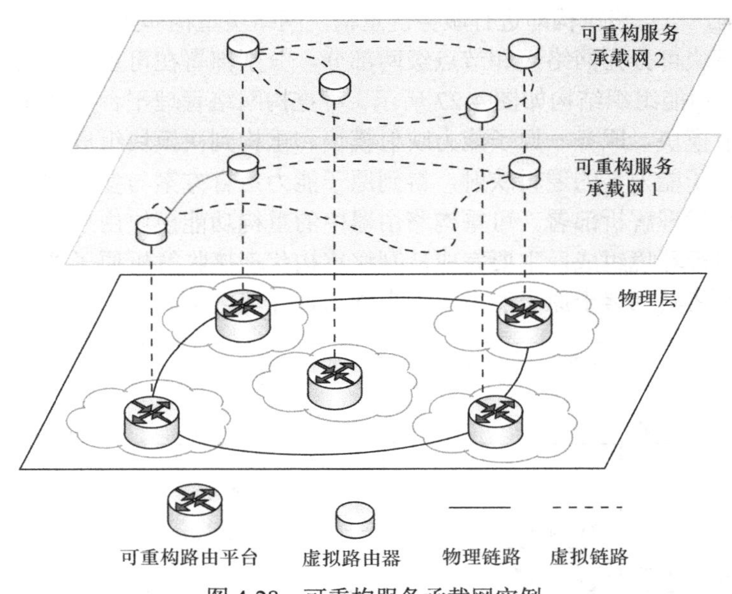

图 4-28 可重构服务承载网实例

4.5.9 可重构路由器

可重构路由器（Reconfigurable Router，RR）是可重构网络的基本结构单元，支持异构网络环境下的多种接入方式，实现节点内部数据层面和控制层面的真正分离，能够动态配置内部功能构件，从而使得底层硬件接入方式能够动态适应服务承载网络的业务变化，实现系统硬件功能的可配置性和可编程性。

可重构路由器支持不同的网络环境，将构件根据不同的网络环境分成 3 种构件库，系统工作在不同网络环境就调用不同构件库中的构件，在对应一种网络环境的构件库中根据该网络环境不同的业务需求将构件进行二次分类。可重构路由器将得到软件构件重构和硬件构件重构两种命令，前者由控制层面的软件构件代理接收、解析并执行；后者由数据层面的硬件构件代理接收、解析并执行。

可重构路由器中的重构功能模块由节点重构代理和原子能力实例支撑运行环境与管

理监测组成。

4.5.9.1　节点重构代理功能模块

节点重构代理具有原子能力部署、管理功能和监控功能。重构代理解析上层下发的重构命令和控制命令（包括原子能力认证、原子能力查询、原子能力实例执行、原子能力实例删除等），如图 4-29 所示，重构代理由管理接口、原子能力部署管理模块组成。

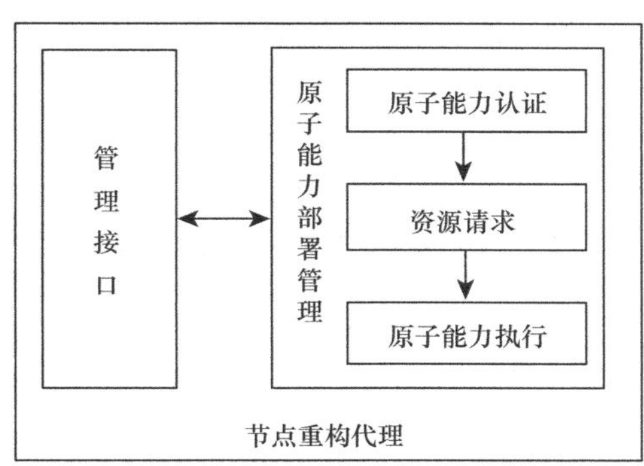

图 4-29　节点代理功能模块描述

实施重构时，重构代理接收重构命令并解析命令中包含的原子能力重构方案（包含原子能力的描述信息，包括原子能力类型、个数、原子能力连接信息以及每个原子能力的属性等）。当通过原子能力认证及请求资源成功后，重构代理运行新原子能力实例，删除旧原子能力实例。

4.5.9.2　原子能力实例运行支撑环境与管理监测

它是所有原子能力实例的管理核心，主要完成的功能是：原子能力实例动态下载和推送、原子能力库的管理、原子能力描述文件解析和注册、原子能力实例的创建和启动、原子能力实例运行状态信息统计、原子能力实例清理和退出、原子能力实例的卸载。

4.5.10　重构运行环境

分组通道和虚电路通道均可根据网络应用要求和网络自身状态进行动态创建和调整。两个不同的分组通路（或两个虚电路）可以具有不同的传送质量规格和安全规格，以便用有区别的和更为准确的网络结构分别匹配两个网络应用的不同要求。在网络节点内引入动态重组协议引擎（Dynamic-reconstrction Enabled Protocol Engine，DEPE），在重组信令的作用下，DEPE 可在节点内为一个具有特定要求的业务 *i*（或业务类）动态建立相应的协议处理通路结构 Prot.*i*，如图 4-30 所示。

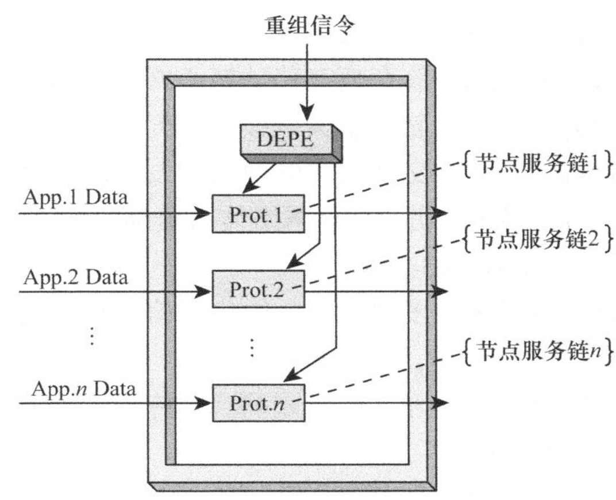

图 4-30　动态重组协议引擎 DEPE

将网络的基础传送功能分解为更细粒度的原子处理功能，这样，节点内一个协议处理通路结构又可以是多个原子处理单元以链接的形式复合形成的，如图 4-31 所示。

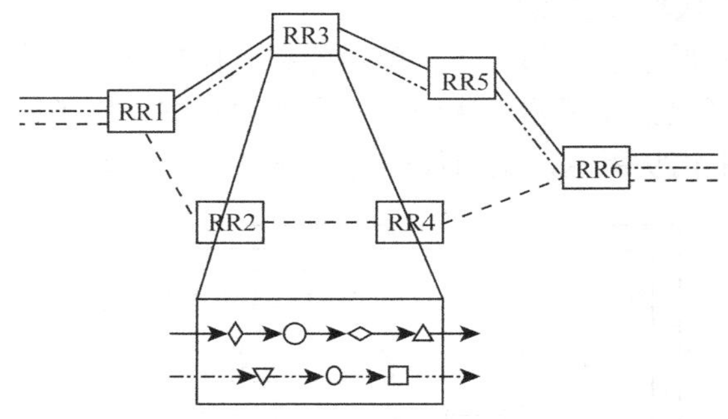

图 4-31 协议处理单元的链接结构

参考文献

[1] 钱华林, 葛敬国, 李俊. 层次交换网络体系结构[M]. 北京: 清华大学出版社, 2008.

[2] 葛敬国, 钱华林. 层次式交换网络——未来 Internet 的一种新框架[J]. 计算机科学, 2003, 30(4): 1-6.

[3] 钱华林, 鄂跃鹏. 层次式交换网络[J]. 中兴通讯，2010, 16(2): 1-5.

[4] 马宏伟. 层次式交换网络服务质量控制机制研究[D]. 中国科学院计算机技术研究所, 2004.

[5] 方蕾. 层次式交换网络及其原型实现[D]. 中国科学院计算机技术研究所, 2003.

[6] 杨明川. 层次式交换网络体系结构及其服务质量实现机制研究[D]. 中国科学院计算机技术研究所, 2002.

[7] 娄雪明. 层次网络虚拟专网的设计与研究[D]. 中国科学院计算机技术研究所, 2005.

[8] 张建中. 软交换系统软件架构的设计与实现[J]. 无线电工程, 2010, (5): 7-10.

[9] 张茂尧. 软交换技术[J]. 计算机工程与设计, 2004, 25(7): 1146-1149.

[10] 石友康. 下一代网络的核心-软交换技术[J]. 电信科学, 2002, (1): 39-44.

[11] 石友康. 软交换技术标准研究进展[J]. 电信科学, 2004, (5): 36-41.

[12] 雷震洲. 软交换在移动核心网络中的应用[J]. 无线电工程, 2003, 33(7): 1-5.

[13] 夏文波. 软交换关键技术研究与应用[D]. 华南理工大学, 2006.

[14] 曹元. 软交换技术的应用和发展[J]. 中兴通讯技术, 2006, 12(5): 15-17.

[15] 张宏科, 苏伟. 新网络体系基础研究——一体化网络与普适服务[J]. 电子学报, 2007, 35(4): 593-598.

[16] 张宏科, 罗洪斌. 一体化可信网络与普适服务体系基础研究: 目标, 思路及进展[J]. 中国通信, 2008, (4): 020.

[17] 董平, 秦雅娟, 张宏科. 支持普适服务的一体化网络研究[J]. 电子学报, 2007, (4): 599-606.

[18] 吴建平, 刘莹, 吴茜. 新一代互联网体系结构理论研究发展[J]. 中国科学, E 辑: 信息科学, 2008, 38(10): 1540-1564.

[19] 吴建平，李星，刘莹．下一代互联网体系结构研究现状和发展趋势[J]．中兴通讯，2011, 17(2): 10-14.
[20] 吴建平，林嵩，徐恪等．可演进的新一代互联网体系结构研究进展[J]．计算机学报，2012, 35(6): 1094-1108.
[21] 毕军，吴建平，程祥斌．下一代互联网真实地址寻址技术实现及试验情况[J]．电信科学, 2008, (1): 11-18.
[22] 吴建平，吴茜，徐恪．下一代互联网体系结构基础研究及探索[J]．计算机学报，2008, 31(9): 1536-1548.
[23] 吴建平．下一代互联网和 CERNET2[EB].
[24] 唐红，张月婷，赵国锋．面向服务的未来互联网体系结构研究[J]．重庆邮电大学学报(自然科学版), 2013, (1): 44-51.
[25] 邬江兴．中国高性能宽带信息网(3TNet)综述[J]．通讯世界, 2002, (1): 37-40.
[26] 倪宏．宽带信息网 3TNet 应用系统及其示范[J]．微计算机应用, 2005, 26(5): 513-515.
[27] 关于 3TNet[EB].
[28] 王恩海，李幼平．基于无尺度网络的互联网信息播存体系研究[J]．电子学报，2011, (4): 737-741.
[29] 李幼平．双结构互补网络的研究[J]．西南科技大学学报(自然科学版), 2006, (1): 1-5.
[30] 李幼平．引导 CMMB 走向 NGB[J]．现代电视技术, 2008, (3): 30-31.
[31] 兰巨龙，程东年，胡宇翔．可重构信息通信基础网络体系研究[J]．通信学报，2014, 35(1): 128-139.

第 5 章　未来中国宽带之路

互联网于 1969 年起源于美国，中国正式接入互联网是在 1994 年。显然，中国互联网的起步晚了许多。但正应了“后来者居上”的论断，中国这个后起之秀经过了近 20 年的发展，已经走过了导入期，走上了快速发展的道路。可以说，中国互联网的发展创造了一个互联网神话，其发展速度在全球同等 GDP 国家中应该是首屈一指的。2013 年 1 月 15 日，中国互联网络信息中心（CNNIC）在京发布第 31 次《中国互联网络发展状况统计报告》[1]。报告显示，截至 2012 年 12 月底，我国网民规模达到 5.64 亿，互联网普及率为 42.1%，保持低速增长。与之相比，移动互联网络各项指标增长速度全面超越传统网络，保持较高的增长率。另外，物联网的发展也已进入起步阶段，使得更多事物接入互联网。因此，我国未来互联网将作为统一的数据传输平台，承载更多、更大规模的用户需求，为建设宽带中国提出了严峻挑战。

5.1　宽带中国对未来信息网络的需求

互联网是人类 20 世纪最伟大的基础性科技发明之一。作为信息传播的新载体、科技创新的新手段，互联网的普及和发展改变了人类的生活和生产方式，引发了前所未有的信息革命和产业革命，也必将进一步引发深刻的社会变革。互联网是与国民经济和社会发展高度相关的重大信息基础设施，互联网发展水平已成为衡量国家综合实力的重要标志之一。

宽带是新一代的信息高速公路。在人类社会从工业社会向信息社会过渡的大转型时期，抓住宽带就等于抓住时代机遇、占领制高点。当前，随着信息社会的不断发展，宽带的部署已成为当前全球经济增长和持续复苏的驱动力之一。有数据表明，无论是在发达国家还是在发展中国家，提高宽带普及率有利于社会经济的复苏和增长。爱立信在 33 个经济合作与发展组织的研究表明，经合组织成员国的宽带速度每提高一倍，国内生产总值（GDP）将增长 0.3%，约为 1 260 亿美元。爱立信公司还预测，就全球平均而言，宽带普及率每增长 10%，就会推动 GDP 增长 1%。具体到中国，宽带普及率每增长 10% 将拉动 GDP 增长 2.5%。IBM 预估，中国在建设宽带网络方面投资 500 亿元就可以增加约 84 万个就业岗位。

另外，未来战争将是基于信息系统的体系作战，是通过信息系统把各种作战力量、作战单元和作战要素连接在一起，形成集综合感知、高效指控、精确打击、远程投送、全维防护、综合保障于一体的整体作战，通过集成融合后的体系能力将远大于各个系统能力进行简单叠加。由此可见，建设宽带信息网络对打赢未来信息化战争有着举足轻重的地位。

1997 年 4 月，全国信息化工作会议在深圳召开。会议确定了国家信息化体系的定义、组成要素、指导方针、工作原则、奋斗目标和主要任务，并通过了“国家信息化九五规划和 2000 年远景目标”，将中国互联网列入国家信息基础设施建设，并提出建立国家互联网信息中心和互联网交换中心。1997 年 10 月，中国公用计算机互联网（Chinanet）实现了与中国其他 3 个互联网络即中国科技网（CSTnet）、中国教育和科研计算机网（CERnet）、中国金桥信息网（ChinaGBN）的互联互通。1998 年 6 月，CERnet 正式参加下一代 IP（IPv6）试验网 6Bone。2000 年 3 月 30 日，北京国家级互联网交换中心开通，使中国主要互联网网间互通带宽由原来的不足 10 Mbit/s 提高到 100 Mbit/s，提高了跨网间访问速度。2000 年 7 月 19 日，中国联通公用计算机互联网（UNInet）正式开通。2000 年 9 月，清华大学建成中国第一个下一代互联网交换中心 DRAGONTAP。2001 年 7 月，《国民经济和社会发展第十个五年计划信息化重点专项规划》出台。2001 年 9 月 7 日，《信息产业“十五”规划纲要》[2]正式发布，这是国家确立信息化重大战略后的第一个行业规划。2004 年 7 月 21 日，由国家发展改革委员会等八部委领导的中国下一代互联网示范工程（CNGI）项目专家委员会正式成立。2005 年 11 月 3 日，温家宝总理主持召开国家信息化领导小组第 5 次会议，审议并原则通过了《国家信息化发展战略（2006～2020）》[3]。会议认为，制订和实施国家信息化发展战略，是顺应世界信息化发展潮流的重要部署，是实现经济和社会发展新阶段任务的重要举措。2010 年 1 月 13 日，原国务院总理温家宝主持召开国务院常务会议，决定加快推进电信网、广播电视网和互联网三网融合。

我国宽带发展已具备了一定基础，有望进入世界先进行列。在市场方面，我国网民人数世界第一，96.8%的乡镇已经通宽带，形成了规模巨大的宽带消费市场。在网络方面，以光纤到楼、到小区为重点，接入光纤化快速推进，3G 大规模商用，3G 用户进入快速发展阶段，TD 增强型技术和后续演进技术顺利推进，形成了 TD-LTE 国际标准，为无线宽带进一步发展演进奠定坚实基础。在产业方面，我国宽带网络的元器件、设备制造、光纤生产、计算机终端、家电设备等一些领域已较成熟，加快宽带发展有利于提高相关设备制造业在国际的竞争力。在应用方面，发展宽带将大大改善我国现代信息服务业、软件产业、文化创意产业、电子商务应用等新兴行业经济活动的基础条件，从而促进国家新兴支柱产业的发展，为经济增长提供持续动力。

虽然我国的网络基础设施建设已经持续了数十年，但带宽低、服务质量差的问题仍是不争的事实。为加速我国宽带网络建设步伐，我国将实施“宽带中国”战略。2012 年 3 月 5 日，温家宝总理在所作的政府工作报告中将“加强网络基础设施建设”列入了促进产业结构优化升级的重要内容，提请大会审议的《关于 2011 年国民经济和社会发展计划执行情况与 2012 年国民经济和社会发展计划草案的报告》[4]更进一步明确提出将实施宽带中国战略。2012 年 3 月 28 日，国家发展改革委员会、工业和信息化部会同财政部、科技部、住房城乡建设部、国有资产监督管理委员会、税务总局、国家广播电影电视总局等部门共同组织成立了“宽带中国战略”研究工作小组，研究并形成“宽带中国战略”实施方案，包括总体思路、发展目标、重大任务、路线图、时间表和政策措施等，现已报国务院批准。

（1）目前，全球固网宽带突破 4.6 亿，移动宽带突破 6 亿，并以年增长率 30%的速度在发展，成为全球多国未来发展重点战略。工业和信息化部部长苗圩近日在公开场合表示，我国宽带网络建设与国际水平差距持续拉大。苗圩称，2010 年我国宽带普及率仅为 11.7%，远低于发达国家 25.1%的现状，落后的差距从 2005 年的 10%扩大到 13.4%，互联网接入的家庭比率现在是 30.9%，远低于发达国家 70%的水平，国际电信联盟报告显示，2011 年我国在国际上的排名是第 78 位，比 5 年前还后退了一位。我国拥有的人均宽带资源不足 2 Mbit/s，远低于美日韩三国，发展仍然面临绝对数量大、人均带宽低的现状。各国家和地区的宽带普及率如图 5-1 所示。

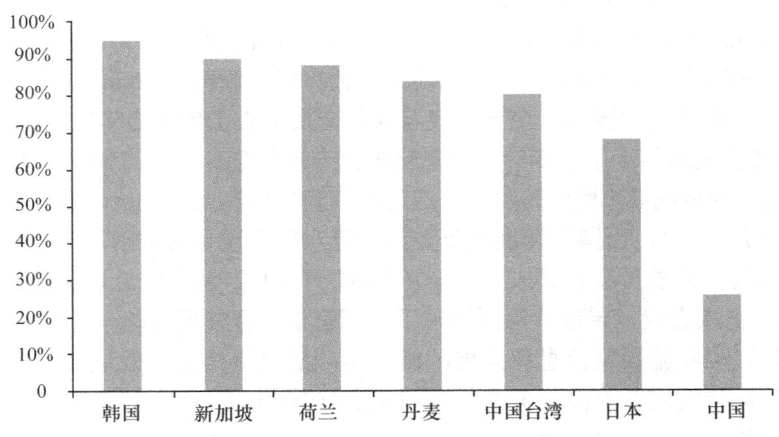

图 5-1　各国家和地区的宽带普及率

（2）我国带宽平均速率（857 kbit/s）不及 OECD30 国（9.2 Mbit/s）的 1/10，性能差距直接影响我国网络应用领域的创新发展，限制了我国服务外包等领域的国际竞争力，制约了互联网在经济发展和产业升级中的作用，如图 5-2 所示。

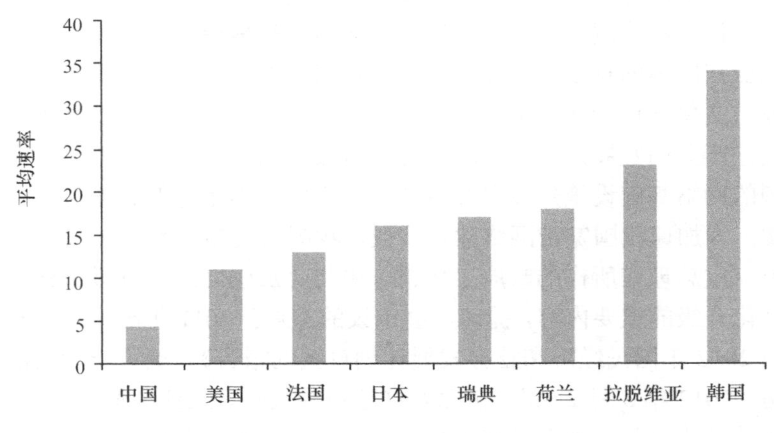

图 5-2　各国带宽平均速率对比

（3）我国宽带资费仍然较高，制约了宽带用户发展和进一步应用。宽带用户资费平均（ARPU）为 78.7 元/月，而 OECD30 国仅为 24 元/月，如图 5-3 所示。

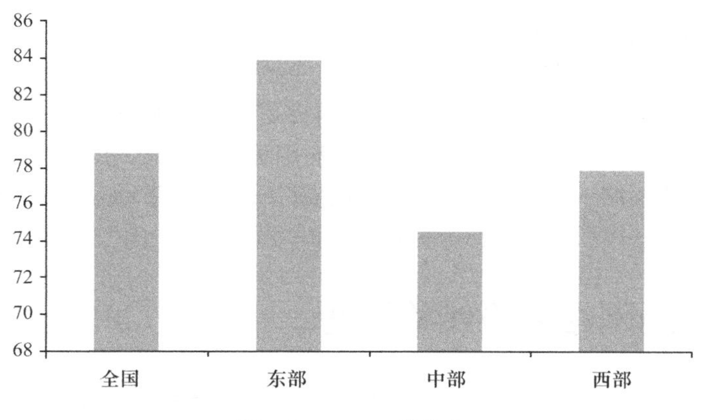

图 5-3 ARPU 值分布

（4）从全国范围看，我国宽带的发展，也存在着东西部地区以及城乡之间发展不全面、不均衡的情况，并且这种差距有逐步扩大的趋势。截至 2010 年 6 月，我国宽带用户中，城镇用户为 72.6%，农村用户为 27.4%，边远地区和农村面临着“信息贫困”的尴尬局面，城乡之间的“信息鸿沟”亟待缩小，具体如图 5-4 所示。

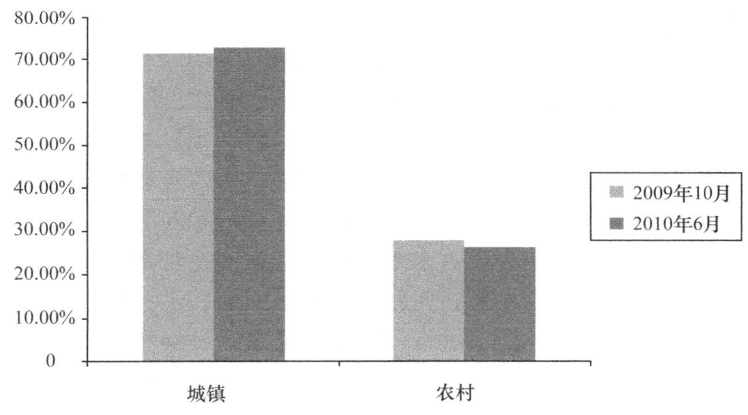

图 5-4 我国城镇与农村宽带用户分布

我国宽带市场竞争不够充分，中国电信和中国联通占据了宽带市场的 88%。宽带应用也十分滞后，我国电子商务交易额仅占社会零售商品销售额的 10%，仅为发达国家平均值的一半。

随着我国社会的不断发展，人民生活水平的不断提高，必然要享受互联网带来的各种便利。然而，我国目前的发展状况还不能让人满意。近年来，一些新型应用层出不穷，如微信、微博等。而且随着移动通信、物联网等的发展，大量终端加入网络，进一步增加了网络流量。一些对带宽要求、服务质量要求很高的应用也“趁势加入”，如 VoIP、视频会议等。这无疑给我国的宽带建设提出了高要求，借鉴发达国家发展经验，结合我国国情，建设我国的宽带高速公路势在必行。

我国要建设的宽带高速公路应该要满足保证服务质量、安全可控，同时还要增加建设的密度，提高覆盖率、使用率，尤其要保证中西部边远农村等偏僻地区的宽带建设，使这些地区的人们同样能享受到我国社会信息化建设成果，缩小地区之间的“数字鸿沟”，促进这些地方的经济社会发展；提高网络的服务质量，保证一些新应用、新产业的发展，满足人们的需求，是建设高带宽网络的根本目的；网络的可管可控是未来互联网研究发展的重点问题之一，如今网络安全性差，一直为人们所诟病，木马、病毒泛滥，诈骗、钓鱼网站横行，建设一个安全的、可控的宽带网络十分必要。同时还要加强科研投入及市场应用，发展移动互联网、云计算、物联网、下一代互联网等战略性新兴产业，为“宽带中国”战略打好技术储备基础。

5.2 宽带中国网络体系结构设想

当前互联网某种程度上适应了环境的变化。但是由于互联网在设计之初忽略或弱化了作为复杂适应系统某些方面的机制或特性，使得当前互联网的体系结构对于环境的变迁越发显得力不从心，即互联网的变易适应性乏力。从网络核心层的角度，主要表现在两个方面，第一方面，由于互联网在设计时忽略节点的内部模型的预测机制，导致当前互联网通信过程仅仅是各个节点以静态固化的形式运行服务，不能根据输入消息预测环境的变化而调整节点的结构以适应这种变化；第二方面，节点缺乏智能预测机理，依此为基础的积木机制也被弱化，甚至被排除。作为互联网核心层排除积木机制，使得节点适应性能力大大减弱，为了适应外部应用环境的变化，互联网只能扩展其应用层功能，相同功能模块在不同业务应用中重复实现，应用层的业务功能变得越发臃肿，直接导致互联网的性态是其服务协议栈的“瘦腰”结构。这既是当前互联网设计人员的故意之举，也是导致互联网面临诸多问题的根源。后果是当前互联网难以“轻松”适应上层业务需求的多样性以及核心层功能的扩展。因此有理由相信，当前互联网缺乏适应性的原因是简化设计导致其与复杂适应系统之间出现了间隙。为了消除间隙，应当在未来宽带网络体系中加入被其忽略的机制。下面是对未来具有适应性的宽带网络体系结构的设想。

传统网络技术体系之所以存在上述问题，其根本原因在于：其一，网络是刚性的，网络的设计与构建依据特定业务需求进行，改造只能依靠升级和扩展，无法实现功能重构；其二，节点是封闭的，节点的升级和扩展只能由原提供商实施，无法实现开放，从而导致了互联网的僵化问题以及电信网与有线电视网的业务承载单一问题。此外，从资源管控的角度来说，互联网长期以来仅被视为能够满足互联互通要求的通信设施，其体系结构中实际上只存在单一的数据传输平面，缺乏完善的控制管理平面，无法针对业务需求对网络资源进行全局调度和控制，难以提供多样化的网络服务能力[7]。

针对上述问题，需要摆脱传统网络技术体系束缚，着眼于网络服务的新视角，以用户业务需求为驱动，研究新型网络技术体系。针对规模可扩展问题，需要对多样化网络业务进行聚类，降低业务规模化增长对网络处理性能的压力，提高资源管理效率。针对性能可扩展问题，需要研究具有标准化的软硬件构件模型，能够灵活和低成本地进行性能扩展。针对功能可扩展问题，需要将现有和未来可能出现的用户业务映射为不同类型的网络服务与功能，研究可重构的服务实体网构建技术，支持多服务实体网并存，灵活地满足多样化、差异化的业务需求。

上述问题的解决需要在网络体系上进行创新，综合各种网络根本性因素，研究一种可兼容现有技术并且适应未来发展需求的网络体系结构。具体地，未来网络体系有以下特征。

（1）节点支持可扩展

随着网络业务由单一个性化向规模化发展，需要路由设备具有灵活开放的架构，便于部署新功能，但传统路由设备中，系统、平台、模块是封闭的，系统只能按照固定模式利用功能单元完成单一任务。节点可扩展是网络可扩展的基础，为此，需要研究开放式可扩展路由交换节点。其关键是：基于平台化支撑构件化处理技术机制，开发路由交换平台中的软硬件构件，研究软硬件构件的重构机制。

（2）网络支持智能化管理

互联网采用无连接分组交换技术和“尽力而为”的路由寻址策略，使得交换网络结构相对简单，网络效率较高，但同时网络中可供管理的基本要素相对贫乏，这就导致其网络流量和业务功能管理极其困难，人们对互联网的可知程度非常有限。如何在保持互联网技术优势的基础上，增加互联网体系结构和交换网络中网络管理的基本要素，实现用户数据和管理数据传送的相对分离，使得各种网络功能可知、可控和可管，是可重构柔性网络研究的又一个重大挑战。

首先，需要解决网络管理与使用相分离的问题，可为用户提供自定义、独立设计网络的管理体验；其次，要解决网络服务提供和管理问题，可通过构件的组合按需提供网络承载服务；再次，要解决资源管理不全面的问题，可全面、准确、动态地掌控网络资源；还有解决上层业务聚类问题，可对各类资源和业务进行综合统计分析；最后，要解决网络管理系统的更新问题，可在网络生命周期内持续有效的管理网络。

（3）网络构建可扩展性

由于网络业务的多样化、差异化趋势，采用一种网络体系结构或者服务模式支撑多样化的网络业务运营需求，也即“one size fit all”的技术非常困难。从业务运营的角度，针对不同的业务采用适配的网络体系结构和服务模式，按照业务特性设计和构建专用的网络是最理想的，也即传统的面向业务支撑的网络技术体系，但在网络业务日趋多样化的今天，采用这种方法显然成本过高。为此，必须设计出能够柔性适配业务需求的网络架构，满足多样化业务的不同需求。

为此，必须将网络基础设施提供和服务提供两大功能实体在逻辑上相分离。基础设施提供商建设、管理和维护物理网络基础设施；服务提供商根据业务需求通过构建可扩展性服务实体网的方式为终端用户提供满足业务特性需求的通信服务。物理网络为可扩展性服务实体网提供网络资源，可扩展性服务实体网为用户提供特定价值的服务，从而在共享由不同基础设施提供商提供的底层物理网络资源的基础上，能同时支持多个不同服务提供商的异质的网络体系结构并存，为用户提供多样化的网络服务。通过将网络服务提供从基础设施提供中分离出来，使得网络服务的创新变得更加灵活，这种逻辑上的分离使得二者可以独立地演进，在支持现有服务的同时，可以灵活地部署新的网络服务。

5.3 展望

30 多年来，互联网已获得巨大发展，同时出现了各种先前未曾预料的问题，对网络体系结构提出了许多新的要求，如可扩展性、开放性、服务质量和可管理性等。这些新的应用要求迫使我们不得不重新审视互联网的体系结构，甚至考虑进行革命性的变革。

基于上述描述，从互联网未来体系结构在可扩展性、开放性、服务质量和可管理性等方面进行了设想。其出发点是目前的互联网基础体系和机制不能从根本上满足提供泛在的信息服务、互联多样化的异构网络、支持多样化和全方位的网络业务、具备高质量的通信效果、实施有效的管理控制等迫切需求。TCP/IP 作为当今信息网络共同的基础承载机制，其功能过于简单，使网络基础能力与上层应用要求之间存在一条巨大的鸿沟；另一方面，人们为了填补该鸿沟而付出的增强网络功能的各种努力均建立在不改变TCP/IP 承载能力的基础上，这又必然导致这类努力是修补式的，没有与核心功能实现有效融合。这种核心薄弱的体系架构造成信息网络的基础能力低下，无法从根本上保证可扩展、开放性、服务质量、可管理等需求。

总结过去和当前国际上信息网络的研究和发展轨迹，展望未来互联网体系结构发展，不难发现，其前进的步伐将向着解决网络可扩展性、开放性、服务质量、可管理性等问题的方向进军。

5.3.1 服务可扩展性体系架构

未来网络将是一种节点开放、结构可变的面向服务提供的可扩展网络体系[6]，如图 5-5 所示。

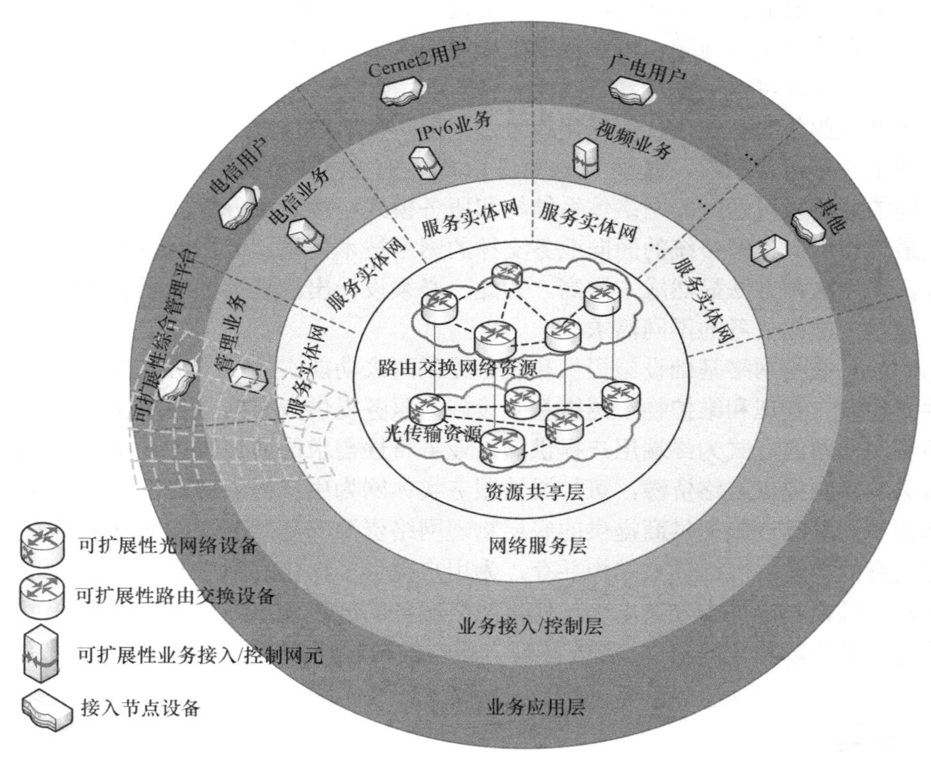

图 5-5 可重构柔性网络技术体系

业务应用层包含了现有及未来可能出现的各种用户应用及其所采用的传输协议，对应于传统 TCP/IP 体系结构中的应用层和传输层。业务接入控制层完成的功能包括媒体网关、信令网关功能，边界路由节点执行的分类、整形、标记等接入控制功能，可重构柔性网络管理平台执行的用户业务与业务承载子层间的映射关系等功能；网络服务层是可重构柔性网络的核心层，基于资源共享层提供的物理资源，通过生成可扩展性服务承载网的形式为用户提供面向业务支撑的网络服务；资源共享层为可扩展性服务承载网提供共享的物理网络资源，相当于传统 TCP/IP 模型中的数据链路层和物理层。

传统信息通信基础网络大多采用灵活的分组交换方式进行数据的传递，能够显著提高带宽利用率，增强网络的可靠性，但其“尽力而为”的服务模式，使得网络服务实体能力与用户业务规模化需求之间的鸿沟越来越大；而电路交换方式由于其面向连接的信道独享特性，能够提供服务质量保证，但由于其电路控制的复杂性以及资源利用的低效性，无法大规模部署应用。为此，可扩展性柔性网络技术体系结合电路交换与分组交换的技术优势，在分组网络的基础上，依托基于构件的开放式可扩展性网络节点，利用主动式可扩展性网络资源管理技术，灵活地按照用户业务特性构建物理视图可扩展性的服务实体网，为其所承载的业务实现具有电路交换特性的服务质量保证。

通过节点和网络的重构，可扩展性柔性网络能够快速、灵活和高效地为用户多样化业务提供有保证的网络服务，为我国在研究新型宽带网络体制、验证新型网络设备、部署新兴业务等方面提供验证环境。

5.3.2 构建物理视图可扩展性的服务实体网

传统网络的业务承载方式为“one size fit all”，即一种网络承载所有类型业务，不利于提供区分业务的服务质量。结合分组交换网络的业务承载灵活优势以及电路交换网络的服务质量保证优势，在物理视图层面为不同类型业务提供专属的服务实体网，并基于分组交换方式实现具有电路交换特性的服务质量。

该服务实体网依据构建算法为多种业务规划其资源独享的可扩展性服务实体网，并利用可扩展性路由交换设备的可变特性，在物理视图层面为可扩展服务实体网分割资源，从而形成物理支撑子网。在思想方面，采用业务与网络服务紧耦合的方式提供区分业务的服务质量，同时通过构建服务实体网提供灵活多样的网络服务，从而兼具电路交换的服务质量和分组交换的灵活性；在实现方面，构建的可扩展服务实体网具有独享的物理资源和真实的网络子节点。因此，该服务实体网可以为泛在的业务构建物理资源互斥、体系结构互异和节点架构优化的物理支撑子网，从而满足业务多样化、差异化的需求，解决多业务并存时的服务质量保证问题，具有降低节点内部管理复杂度、消除资源共享方式冗余开销的优势。

为实现上述服务实体网的思想，基于“业务—服务—构件”映射原理，具体如图 5-6 所示。构件平面对构件资源提供一个标准的模型，使得按照该模型设计的构件资源可以灵活加载、卸载，同时该层对构件进行分类，使得构件独立成一个个不同的功能块，从而按照服务层的需求进行重构。服务平面将构件描述成提供相关服务的物理黑盒封装的可执行代码单元。通过一致的已发布接口（包括交互标准）进行访问。服务通常实现为粗粒度的可发现软件实体，它作为单个实例存在，并且通过松散耦合的基于消息通信模型来与业务承载层和其他服务交互。业务平面关注于业务的整体特性，描述用户对业务高层次的目标要求。该平面对业务进行特征分解，细化为特定的特征需求，在特征分解的基础上，根据高内聚的原则，重新组织，生成高内聚的服务支撑类型。

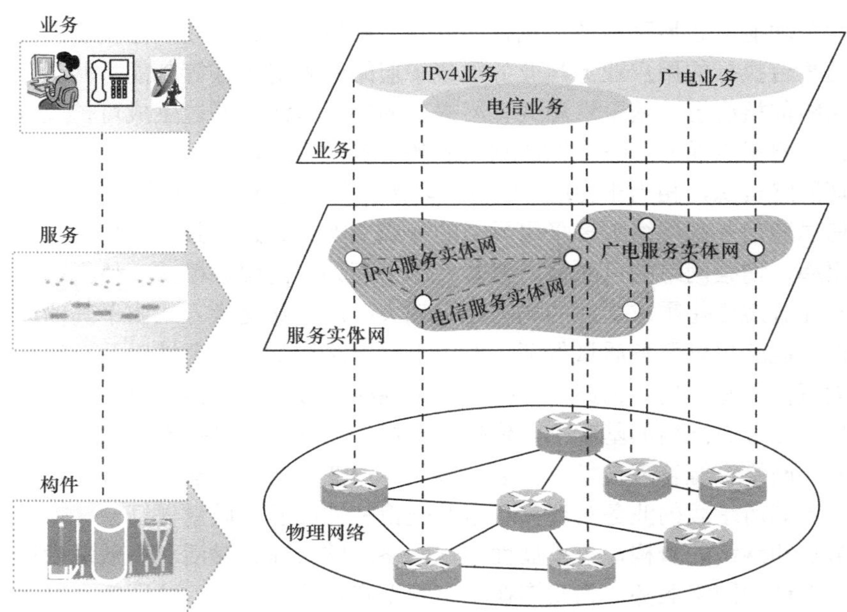

图 5-6　可扩展性的服务实体网构建示意

5.3.3　主动式可扩展网络资源管理

传统的网络管理以被动测量和配置参数为主。可扩展性的网络需要对网络资源进行主动感知和规划调整。为此，必须采用全新的管理技术与算法。

主动式的可扩展网络资源管理原理如图 5-7 所示。该机制下可扩展性的管理平台通过主动获取和被动上报两种机制感知物理网络的各种资源，包括缓存资源、端口资源、构件资源等。根据感知资源的结果，针对服务实体网构网需求，通过各种构建算法生成各网络节点的配置方案，下发到物理网络的具体节点中，节点通过其内部构件代理执行构件的加载、卸载、重配等操作，完成节点功能的改变和资源的分割。

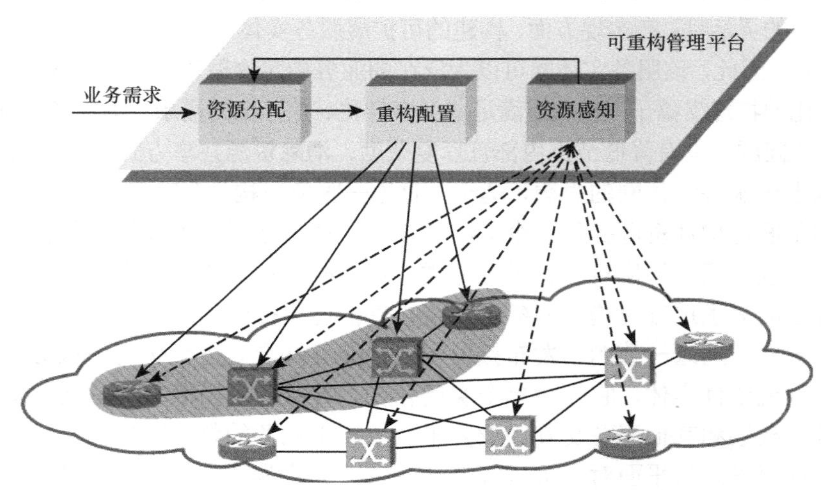

图 5-7　主动式可扩展性网络的管理

与数据通道中内嵌网管协议的管理技术不同，主动式可扩展网络资源管理技术对上解析用户的网络控制意图，对下管理细粒度网络服务，通过资源感知机制获取管理对象信息，主动感知资源使用情况，基于用户需求，进行全网范围内的资源“分配－回收－再分配”。采用统一语义技术屏蔽异构网络体制和多种网络管理机制，使用分层跨域技术分配网络资源和回收闲置资源，将用户的业务需求解析为网络服务实体指标并映射为底层构件化资源，使网络服务能力动态适应时变的业务需求。

该管理架构可为用户提供自定义、独立设计网络的管理体验，解决了网络管理与使用相分离的问题；可通过构件的组合按需构建服务实体网，解决网络服务提供和管理问题；可全面、准确、动态地掌控网络资源，解决了资源管理缺乏整体性的问题；可对各类资源和业务进行综合统计分析，解决上层业务聚类问题；可在网络生命周期内持续有效地管理网络，解决网络管理系统的更新问题。

5.3.4 设计开放式构件化可扩展性的网络节点

传统网络节点中，系统、单元和模块是封闭式一体化的，系统只能按固定模式利用功能单元完成单一任务，单元处理功能和性能的改变需要重新设计软硬件模块。该节点架构处理模块功能单一、互联拓扑关系固定，改造只能依靠升级和扩展，无法灵活扩展，难以满足大量差异化业务对网络节点的需求，因此需要设计具有开放性构件化可扩展性的网络节点。

不同于传统网络节点的固化设计，基于构件的开放式可扩展网络节点采用“平台—组件—构件”的分层扩展设计思想。平台允许以不同组合方式利用功能组件完成多种任务，改变组件的处理功能和能力只需更换或升级构件。平台为各种组件、组件为各种构件提供可扩展的运行支撑环境，利用构件关联拓扑可变的代理机制实现平台、组件和构件的分层管理。通过功能升级重组、性能编程分配的方法，有效地支撑了服务实体网的构建，解决了传统网络改造只能依靠升级和扩展的固化问题。具体描述如下。

5.3.4.1 平台—组件—构件的抽象模型

平台是面向任务的，由若干组件组成，体现一种组合关系。平台为各种组件提供可重构的运行支撑环境。

组件是可重构实现特定功能的单元，为各种构件提供可重构的运行支撑环境。组件是面向功能的，由若干构件组成。传统的组合关系往往是一次性的，即在生命周期中，每个个体不再发生变化；而构件组成组件的组合关系中，每个构件在组件的生命周期中随时都有可能发生变化，即所谓的构件重构。

构件是可重构实施给定处理的模块，是基本处理模块，可以被明确标识。构件是面向处理的，是组件的有机组成部分，且能在组件中实现重构、重配等操作，从而改变组件的功能。

组件和构件均服从统一的标准化规范，即任意第三方提供的标准化组件可以在同一平台上参与完成给定任务。同理，任意第三方提供的标准化构件可以在同一组件上参与完成特定功能。

5.3.4.2 平台化支撑构件化处理机制

构件化处理的 3 个等级——平台、组件和构件，平台是可重构完成多种任务的系统，组件是可重构实现特定功能的单元，构件是可重构实施给定处理的模块，即平台就是任务系统，组件就是功能单元，构件就是处理模块。平台化支撑下的构件化处理技术的特征体现在 3 个方面：平台为各种组件、组件为各种构件提供可重构的运行支撑环境，构件是基本处理模块；平台、组件和构件均服从统一的系列标准化规范，任意第三方提供的标准化组件可以在同一平台上参与完成给定任务，任意第三方提供的标准化构件可以在同一组件上参与完成特定功能；平台级和组件级均能实现功能升级重组、性能编程分配和管理分层配置，构件级具有较强的可维护性（如加载、卸载、升级和更新）。

5.3.4.3 性能重构和服务重构

网络重构分为性能重构和服务重构两类。

（1）性能重构

性能重构表示网络承载的业务没有变化，但是通过重构引起服务性能的变化，是一种由劣到优的过程。这种重构可以带来网络服务性能的提升，关注的是对现有网络架构和性能的修补，可以给用户带来更加舒适的网络使用体验。第三方构件开发商可以关注特定领域内的网络服务需求，从而针对特定领域开发丰富的构件，使网络性能呈现出可调整的特点。

（2）服务重构

服务重构表示网络通过重构，改变自己的服务能力承载新的业务，是一种从旧到新的过程。这种重构可以带来网络服务能力的改变，关注的是对新业务的支持和新网络架构以及新型网络协议的实现，可以给用户带来新业务使用体验。第三方构件开发商可以关注未来网络技术和用户需求的发展趋势，从而针对新的业务需求开发丰富的构件，使网络呈现出可演进的特点。

5.3.5 未来宽带技术网络的影响

当前，随着我国经济社会的快速发展，人们在提高物质生活水平的同时，精神文化生活需求呈现多层次、多方面、多样化的特点，文化消费进入了快速增长期；随着数字信息技术的发展，文化信息产品越来越多地以数字化的形态呈现、以网络化的方式传播，既进一步强化了这种多层次、多方面、多样化的需求，又为满足人民群众精神文化新需求提供了可能。

未来宽带技术网络的发展必将推进三网融合，创新产业形态和市场推广模式，推动数字电视、移动多媒体广播电视、有线宽带上网等三网融合相关业务的应用，促进文化产业、内容制造产业、信息服务业和现代服务业等战略性新兴产业的快速发展。

以我国实施的下一代广播电视网（Next Generation Broadcasting Network，NGB）[5]为例，展望未来以“三网融合”为核心的宽带技术网络的发展。2008 年 12 月 4 日，科技部与国家广播电影电视总局签署了《国家高性能宽带信息网暨中国下一代广播电视网自主创新合作协议书》，确定了以自主创新的“高性能宽带信息网”核心技术为支撑，以有线电视网数字化整体转换和移动多媒体广播电视（CMMB）的成果为基础，通过技术升级以及网络改造，最终实现建设下一代广播电视网（NGB）的总体目标。

NGB 的实施将极大繁荣和丰富以视频为核心的各种文化产业的发展。

第 1 个预期的影响和效果是实现以智慧家庭信息网关和新型电视终端为中心的家庭信息化。新型交互式电视机或智慧家庭信息网关的出现意味着电视机不再停留在家用电器的传统形态上，它将演变为一个集信息处理、交互、业务汇聚等多种功能于一体的家庭信息与物联网络中心，协助处理整个家庭的公共和私人事务。其可预见的效果包括强大的展现功能、新型交互体验、互动业务、高速互联网接入、家庭娱乐、资讯与物联控制等。

第 2 个预期的影响和效果是实现以新一代广播电视网络为基础的国家信息化。NGB 将通过有线和无线广播电视网络改造和运营直接带动具有中国特色的新一代宽带网络发展，重点推动宽带网络建设、网络成套装备研发制造、终端设备制造、信息服务应用、物联网应用等方面的产业化发展。在网络运营方面，完成有线和无线广播电视网络的数字化和双向化改造及相应的技术环境升级，为广电行业跨越式发展提供基础层面的保证。在网络成套装备研发制造方面，加快传输、路由、交换、宽带同轴双向接入、超宽带无线接入和光纤新型接入等关键技术及设备的产业化发展速度。在应用及服务推广方面，促进各种面向 NGB 的广播及互动应用和音视频内容的发展。随着 NGB 的持续建设和不断升级，我国宽带有线网络核心带宽、网络服务质量与安全管控水平将得到大幅度提升，将会全面促进包括工业、商业、教育、医疗、能源、文化等相关行业的信息化发展速度。

第 3 个预期的影响和效果是打造以家庭为主要服务对象的现代信息服务业。家庭信息服务是现代信息服务业的重要领域之一，尤其是家庭物联网的引入不仅大大拓展了现代信息服务业的内涵，而且将人、机、物的关联服务延伸到包括现代物流在内的整个现代服务领域，这对有效促进经济发展方式从粗放型向集约型转变，催生新兴科技产业等有着十分重要的意义。

第 4 个预期的影响和效果是引领和支撑自主创新技术体制的网络设备制造业的发展。通过核心技术突破和集成创新，加速我国在 NGB 网络核心技术、技术标准、关键设备、业务支撑、网络安全与监管等方面的自主创新，大幅度提高我国网络设备产业的国际竞争力，进一步拓展我国自主创新技术主导的产业生存空间，创造出新的经济增长点。

第 5 个预期的影响和效果是支持 NGB 相关的核心芯片、系统软件和应用软件产业的发展。在 NGB 建设和推进过程中，以自主创新、产业应用为出发点，以 NGB 业务应用需求为导向，以核心芯片、系统软件和应用软件开发为重点，通过技术突破和集成创新，形成具有国际竞争力的芯片和软件研发与产业化体系，带动相关产业的发展，促进产业结构调整，提高国家核心竞争力。

第 6 个预期的影响和效果是支持我国电视机整机制造业的整体跃升。作为 NGB 家庭信息中心的新需求牵引，将为我国的电视整机制造业创造一个历史性的发展机遇。新型电视机将成为集“大容量存储、高清晰度显示、户内无线网络中心、新型交互体验”的一体化信息终端，并能链接家庭物联网，促进其他家用电器的网络化与智能化发展。

参考文献

[1] CNNIC, 在京发布第 31 次《中国互联网络发展状况统计报告》[R]. 2013.

[2] 信息产业“十五”规划纲要[R]. 2001.

[3] 国务院. 国家信息化发展战略（2006-2020）[R]. 2005.

[4] 国务院. 关于 2011 年国民经济和社会发展计划执行情况与 2012 年国民经济和社会发展计划草案的报告[R]. 2012.

[5] NGB 总体专家委员会. 中国下一代广播电视网（NGB）自主创新发展战略研究报告[R]. 2010.

[6] 汪斌强. 863 项目可重构路由器构件组研制项目申请书[R]. 2008.

[7] 兰巨龙. 973 项目可重构信息通信基础网络项目申请书[R]. 2011.

名词索引

作者简介

邬江兴，中国工程院院士，教授、博士生导师，亚太经合组织（APEC）工商咨询理事会（ABAC）中国代表。主要研究方向为信息网络与交换。

1991 年主持研制成功我国第一台、具有国际先进水平的大型程控数字交换机（HJD04）并迅速实现产业化，打破了国外对我国的技术封锁和产品垄断，带动了我国通信产业的群体突破，为我国通信网的现代化建设做出了突出贡献。他在理论方面创造性地提出了"逐级分布式控制结构"和"复制 T 数字交换网络"，均为数字交换技术领域的重大创新。作为国家"863"计划"中国高速信息示范网"总体组长，主持研制成功我国第一个高速宽带信息示范网，使我国在宽带信息网核心技术领域实现了跨越式发展；作为国家"863"计划"高性能宽带信息网"重大专项总体组组长，在长江三角地区主持建成了全球规模最大、支持宽带流媒体业务的高性能宽带信息示范网，为新一代信息网络的创新发展奠定了坚实的基础。长期担任国家"863"计划通信技术主题专家组成员、副组长以及信息技术领域专家组副组长，参与我国通信高技术发展战略的制定、部署和组织实施，主持完成国家科技重大专项"宽带无线移动通信网"实施方案论证以及 NGB 下一代广播电视网的总体设计工作，为我国通信高技术发展做出了重大贡献。

荣获国家科技进步一等奖 2 项、二等奖 3 项、三等奖 1 项，拥有国家有突出贡献的中青年专家、全国优秀科技工作者、何梁与何利科学技术进步奖、国家"863"计划突出贡献先进工作者、国家科技攻关计划突出贡献者等荣誉。

兰巨龙，教授、博士生导师。长期从事 IP 网络理论与技术研究、核心设备开发工作，先后参与了多项国家重大计划工程的建设，主持了 4 项国家"863"计划重大课题，同时作为课题组副组长或主要贡献者参加了 10 余项国家或军队重大课题，并于 2005 年主持研制成功我国第一台全部核心技术拥有自主知识产权的高性能 IPv6 路由器，目前作为首席科学家主持国家"973"项目 1 项。先后获得省部级科技进步一等奖 2 次，二等奖 1 次，发表学术论文 70 余篇。

程东年，教授、硕士生导师，河南省下一代互联网委员会委员。长期从事信息网络基础理论的研究，近 5 年来主持国家级科研课题 5 项，累计发表学术论文 60 余篇，其中 SCI、EI 检索 13 篇，获省部级科技进步奖 2 项。

吴春明，浙江省“新世纪 151 人才工程”培养人选，教授、博士生导师，主要从事新型网络体系结构方面的研究工作。近年来主持或参加了 10 余项国家级课题的研究与开发工作。2003 年获得国家科技进步一等奖。近年来在国内外学术期刊或会议上发表相关的学术论文 40 余篇，被 SCI 和 EI 收录的论文 20 余篇。

王伟明，浙江省新世纪 151 人才工程第一层次培养人员，浙江省自然科学基金杰出青年人才项目获得者，教授。作为课题组长主持了 3 项国家“863”计划项目，3 项国家自然科学基金、4 项省自然科学基金和省科技计划项目等，近 5 年获得浙江省科技进步奖等 5 项奖励，发表论文 70 余篇，撰写学术专著 1 本。

胡宇翔，博士，长期从事宽带信息网络理论研究和工程开发，近 5 年累计发表论文 20 余篇，其中 SCI、EI 检索 10 余篇，先后参加了 5 项国家级科研项目，其中作为主要参研人员参与国家“973”计划课题 2 项，作为子项负责人参加完成国家“863”计划课题 2 项，主持国家自然科学基金课题 1 项。

庄雷，教授、博士生导师，中国计算机学会理论计算机专业委员会委员，河南省计算机学会秘书长，全国优秀教授获得者，河南省学术技术带头人。长期从事计算机网络与新型网络体系结构方面的研究工作，近 5 年来累计发表论文 30 余篇，SCI、EI 检索 10 余篇，主持国家和河南省科技攻关课题等 4 项。